应对地球危机的设计之道

U0332943

应对地球危机的
设计之道

［美］弗雷德里克·斯坦纳　著

李　雄　张云璐　肖　遥　孙漪南　译

中国建筑工业出版社
CHINA ARCHITECTURE & BUILDING PRESS

著作权合同登记图字：01-2014-3751号

图书在版编目（CIP）数据

应对地球危机的设计之道/（美）斯坦纳著；李雄等译.
北京：中国建筑工业出版社，2016.1
　ISBN 978-7-112-18504-7

　Ⅰ．①应… Ⅱ．①斯…②李… Ⅲ．①城市规划－生态规
划－研究　Ⅳ．①X32

中国版本图书馆CIP数据核字（2015）第227884号

　责任编辑：张鹏伟　姚丹宁
　责任校对：张　颖　关　健

应对地球危机的设计之道
[美] 弗雷德里克·斯坦纳　著
李　雄　张云璐　肖　遥　孙漪南　译
*
中国建筑工业出版社出版、发行（北京西郊百万庄）
各地新华书店、建筑书店经销
北京锋尚制版有限公司制版
北京中科印刷有限公司印刷
*

开本：880×1230毫米　1/16　印张：17½　字数：443千字
2016年1月第一版　2016年1月第一次印刷
定价：**68.00**元
ISBN 978-7-112-18504-7
（27724）

致我在得克萨斯大学的同事们，

他们使我在奥斯汀每一天的生活都充满灵感。

目 录

前言 / ix

致谢 / xiii

介绍　跨学科设计及地球的命运 / 1

第一部分　城市人居环境 / 7

第1章　区域的建筑与财富 / 9

第2章　可持续设计：太阳能十项全能竞赛 / 21

第3章　21世纪建筑 / 31

第4章　脱离建筑本身的建筑：可持续场地计划 / 39

第5章　塑造地域：景观都市主义的可能性 / 51

第二部分　来自保罗·克瑞、麦克·哈格、乔治·米歇尔的启示 / 65

第6章　城市限度：奥斯汀先驱规划 / 67

第7章　林地：新城的生态设计 / 77

第三部分　得克萨斯的都市化危机 / 87

第8章　三一河廊道——另外一条"翡翠项链"还是"翡翠扼链"？ / 89

第9章　"羊毛"出在"羊"身上：布兰顿艺术博物馆广场设计 / 99

第10章　真正的都市化：达拉斯艺术区表演公园设计 / 107

第11章　遗产 / 115

第四部分　　得克萨斯州或更大范围的新型区域主义 / 125

　　　　第12章　得克萨斯州绿心 / 127
　　　　第13章　得克萨斯州中部愿景 / 135
　　　　第14章　得克萨斯州三角区 / 147
　　　　第15章　新型区域主义 / 161

第五部分　　向国外经验学习 / 169

　　　　第16章　环境阅读：意大利的设计传统 / 171
　　　　第17章　秋月：中国的规划设计 / 179

第六部分　　从灾难中学习 / 215

　　　　第18章　探索适宜的纪念性景观：93号航班国家纪念园 / 217
　　　　第19章　弹性基础：卡特里娜飓风后的墨西哥湾规划 / 227

第七部分　　总结 / 241

　　　　第20章　思维的积淀——新兴设计思维展望 / 243

参考文献 / 257

自 2001年开始，我在一所先驱的建筑学院担任院长，因此，一直工作在致力于培养下一代建筑师、规划师、风景园林师、室内设计师、建筑历史学家、城市设计师以及历史遗迹保护者的最前线上。

当时，可持续性及环境保护设计开始从边缘地位转移成主流地位。跟随其他国家的带领，美国终于开始重视可持续发展问题——即在符合我们需求的经济发展同时不减少给未来后代留下的资源——一个依靠自然的收入型生活方式而非靠开采其资本账户。同时，"9·11"、2005年亚洲海啸、2010年海地（Haiti）地震以及卡特里娜飓风都向我们展示了人类这一种族的脆弱性。因此，我们见证了对于"再"有关的话题不断增长的关注度，如恢复、复原、再生（等话题）开始作为设计和规划中的重要概念。

另外一个关于"再"的词，即反思，提供了一个探索这些问题的方法。反思性实践是一个用来发展设计及规划学科的可利用性很强的逻辑化框架。当一方承担了一个项目，并思考其内涵、成功或失败时，会获得一定经验。反思具有一定个人性，就如同本书一样。因此，一些个人的经历和信息帮助建立了这个平台。我也是偶然因为风景园林规划的实践项目成为学术人士。在我执教生涯的

开始，1977年，我突然意识到大学开始给予机会让我来选择项目，因此我成为了这一学科的实践者。

我的学术历程开始于太平洋西北地区，即我从宾夕法尼亚大学（University of Pennsylvania）伊恩·麦克哈格（Ian McHarg）风景园林系获得区域规划硕士学位开始。在华盛顿州（Washington State）及爱达荷州（Idaho），我开始参与有关农田保护，土壤保持以及各层政府层面的增长管理项目。当我回到费城（Philadelphia）修读博士学位时，国家公园管理局（the National Park Service）提供了对黑石河走廊（the Black River corridor）位于罗德岛（Rhode Island）普罗维登斯（Providence）和马萨诸塞州（Massachusetts）伍斯特市（Worcester）之间的保护计划。我们的计划以地-州-联邦政府与私人非营利组织合作的方式，推动了"绿线"（greenline）的实施。我们的努力成就了沿河走廊的（生态）恢复，并同时帮助普罗维登斯市（Providence）的复兴。我见证了联邦政府借助刺激机制及对未来启发性的区域愿景来促进当地及州政府的保护工作。

当在科罗拉多大学（University of Colorado）执教时，我关注于城市和区县层面的增长管理问题。后来，亚利桑那州立大

学（Arizona State University）向我开放了更为广阔的天地，包括流域尺度的项目、可持续性研究、去墨西哥工作的机会，以及做垃圾场改造和植物园的机会。我同时协助发起了首个关于城市区域长期生态调查研究的国家科学基金项目（National Science Foundation）。在亚利桑那、科罗拉多以及墨西哥的工作中，都涉及了大尺度、综合性的风景园林（规划设计）。这使我能够将景观生态学原理应用于世纪项目当中，来阐述廊道、矩阵及节点等概念在保护（生态）平衡及（社会）发展中的重要作用。

我的荷兰、意大利及中国的拓展访问经历让我认识到了其他国家的设计和规划。我以富布莱特访问学者（Fulbright research scholar）的身份访问了荷兰，以罗马奖会员（Rome Prize fellow）的身份访问了意大利，又以客座教授的身份造访了中国。这些海外经历让我结交了很多朋友并成就了很多合作伙伴，同时也对国外的建筑及城市规划实践有了更好的了解。另外，我在欧洲和亚洲的工作揭示了在许多社会中关于人居及自然环境未来的共同关注。与此同时，我执笔和出版了关于这些问题大胆探索的书籍，囊括了我早期在新型居住区规划项目的经历，第一次启发了我继续去探索这一领域。

在本书中，我就专业设计和规划领域的未来教学和实践方向的变化进行了反思。在作为得克萨斯大学奥斯汀分校建筑学院院长前十年任期的影响下，我成为超乎我最疯狂想象的人——一个（彻彻底底的）得克萨斯州人。作为面积和人口都当属全国第二的州，得克萨斯州也正在成为一个超乎其最疯狂期盼（的地区）。除了牛仔精神，得克萨斯州是一个白人人口数量小于一半的城市化州。其地域广阔造就了多元性的特质：埃尔帕索（El Paso）在地理位置上相比休斯敦（Houston）距离圣地亚哥（San Diego）更近一些。虽然沃斯堡（Fort Worth）和达拉斯（Dallas）占

据了相同的大都市区域，他们的文化却存在着天壤之别甚至有时会相互冲突。然而，得克萨斯州人对于州的建设，像其他美国人一样，也慢慢地接受规划（理念），同时将其城市天际线建设成像纽约（New York）、芝加哥（Chicago）和洛杉矶（Los Angeles）的模式。

居住在一个如此庞大、政治上较保守的州，我时不时回想起在荷兰居住的日子——一个很小，却很先进的国家。荷兰的文化通过各个层级的规划以及国际性参与却带有强烈家乡传统色彩的设计而日益繁荣。他们在规划方面的术语就像因纽特人（Inuit）对于学的不同种称呼一样多。在高度人工化的小尺度农业颇有成就的同时，荷兰人也是享受高质量生活的能干的资本家。他们对于现状并不满意，因此正在为（更好的）适应气候变化而进行海岸线及河道进行重新改造。

作为院长，我工作的焦点根据我所服务不同人群的关注点而有所区别。我的教职员工们通常把我当成了自动取款机。校长和教务长期盼我成为学科带头人，同时也希望我能筹集一大笔资金。每周，公众都会提出一个完美的学生studio计划（免费的）。校友们期待他们的母校跻身顶尖之列（并且有很多人希望他们的子女追随他们的脚步）。而学生们又希望听到活泼且有趣的老师讲课，并且课程设置在上午10点之后。

我把自己看作管理以上所有方面的角色，另外我的工作提供了成为我转变的代理人的机会。我坚信学院的设计和规划学科在我们的文化中应该扮演一个更为杰出的角色。为实现这个承诺，这些课程计划应该追求一个更生态同时更具社会责任感的路径。除了美学和技术上的关注，设计应该具有更深层次的文化追求。这样的改变存在于许多计划中，同时也包括我在得克萨斯大学的课程计划。我协助在奥斯汀分校和其他地方推进了这样的改变。但是这样的改变是复杂的，甚至有时可能是一个十分缓慢的过程。

它无法强求，我倡导的理念中的一部分与其他的相比有更好的成效，也仍有一些问题亟待解决。

我的终身院长制与得克萨斯州、全国及在中国和意大利的设计和规划不期而遇。我坚信这些和其他文化对于变化的经受和适应的很多（内容）都是我们所需要学习的。特别是中国和意大利，不断地修饰着我对于变化和连续性的观点。两者的文化既古老又现代，甚至可以说是超现代的，或者我们现在所说的后现代的。这或许是真的。家庭、历史、地域性及食物在两个国家都扮演着稳定性角色。尤其是中国，以其现有天旋地转的变化速度闻名于世，因此，我在此居住时给予其特别的关注。

反思性的实践是一个学习的过程。我从审视过往经历经验中受益匪浅。我所希望的是其他人也能从这些反思中学到些东西，并发现我的旅程是（十分）有趣的。

在本书的结尾处，我批评了新城市主义运动的某些观点。实际上，我在这项运动中发现很多指导原则可以发展为有建设性的专业常识，并且为区域规划及城市设计提供了十分重要的参考价值。事实上，我的得克萨斯州中心愿景项目（一个做得克萨斯州中心区域增长规划的非营利组织，详见后文第13章），在很大程度上就是基于彼得·卡尔索普（Peter Calthorpe）和约翰·弗雷格尼斯（John Fregonese）的新城市主义理论。

在我完成本书手稿的期间，我曾与新城市主义的核心人物卡尔索普及安德烈斯·杜安伊（Andres Duany）在同一小组共同参与了新城市主义大会（CNU）在奥斯汀召开的年会。（在会议上，）杜安依认为所有的州增长管理计划都不幸失败了，尤其是他的家乡佛罗里达州。卡尔索普则不同意他的观点，并指出华盛顿的增长管理法案就是成功的案例。

我曾经协助当时的州参议员（后来的华盛顿最高法院院长）菲尔·塔尔梅奇（Phil·Talmadge）起草了法案的最初版本。该版本关注于农地保护方面。虽然法案后来的发展偏离了其初衷，我所建议的条款被保留了下来。为了削弱农村利益集团的反对声音，我建议规划区域仅限于城市及城市县超过一定人口规模的范围内。在低于标准的农村县可以自行选择参与增长管理规划，而非必须要求。这样的弹性计划使其通过了立法，成为华盛顿州的预先计划法案。

比起死板的解决方案，我更倾向于有弹性的方式。一些新城市主义者主张用一个预先确定的正式方案来完成（发展的）过程，这让我感到反感。

提到奥斯汀的CNU座谈会，杜安伊宣称关于区域规划现在只有三种模式。第一种模式是城市生长边界。他提出，这种模式由俄勒冈州波特兰市的生长边界作为典范，但最初是在英格兰绿带规划中被提出。第二种模式是乡村边界模式，即由本顿·麦凯（Benton McKaye）提出的大都市保护地系统理念。马萨诸塞大学阿默斯特校区的杰克·埃亨（Jack Ahern）教授指出，"这一系统是源于过度城市扩张控制的构想形成的产物。"麦凯的概念明显是从老弗雷德里克·劳·奥姆斯特德（Frederick Law Olmsted Sr.）和查尔斯·艾略特（Charles Eliot）早期的波士顿大都市区规划以及其翡翠项链公园系统中衍生出来的。杜安伊指出，乡村边界模式涉及界定自然资源及历史资源保护区的问题。卡尔索普的公交导向型开发模式是杜安伊提到的第三种模式。通过卡尔索普的理论，一种新型的、密集的发展模式将围绕着公共交通站为节点的周围展开。

在杜安伊生动地用白纸黑字的图表阐述这三种模式的同时，我意识到他漏掉了第四种模式——一种难于用图表阐述的、关注于我所研究的区域化方向的模式，也就是写作这本书的理论基础。如果我们从一个过程而不是从形式开始（一个项目），我们则会得出从纯粹的形式设计中形成的不同的形式。我的目标是以历史和个人案例来阐述这样一种方法模式。

首先，我建议我们应该向自然现象学习，就像安妮·斯本（Anne Spirn）提到的场所的深层结构和深厚内容。生态认知建议将大型的基础设施安排在更高效更经济的地方。那么我们在设计绿色基础设施时，就可以利用自然提供给我们的生态条件，例如清澈的水源和生机勃勃的植物。生态规划帮助我们理解不同尺度下的自然和社会互动，从我们自己的家庭到工作室，再到整个区域层面乃至更大的尺度。

在小组讨论中，杜安伊提到一种乡村界限的借鉴模式，即根据保护廊道来隔绝开发活动。他同时提到这种乡村模式更具防范性，因其保护区域是由诸如溪流或高山一类的有形元素而界定的。我的很多工作都涉及界定这样一个保护区域的边界。我一直坚信河漫滩土地不应该进行开发，同时我们也应该保护基本农田。然而，我建议我们应该将眼界放宽，并将自然整合到我们的日常生活中。

其次，我拥护民主，并且建议我们应该参与进复杂的政治进程中。这样一来，规划师和设计师就应该注重先例，以其他环境和条件下的建设成果为鉴，对自己的设计策略有所选择。同时我们也应该运用创造力，预留出区域未来派生出其他可能性的发展空间。

这样一来会出现什么样的图纸呢？最初可能形成一片混乱的局面。实际上，一个彩色的动画才是更为合适的表现方式，而非黑白的图纸。这个动画应展现未来发生的变化以及多种场景。这样一个系统能比杜安伊的图形背景式的展示更为生动。当然，人们也能从奥姆斯特德、艾略特（Eliot）和麦凯展示的图纸上看到动态有机的廊道，同时从卡尔索普（Calthorpe）的公交导向型开发模式中看到场地的边界增长。更进一步看，我们甚至能发现这些充满活力的社区鼓舞着新城市主义者们的心灵。然而，尽管我们的社区应该包含整齐的房屋和前廊，也可以包括一些更尖锐形状的房屋，就像扎哈·哈迪德（Zaha Hadid）设计的那种（而且是更高效能的，同时伴有人行道和便利的交通）。

对于区域主义的一大挑战是如何鼓励决策者和平民百姓（甚至是建筑师和规划师）来站在区域的高度上思考。假如我们能学会区域性的思维方式，那么我们就能将这种方式运用到不同尺度的规划和设计当中。风景园林师的视野是融合了自然和社会过程的。所以，风景园林设计也是一种区域主义的成果。更精细地来看，建筑及城市空间的设计也应依据这种新的区域主义。

致 谢

这本书由自2001年以来的单独的论文和项目逐渐形成。这些成果是共同努力的结果，也因此，我亏欠太多。第1章"区域的建筑及财富"，起初在PLATFORM上发表，PLATFORM是得克萨斯大学奥斯汀校区建筑系的周刊。我很感激Pamela Peters编辑为我们的出版做出的积极贡献。这篇论文由我的得克萨斯州大学的同学Michael Benedikt 和Steven Moore启发而成。

我要感谢许多同学和同事，尤其是对3个太阳能十项全能竞赛作出贡献的，这个项目也是第2章"可持续设计"的重点。特别是 Michael Garrison, Samantha Randall, Russell Krepart, Pliny Fisk, Elizabeth Alford, Marjie French, Kris Vetter, Julie Hooper 和 Jeff Evelyn，这些人提供了无价的支持。

第4章所讨论的可持续场地的独立性，是源于LBJWC，ASLA和美国植物园的合作。我向承担辛勤工作的工作人员和超过50名致力于可持续场地倡议发展的专家致以最诚挚的感谢。Susan Rieff, Nancy Somervillede 的领导对合作关系的促进是必不可少的。Steve Windhager, Heather Venhaus, Danielle Peranunzi, Ray Mims和Elizabeth Guthrie做了很多繁重的项目。智力领导是源于Deb Guenther, José Almiñana, Deon Glaser, Jean Schwab, Richard Dolesh, Valerie Vartanian, Karen Nikolai, Karen Kabbes, Mike Clar, Suan Day, James Urban和 Meg Calkins. 编委和复审作出了其他许多贡献。Nancy Solomon, 城市土地学会的《城市土地绿化》杂志主编，邀请我来撰写文章，我从Steve Windhager, Heather Venhaus和 Amy Crossette得到了很大的帮助。

第5章"塑造地域"最初是由来自得克萨斯州大学建筑学院的院长 Almy和Michael Beneditkt为日报《中心》撰写的文章，致力于景观都市主义。我为2008年在撒丁岛举办的城市和景观观点会议重写了这篇文章，这个会议由萨萨里大学建筑学院院长Giovanni Maciocco教授组织的。在这篇建筑杂志的文章中，我进一步提炼了我对景观都市主义的观点。我特别感激在总编辑Gavin Keeney的促进推动下，我真正地思考了景观都市主义。

第3章，"21世纪建筑"从我写给奥斯汀艺术杂志《Tribeza》的一篇文章演变而成。来自堪萨斯州立大学的《Oz》编辑Joshua Bender邀请我写了第6章"城市限度"的早期观点。第七章"林地"起初刊登在莱斯设计联盟《Cite》杂志上。第8章"三一河滨河廊道：另一条翡翠——项链或翡翠扼链？"最初是在编辑Stephen Scharpe的邀请下为《Texas

Architect》写的。我感谢这四个出版物编辑们的邀请与指导。

我为达拉斯艺术区作的贡献，即第10章的重点，使我对Deedie Rose和Howard Rachofshkyde 的无私慷慨很感激，他们真正知道如何从柠檬到柠檬酒。这两个人都是我的英雄，因为他们对艺术、建筑、景观和城市规划作出了许多贡献。

Bird Johnson夫人显然是第11章的灵感来源，她的重点是野花中心。很荣幸能与她和Johnson家庭的其他成员合作。我也很享受我与中心董事Bob Breuning和Susan Rieff的工作，以及与董事会、顾问委员会和工作人员的工作。随着野花中心成为得克萨斯大学的一部分，对我来说，附加的好处是和在自然科学学院院长May Ann Rankin成为朋友。

我和Kent Butler写了第12章"得克萨斯州绿心"的早期版本。我和Stuart Glasoe, Bill Budd以及 Jerry Young共同撰写、添加和更新了材料，最初发表在1990年的《景观与城市规划》。

在第13章"得克萨斯州中部愿景"中，我的工作涉及大量的合作。我感谢Neal Kocurek 和 Lowell Lebermann的邀请。Beverly Silas, Sally Cmpbell, Diane Miller, Robin Rather, Jim Walker, Bill McLellan, Judge Ronnie McDonald, Judge H. T. Wright, Jim Skaggs, Cid Galindo, Travis Froehlich, Jay Hailey和许多其他人为这一有价值的经历作出了贡献。

第14章探讨"得克萨斯州三角区"，它的产生源自Bob Yaro与区域规划协会、林肯学院以及宾夕法尼亚大学的努力。我感谢与Bob,还有Armando Carbonell, Petra Todrovich, Kent Butler, Ming Zhang, Talia McCray, and Sara Hammerschmidt的不断合作。

我和其他人合作的关于"得克萨斯州三角区"包含巨型区域和国家层面的规划。这些努力，被称为美国2050，在第15章进行讨论。Bob Yaro和我随后写的白皮书被《风景园林》采纳为其中的文章，其中部分被改编为本章的文章。

可能我经历的最有意义的一次合作就是成为93号航班国家纪念团队的一部分。我从Jason Kentner, Karen Lewis和Lynn Miller学到了很多。我们受益于3个研究生的参与：Scott Biehle, Jennifer Gelber, 和 Megan Taylor, 还有我的女儿Halina Steiner。我感激Bill Thompson催促我写这些经历。

"秋月：中国的设计与规划"缘于Laurie Olin 让我成为清华团队的一员。我反过来也邀请教师、学生和在北京IMET的工作人员，特别是杨锐、吴良镛、Ron Henderson、胡洁、党安荣、刘海龙、庄优波、阙镇清和何睿。Bill Thompson建议我关注一些在《风景园林》上关于奥林匹克森林公园的文章。Ron Henderson、胡洁、Alan Ward和吴宜夏给了文章很多有益的建议。

"弹性基础"也衍生出Bob Yaro 的一个请求。我学到了很多，从Bob以及我们请来帮助的佛罗里达州彭萨克拉的顾问团那里。AECOM的Barbara Faga和Jim Sipes贡献良多，正如区域规划委员会的Petra Todorovich. 宾夕法尼亚大学的Genie Bierch敦促我们为会议写关于测绘项目的回忆，她整理了有关规划的经验教训，我们应该从卡特里娜学习。这项工作为我们在威尼斯双年展的展览提供了初步基础。Wilfried Wand创造了这个参与机会，其中包括一些教师和学生，特别是Barbara Hoind, Nichole Wiedemann, Jason Sowell, Larry Doll, 和Kevin Alter。Nichole鼓励我继续写生态和卡特里娜，因为她和Jason组织了后续会议。

基于这些不尽相同的以往的作品，我重写并重新组织了这本书的素材。Deedie Rose, Raquel Elizondo, Danilo Palazzo, Laurie Olin, Mirka Beneš, Michael Benedikt,张明，杨锐，Michael Garrison, Ron Henderson, Chris Marcin, 和Anita Ahmadi慷慨地阅览了手稿（或者部分文章），

并提供了很多有用的建议。Mack White 和 Anita Ahmadi一遍又一遍地输入手稿。Sara Hammerschmidt 和Pamela Peters 在帮助编译插图和这些图的安全许可上提供了宝贵的支持。

为得克萨斯大学出版社审查手稿的Genie Birch 和Tom Fisher，帮助我做了很多工作来集中我的想法和微调文字，就像我长期合作的Island出版社编辑Heather Boyer一样。我特别感谢得克萨斯大学出版社团队，他们把我的手稿变成书籍，特别是Joanna Hitchcock, Jim Burr, Victoria Davis, Ellen Mckie, 和 Sally Furgeson。最后，特别感谢我的家人——Anna, Halina和Andrew——他们不懈的支持才使这个工作变得可能。

介绍
跨学科设计
及地球的命运

地球正处于危险之中，无论我们存在与否它都会继续运转。但是我们已经足够了解人类的行为将会对地球造成什么样的影响，所以我们改变了自己扮演的角色。

设计创造未来。因此，设计能帮助我们解决这场地球危机。设计包括了制定有目的性措施的计划。奥伯林（Oberlin）环境哲学家大卫·奥尔（David Orr）表示，设计师应掌握五项主要技能以做到对社会有所贡献：以自然为标准、用现有的阳光产生能量、处理废物、对于一切的社会发展负责，以及在可持续发展的前提下创造繁荣的社会。这些社会贡献源于对世界的进一步观察、更好地了解自然的过程，然后用我们掌握的知识实践于吸收阳光的能量以及运用废物资源。至于发展，包括了经济、社会及环境的发展——通过设计，我们能创造一个更光明的未来。

纵然每一个设计师、规划师以及他们的老师们都会在不同的尺度上思考关于整合可持续性的问题，区域性的尺度可能是对于开始思考变化的一个很好的选择。通过设计师和规划师对于其工作区域内景观的认知，他们能够辩证地考虑出适用于这种大尺度的文化与生态进程，并运用于他们对当地的设计当中。

本书探索了我们应该如何通过规划和设计完成一些必要的改变。本书共分为7部分，第一部分为如何更生态地规划和设计奠定了基础。其中生态的概念包括了人类和社会以及野外环境。第二部分中，本书探索了包括建筑师保罗·克瑞（Paul Cret）、风景园林师伊恩·麦克哈格（Ian McHarg）、开发者乔治·米切尔（George P. Mitchell）这些前辈所规划设计的人类生态规划的先例。第三部分中，我主要探讨了得克萨斯州出现的城市主义。这一探索在第四部分的区域性思维中得到了延伸和扩展，超越了孤星之州的范围。在第五部分中，我主要就意大利、中国为主的外国经验进行了学习和反思。第六部分则是向灾难学习，最后一个部分我进行了总结并且对未来提出了设想。

第一部分包括关于建立新区域性模式的5个章节。在第1章中，我就3个将生态学与建筑设计和规划整合的必需元素做了探讨——即复合性的思考，有意义空间的创造以及在时间变化中的设计。我倡导一种新型的建筑方式。这种方式针对解决现有的紧迫形势以及现代主义和后现代主义的失败都是不可或缺的。现代主义将建筑、艺术和设计与历史以及自由表达和抽象内涵相脱离开来。体现到建筑中，就是强调建筑的几何形态而与周围的环境脱离，从而创造出一种漂浮在环境中的自主结构。而后现代主义的实践者们通过借鉴过去的图画形象，设计出了与当代城市毫无关联的建筑和空间。

在第2章中，我着重于陈述得克萨斯大学奥斯汀分校对于发展可持续设计所做出的努力。除了建立可持续发展中心以及设立可持续发展科学硕士学位以外，我们建筑学院还参与了3次由美国能源部组织举办的太阳能十项全能竞赛。这样亲身经历的竞赛给了建筑和工程专业的学生们设计太阳能房屋的机会，并且将它们展示在华盛顿首府的国家广场上。

通过前两章的写作，关于21世纪建筑，也就是第3章主要内容的一些想法也应运而生。本书提出了5个现代建筑设计应考虑的重要因素：场地选址、能源效率、水源涵养、建筑材料及建筑美学。在本书中我也通过一些例子对这几项因素进行了详细的阐述。

约翰逊总统夫人野生花卉中心（the Lady Bird Johnson Wildflower Center）、美国风景园林师协会（the American Society of Landscape Architects）以及美国植物园均表示，所有尺度的风景园林设计都会受益于可持续场地的倡议。第4章主要是美国绿色建筑委员会针对该倡议增加的建筑开发和促进的一些标准。

在第5章，也就是第一部分的结尾中，我用一个论证证明了景观都市主义这一跨学科领域的出现。有7个关键的因素促使了景观都市主义的出现：我们居住环境的持续改变，科技的联动能量，场所和区域的特异性，一些城市对于创意阶层的培养，具有一定规模的重复模式，学科间界限的日渐模糊，以及人居环境的弹性。

本书的第二部分介绍包括了给得克萨斯州设计和规划提供新途径的相关案例。如果这些先例在之前更广泛地继承下来，那么今天的得克萨斯州将会是另一番面貌。这些项目案例给未来的得克萨斯州甚至是得克萨斯州以外的区域都提供了借鉴经验。在第6章中，我就得克萨斯大学校园和奥斯汀湖流域设计进行了探讨。在两个项目中，委托设计师及规划师保罗·克瑞（Paul Cret）和伊恩·麦克哈格（Ian McHarg）将他们的工作与场地的特殊性及流域特性结合，很好地改善了人居环境的质量。

该校园和流域都位于奥斯丁都市区域内。在第7章，我们转向了休斯敦区域，在那里我回顾了沃兰兹（The Woodlands）的设计。我分析了该区域社区的环境、经济及其社会成就和不足之处。其开发者乔治·米切尔（George P. Mitchell）的领导以及伊恩·麦克哈格（Ian McHarg）的生态规划，是沃兰兹项目的核心内容。如奥斯汀湖规划一样，这个项目的设计从20世纪70年代就开始了，并在美国公众政策转向关注于用环境设计艺术为解决方式时进入了高潮阶段。我们真的需要从这些先驱的努力中学到经验教训。

在得克萨斯州出现的城市主义是第三部分的主要内容，其中包括四个章节。得克萨斯州的这些案例帮助阐述了区域性基础上的设计和规划。得克萨斯州拥有明显的区域传统与特征，并且州内的几个大型城市也有自己独特的、多样的特性。确实，光是提到"得克萨斯州"这几个字，就能引起强烈的反响。得克萨斯州的形象已经被运动团体和音乐家很恰当地诠释了。然而，除了像"孤星"这样被广泛使用在高速公路、立交桥和桥梁上的称呼外，区域的特性并没有很好且并广泛地在得克萨斯州的建筑和城市规划上体现和诠释出来。之后是一些具体的举例。

第8章中，我们将目光转向得克萨斯州的其他大城市。达拉斯、沃思堡市与奥斯汀、休斯敦市有着天壤之别。事实上，虽然这个区域被称为"大都会地区"，但是这两个相邻的城市却几乎截然不同。实际上，所有得克萨斯州内这些急速发展的城市之间都存在着差异性与竞争性，这也使城市形成了一副有趣的场面——城市变成了规划和设计实验的小白鼠。

设计时常需要最大限度地利用不完美的现状。第9章中讲述了由风景园林大师参与的得克萨斯大学奥斯汀分校校园设计。在一个卓越的瑞士建筑团队因建筑设计存在争议而从中退出后，彼得·沃克（Peter Walker）参与了布兰顿艺术博物馆设计项目。他不仅完成了两个建筑之间的广场设计，同时在某种程度上基于克瑞（Cret）早期的规划设计，为整个校园提出了一个更广阔的愿景。而沃克（Walker）的设计得到了学校领导阶层的一致认可。在这个案例中，一个风景园林设计师从踌躇不定的建筑师手中抢救出了一个（有潜力的）项目。

在第10章中，介绍了达拉斯艺术区规划和设计项目。这一项目是将城市中心区的一个主要街区改造成拥有为艺术表演服务的新用途的街区。这一项目同样提出了城市景观设计中的一些困难。艺术区中的两个主要建筑是由著建筑设计师"双星"设计的，这也延续了得克萨斯州一向邀请来自外界的著名设计师来设计其重要建筑的传统。尽管双星设计团队确实为达拉斯艺术区设计了两个极具戏剧性的建筑，但与其相连的外部空间设计则面临着严重的缺陷——似乎并没有表达艺术区所在区域的社会和环境内涵。

第11章的重点是约翰逊总统夫人野生花卉中心（the Lady Bird Johnson Wildflower Center）。约翰逊夫人对得克萨斯州中部乃至整个国家都贡献良多。作为第一夫人，她拥护环境质量，并在20世纪60～70年代协助起草了诸多联邦环境法案。在奥斯汀，她建立了约翰逊总统夫人野生花卉中心（the Lady Bird Johnson Wildflower Center）。她倡导将乡土植物作为区域性环境健康的指示器。在建立野生花卉中心的过程中，约翰逊夫人同时坚持使用最先进的绿色生态技术建造其建筑结构。她指导建筑师将建筑的场地布局设计成如同"上帝布置的一般"。

第四部分的区域主义包括4个章节。在第12、13章中，本书重新回到了区域性尺度介绍了得克萨斯州中部。书中更详细地描述了这个得克萨斯州绿色心脏的一些环境生态和人文生态的细节，以及其对创新性区域性愿景——即得克萨斯州中部愿景——做出的贡献。我深度参与了这个组织并且用这段经历总结出了一些观点。

在第14章中，本书探索了超大型城市区域或城市聚集区这一较为前沿的概念。关注点在于得克萨斯州三角——国内11个快速增长的超级区域中的一员。从休斯敦、圣安东尼奥形成基础，到达拉斯-沃斯堡城市连绵区到达顶点——得克萨斯州三角提供了城市规划的一个新途径。除了一些实施策略意外，书中提出了4个研究方法——即描述性方法、分析性方法、规范性方法及过程式方法。

建筑和景观设计应与其所在区域产生共鸣。如同"场地可持续发展首要原则"是国家为我们的风景园林设计发展做出的努力一样，美国2050计划强调了区域性在国家规划中扮演的角色。在第15章中，本书评论了区域规划委员会（the Regional Plan Association）、洛克菲勒基金会（the Rockefeller Foundation），以及其他组织在美国2050计划中做出的贡献。

在第五部分中，我们的视角移到意大利和中国，这两个国家都有着悠久的区域主义、建筑和城市化的历史。得克萨斯州（甚至美国）与这两个国家在建筑、规划设计与区域性思维相结合的方面存在相同的挑战。例如，在高速发展的中国，领导者们使用国际"星级设计师"设计城市新地标的事情被广为熟知，带来了喜忧参半的结果。

在意大利的诸多大学中，学习建筑专业的学生占到一大部分。例如，在米兰理工大学，2008级入学的37000学生中，就有四分之一也就是9800名学生主修建筑和城市规划，同时有4200名学生主修工业设计。

"他们以后都去做什么？"美国人问道。

"那你们那些学商科的学生都去做什么？"意大利人答道。

意大利的建筑教育为流行服装、电影、汽车、家具及众多的我们日常使用的产品设

图0.1 地球正在经历城市化，这一点在中国更为明显。这是在黄鹤楼上面向长江拍摄的武汉城市景观，张明（音译）摄

图0.2 现代军事技术致使城墙废弃，很多欧洲国家将这种防御工事拆除并改造成公园。意大利的卢卡保留了其城墙并在其壁垒上建造了一个公园。弗雷德里克·斯坦纳（Frederick Steiner）摄

计做基础。意大利人认为对建筑和城市主义的知识学习是一个受到高等教育的意大利人应具备的条件。建筑和城市主义的职业地位如同人文学科一样。

中国和意大利自古就有对城市的规划，然而专业的、学术的原则却来源于近代（图0.1）。在意大利，城市规划出现在20世纪早期（图0.2）。即便是贝尼托·墨索里尼（Benito Mussolini）在20世纪30年代对意大利规划的强大掌权时，这一行业也受到了诸多民主性的影响。1942年，意大利准许通过了一条在当时欧洲最为先进的规划法案。不幸

的是，这条法案在随后的很多年中都未曾生效。在二战后的重建过程及经济发展时代也仅有一部分生效。20世纪70年代，意大利的一些区域通过国家规划系统作为一个城市法 律框架这一理念。近期，一些地区增强了其城市法来加强城市的权利以便削弱官僚主义。学术上，城市规划理论方面，意大利主要受到了法国的学术影响（因为两国文化的相似

图0.3 洛克菲勒基金会百乐宫中心（Rockefeller Foundation Bellagio Center），科莫湖（Lago di Como），意大利。弗雷德里克·斯坦纳（Frederick Steiner）摄

图0.4 艺圃，苏州，中国。弗雷德里克·斯坦纳（Frederick Steiner）摄

性，而排除法国中央集权影响的部分）。在中国，这一领域形成于二战结束后。政府决定了绝大部分中国的规划。然而，中国的城市层级规划更为多元并具有复杂的影响因素。从20世纪90年代开始，中国的城市规划进入了更开放地吸收世界影响的新篇章。

造园技艺在意大利和中国也都有着古老的历史传统（图0.3和图0.4）。而风景园林设计则是一个更为现代的发展并且受到了一定的关注。我曾经见证了两个国家风景园林学术界的诞生。并且，我在这两个过程中都扮演了小小的角色。在我自己的国家，我参与塑造风景园林学科，使其与建筑学、规划学、室内设计、历史保护学、建筑历史学、城市设计及可持续设计等学科位于同一层级上。这样一个学术列表还可能会更长。因此，我在本书的题目上运用了设计这个学术分支。在之后的篇章中，我尝试着给我学院的每一个专业设置他们应该思考的内容，但我也的确承认我在某些领域的投入度要超过其他的领域。

在第16章中，我着眼于罗马附近的别墅庄园和花园。这些地方很大程度上揭示了意大利设计理念及其对环境的思考。意大利的建筑和城市化对于西方的传统城市建设都有着持续的影响力。

在第17章，我们从意大利来到了北京，我在这里作为客座教授在清华大学一个新成立的风景园林专业授课。本书中除了探讨我的教学活动，我也表达了对北京的一些印象：它的快速发展，古老的文化，环境的变化以及传统的建筑与城市布局。值得一提的是，我在书中提到了为2008年奥运会北京做出的环境整治活动。这个活动结果之一即奥林匹克森林公园，这个公园为北京市民提供了广阔的开放空间和休闲区域。

第四部分关注于灾难以及对于我们再面对困难时刻的恢复力的学习。其中一项挑战就是如何铭记恐怖袭击中的遇难者。第18章主要是介绍美航93号纪念设计。我也是参加这次设计竞赛的决赛团队的一员。我们力图创造一个能够让人们追思美航93号上勇敢的乘客和机组的景观，同时恢复宾夕法尼亚被多年采矿侵蚀的景观。

卡特里娜飓风后的墨西哥湾海岸地区证明了我们对好的规划的需求。在第19章中，本书探索了参与威尼斯建筑双年展的关于恢复力的概念。这是一个展示新建筑探索的国际盛会，这一届双年展致力于研究全球未来的大城市区域。恢复力的概念包括一个社区从受灾中振作起来的能力。正如新奥尔良州和墨西哥湾岸地区的案例中阐释的，未来的大城市区域存在于脆弱性和可持续性中。而恢复力则是从困难中恢复、复兴和重生的必要因素。

在最后的章节中，我对得克萨斯州和美国的建筑及规划进行了反思。我为建筑、规划、风景园林设计和室内设计提出几个方向。我总结了治疗我们的地球和拯救人类的四个积极的步骤：第一，我们需要认知健康与建成环境的关系；第二，我们需要创造绿色环境和建筑；第三，我们应停止无休止的开发并为恢复和保护建成环境做更好的努力；第四，我们需要区域性的思维。

设计和规划都为我们带来希望，同时也是区分人类和其他物种的一项因素。艾伦·韦斯曼（Alan Weisman）在《没有我们的世界》一书中提到，学会规划与计划是我们作为高等物种的一项重要能力。规划包括"记住历史和洞察未来"。例如，居住在温带地区，我们就学会了如何为过冬储藏食物。这些例子让我们回忆起过去我们是如何成功地创造环境的，同时也给予我们对未来建设更可持续的环境的远见。

第一部分
城市人居环境

地区具有非常明确的核心以及模糊的边界。我从小长大的迈阿密谷区（Miami Valley）是由地理、水文以及文化现象定义的。这些现象包括威斯康星（Wisconsin）冰川作用，河水向南流向俄亥俄州（Ohio）和美国土著，正是这些土著居民命名了迈阿密谷区。近些年，代顿（Dayton）郊区和辛辛那提（Cincinnati）郊区顺着75号州际公路合并了。多年以来，这一带的体育队以及媒体覆盖都是重叠的。

水文的作用力还对我现在居住的区域进行了雕琢。在这里，地下水与地表水的互补塑造了区域特征。在这一特征里另一决定性的因素是奥斯汀（Austin）。奥斯汀地处得克萨斯州（Texas）的中心地带但是在文化与政治上与此州其他区域相冲突。

在接下来的5个章节，我将探讨关于我们居住的区域的新的想法会怎样影响建筑与规划。融入当地环境背景的设计和规划毋庸置疑，会比传统方法更具可持续性。新的区域划分应采用对突如其来的变化更具修复能力以及再生能力的设计与规划方案。

第1章
区域的建筑与财富

现代社会，建筑师们在某些方面与自然和文化特征背道而驰。他们倡导一种普遍使用的国际风格，而忽视了当地的气候和土壤环境。集中供热和空调技术使玻璃箱似的建筑遍布各处。现代主义建筑师还主张忽略建筑史。路德维希·密斯·凡·德·罗（Ludwig Mies van der Rohe）将现代主义定义为："一场与传统建筑相反的革命。"

作为回应，后现代主义建筑师建议重新学习历史。但是他们的工作显得古板且脱离时代。新都市主义城市规划师（原称新传统主义规划师）也主张向历史学习设计与规划。可是他们太过强调乡土建筑传统和区域环境。虽然说把新都市主义社区放到一个假想的时代背景下，显得很浪漫。

区域主义对设计和规划是最重要的，因为它为解读自然过程提供了衡量标准。例如，区域气候或小气候，形成许多小气候和更多大陆的巨型气候之间的桥梁。同样，通过明确水文边界可以形成流域和大规模排水盆地。在区域尺度下理解气候和水的流动使我们能够设计更合适、更可持续的建筑、公园和社区。

古代文化体现着地区的价值。具体的气候和地形为从何种作物可以生长到社会关系等接下来的一切设定了条件。这在意大利和中国可以很好地体现。地方菜系和建筑风格从一个地区到另一个地区变化多样。即使在今天，区域现象也可以从中国河北省的城墙以及意大利拉齐奥（Lazio）地区的古老的街道反映出来。这两个区域都是利用石头划分空间，并提供行进的道路。区域现象引导着中国和意大利一代又一代的建筑与城市风格。

现代设计和规划与区域主义渐行渐远。制冷、空调、中央供暖系统、电视、收音机、电脑、汽车、手机，这些所有过去一个世纪的技术使我们在每天大部分时间从自然界把自己隔离开来。我们在自身和外界之间建造了墙壁，把我们隔离在一个气候可控的气泡中。

我们当前的环境要求我们重新将自然和我们的区域联系起来，而不是像古代思潮一样设计"征服自然"或隔离人与自然的环境。我们需要回头看看什么我们的社会从自然环境中学到的那些知识，用来推动人类向前发展。

自然，社会和知识资本

罗马（Roman）的马库斯·维特鲁威·波利奥（Marcus Vitruvius Pollio）写了第一个建筑指导《On Architecture》并献给了皇帝奥古

斯都（Augustus）。维特鲁威（Vitruvius）说，一个好的建筑师不是一个狭隘的从业者，而是一个具有广泛的能力的智者。例如，维特鲁威认为一名建筑师应该涉猎的学科包括医学。一位建筑师应了解医学，以回答关于"选址（希腊人称之为气候）健康与否"的问题。关于当地大气和水的供给的知识是必不可少的，"因为如果不考虑这些因素，没有任何住宅可以被看作是一个健康的住宅"。

维特鲁威（Vitruvius）着重笔墨探讨关于特定选址、景观和其他因素的问题。正如一个古典主义学者观察到的，"维特鲁威的建筑概念是很宽泛的，有时甚至接近了我们定义中的城市研究学。"维特鲁威关于新的城市发展规划做出了详细的声明，其中首要考虑的应该是有益健康：

首先，选择最健康的地理位置。选址应位于高地，避免云和霜的影响，温度既不热也不冷而是很温和的。此外，避免选择沼泽附近。因为当清晨的微风与太阳一同在一个小镇升起，云层结合形成气流，沼泽动物呼吸出的有毒气体就会蔓延开来，从而对该地区带来不利影响。

除了维特鲁威有关如何利用对自然的了解设计房屋和规划城市的指导以外，他为建设市民活动空间提出了很多建议。罗马人修建了许多新的社区，其中很多时至今日在整个欧洲、中东和北非地区仍旧繁荣。维特鲁威的二十个世纪后，在他们为卡内基基金会（Carnegie Foundation）所做的建筑学教育研究中，欧内斯特·博耶（Ernest Boyer）和李·米特冈（Lee Mitgang）请建筑师把他们的焦点从设计对象转移到"社区建设"上。这种变化需要仔细考虑是什么构成了"社区"和社区与其物理和生物外环境的关系是什么。

在他的书《Bowling Alone》中，哈佛大学的政治学家罗伯特·帕特南认为社会资本是公民福祉的关键。他坚持认为，社区联合，换言之"一起打保龄球"是人们健康生活的必要条件。社区活动出现蓬勃发展或衰落取决于其区域环境。说起刘易斯·芒福德（Lewis Mumford）的区域主义，几个当代建筑师和规划师，包括彼得·考尔索普（Peter Calthorpe）、威廉·富尔顿（William Fulton），盖里·汉克（Gary Hack）和罗杰·西蒙兹（Roger Simmonds）都倡导"区域城市"或"城市区域"的概念。健康的城市区域适合它们的自然环境也会促进市民交流。反过来，健康的建筑和景观设计，也会适合他们的城市区域并深化市民的互动关系（图1.1）。

例如，卡尔索普和富尔顿认为"区域城市必须被视为一个有凝聚力的团体，也就是说经济上、生态上和社会关系来讲都是有凝聚力的邻里和社区，这所有的一切都在将大都市区域创建成一个整体的过程中发挥着关键作用。"

因为我经常坐飞机出差，我总是避免假期乘坐飞机。所以，圣诞节我开车从奥斯汀去俄亥俄州代顿市看望我的家人。这中间我穿越美国中部，发现这中间的景观有很多的变化和可能。人造环境不应该说是沉闷的，而应该说是如此的丑陋以及可以预见。在得克萨斯州、阿肯色州、田纳西州、肯塔基州和俄亥俄州，或者通过佐治亚州、亚拉巴马州、密西西比州、路易斯安那州的州际公路立交桥破坏了自然和文化。这些与酒店、加油站、快餐连锁店和超大型教堂一起污染了我们的感官。城市边缘的购物中心都是一样的商店。达拉斯（Dallas）、小岩城（Little Rock）、孟菲斯（Memphis）、纳什维尔（Nashville）、路易斯维尔（Louisville）和辛辛那提的天际线可能有高有低，但看起来都很相似。甚至重建的城市地区都很难区别于另一个。在奥斯汀（Austin）的第六大街（Sixth Street），孟菲斯的比尔街（Beale Street）以及在纳什维尔（Nashville）的百老汇（Broadway）的商店特点和音乐家类型都是一样的。整个中心地带都是加甜的冰茶和油

再投资区域

● 地区中心
● 城市中心
• 城镇中心
■ 现有城市化地区
■ 特别经济区

新区
○ 城镇：若干中心
□ 邻里
■ 工业扩张

交通体系
▬ 新建一级过境走廊
▬ 新建和现存的二级过境走廊
— 新增或改进道路
— 现有州际公路
— 现有美国或州际高速公路
○ 主要港口设施
···· 现有的铁路

CPRA总体规划特点
···· 新堤
— 更新大堤
— 现有大堤
— 便捷路线，航道恢复
→ 屏障岛/稳定
➜ 河流引水

景观特征
□ 农业、山地森林或开放土地
□ 开放水系

图1.1 区域规划平面图，路易斯安那州（Calthorpe Associates）发布（2006～2007年）。卡斯普联合会（Calthorpe Associates）提供

炸食品，在这样一个由耶稣、兴奋剂和乡村主导的地方想搜寻到国家公共电台或者吃到一份好吃的沙拉都很难。

下了州际公路，遇到了一些意想不到的美景：得克萨斯州的法院大楼广场，克林顿图书馆（Clinton Library），波旁铁路（Bourbon Trail），从辛辛那提跨俄亥俄河的卡温顿（Covington）市中心和查塔努加（Chattanooga）经过改造的河畔。真实性和良好的设计使这些地方与众不同。在新奥尔良（New Orleans）周围的多重败笔之一是真正的原始面貌遗失了（不算那些可以想象的天际线）。奥斯汀的机场设计为城市领袖提供了一种使他们的城市有别于他人的城市的方法。机场建造了一个特色的现场音乐会舞台并只允许当地的商人经营。这里你找不到一家星巴克，但是有奥斯汀爪哇咖啡。那里没有麦当劳，但你有机会细细品味得克萨斯州中部的烧烤。

如果类似的方法应用于跨越得克萨斯州到俄亥俄州的美国中部地带会怎样？甚至跨其他区域呢？可不可以根据地区特色重新规划路易斯维尔（Louisville）市中心和它区域范围内的郊区？麦当劳已为巴黎和阿姆斯特丹对其自身设计进行了不同的改进。为什么不能为在小岩城和代顿的麦当劳进行不同的设计呢？为什么不能用当地的石材、木头或者砖材建造并用乡土植物围绕呢？

得克萨斯大学教授斯蒂夫·摩尔（Steven Moore），是一个领先的可持续性理论家，他把区域主义与场所营造相结合。他认为"把重建地区主义与当下条件相结合是一个政治上需要并且生态上可行的方法"。摩尔发展了肯尼思·弗兰普顿（Kenneth Frampton）的关于批判性地域主义的主张，弗兰普顿说：

批判的地域主义的基本策略是调节带有从某种特殊元素普遍文明的影响，这些元素是由某一特定地点的特质间接地派生出来的。批判的地域主义取决于维持一种高水平的自我批判意识。它可能会通过一些方面发现其重要的灵感，包括当地光照的范围和强度，或者一种源于特殊构造的地质又或者一个特定地点的地势。

区域理解对建筑师和风景园林师设计某些建筑与场所的重要性，就如同医生需要知道人体构造才能治疗病人一样。这些设计原则包括辩证地理解一个地区以及它未来的形式。未来的规划可以通过一系列独立的小项目或宏观的计划来实现（见第5章）。

我在一个被当地居民称为"太阳谷"的区域生活了十几年。这个绰号透露了这个地区的主要自然属性。当地的水资源目前主要来源于东边和北边山区储量相对丰富的水坝（如果合理的使用并储存甚至会更多）。从山区流出来的索尔特河（Salt），佛得角河（Verde）和盖拉河（Gila）在宽阔的河谷两岸堆积了肥沃的土壤。阳光吸引了冬季的游客和退休者。冬季的阳光明媚的天气和平坦的冲积的平原一同赋予了大凤凰城（Greater Phoenix）地区丰富的自然和社会资本。理解这一资本为摩尔所设想的实践理念奠定了重要基石。

区域主义是一种有吸引力的概念，因为我们可以把我们居住的地方定义的具体但是边界是模糊的。另一方面，一座城市有法律的限制。所以一个城市区域或一个区域的城市拥有一个身份但包含有界的实体。

音乐成为奥斯汀和得克萨斯州中部地区一种象征，他们称自己为"现场音乐之都"，这使奥斯汀以一个很酷的生活和工作的地方而闻名。这种赞誉对该地区的经济繁荣至关重要，并吸引了创意阶层。除了音乐，奥斯汀的象征是与该地区的自然环境联系紧密，包括很多天然的泉水、树木繁茂的小山村镇和富饶的黑土地平原。

亚利桑那大学（Arizona State University）校长以及科学政策学领袖迈克尔·克劳（Michael Crow）注意到：城市地区在未来将会是"知识进口商"或"知识出口商"。创新和创造力是城市地区为保持其在全球经济中的竞争优势的必要条件。过去的一个世纪，研究型大学一直是最富饶的知识土地。新经济的观察家认为城市区域缺少了研究型大学，

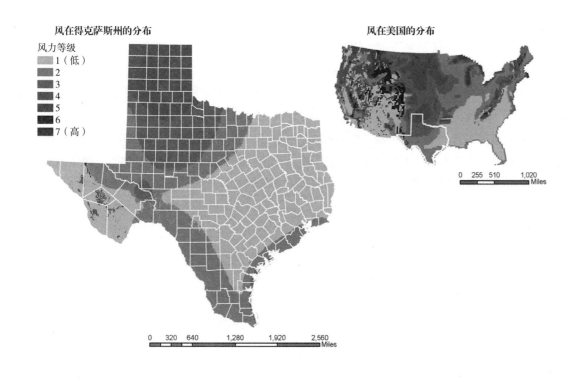

图1.2 图像信息系统技术可以用于整合映射的数据来揭示人居环境的寄语和制约因素，比如这张得克萨斯州地区适合风力发电的地区分布地图。图片提供：Jenna Kamholz

未来经济不可能会繁荣。

但是我们需要的是何种知识呢？我们与全球化的知识网络相连接，这给我们提供了理解的新思路。图像信息系统（GIS）软件的创始人兼CEO杰克·丹杰蒙德（Jack Dangermond）把这种网络比作我们的中枢神经系统（图1.2）。通过实时卫星图像、万维网、全球定位系统、掌上电脑以及其他电子及数码技术，我们能用和我们的身体中枢神经系统感觉外界环境类似的方法感觉和识别区域条件。但是丹杰蒙德的系统的大脑在哪呢？

我们需要重新考虑传统看世界的方式。在这个更加复杂混乱的世界里，建筑处于一个什么样的地位呢？

自然、社会和知识这些资本扩张形式大致对应于可持续发展拥护者所倡导的三个"E"：环境（environment）、平等（equity）和经济（economy）。前亚利桑那州（Arizona State）院长、建筑师约约翰麦纽尔（John Meunier），主张第四个"E"的可持续性：美学（esthetics）。（二次拼写是为了让它与前三个"E"保持平行）通过美学融入可持续发展的讨论，建筑师和其他设计师可以更明确地得出可持续发展的讨论。设计师们是审美刺激的视觉动物。通常对于绿色的关注经常超过了对美学的关注。如果这种美学被视为对于可持续发展是不可或缺的并起到核心作用，而不再是外围因素，那么设计师将更愿意投入精力。设计师们往往需要一些这样的小小的说服力。

例如，景观建筑与规划事务所EDAW（现在的AECOM）的芭芭拉法咖（Barbara Faga）在1998年向我咨询关于巴塞罗那（Barcelona）的Parc Diagonal Mar的可持续性的意见。当时，可持续性是一个相对不知名的新兴概念。近期的加泰罗尼亚（Catalàn）建筑师恩里克·米拉莱斯（Enric Miralles）和EDAW的美国景观师们带领一个为休斯敦的国际开发公司Hines做设计的设计团队。起初，米拉莱斯持怀疑态度。在讨论中，他强调说"好的设计是可持续的。"在我们用一些可持续性的标准对Parc Diagonal Mar进行分析的时候发现，他和EDAW公司已经考虑了很多相关因素。事实上，米拉莱斯已经提出了很多我的清单上的建议但是政府官员拒绝用于设计中。他很快看出我们的分析可以用来加强他的设计想法。我们的可持续性分析非但没有限制设计创新反而开拓了政治可能性。

良好的设计师是巴塞罗那（Barcelona）和加泰罗尼亚区域的文化资产的重要组成部分。从安东尼奥·高迪（Antonio Gaudi）的作品到1992年巴塞罗那奥运会再到Parc Diagonal Mar，巴塞罗那（Barcelona）充满了富有视觉冲击并具有非常独特都市文化的建筑与景观（图1.3）。这种文化资产是区域财富的核心。文化资产可以被看作其他资产的交汇点。我们的文化体现了我们怎样对待环境、他人以及学习。

有没有对美国的影响像高迪（Gaudi）和现代建筑师米拉莱斯对巴塞罗那（Barcelona）影响一样深远的人呢？答案是弗雷德里克·劳·奥姆斯特德（Frederick Law Olmsted）的纽约城（New York City）、布鲁克林的杰作中央公园（Central Park）、激发最近炮台公园城市散步大道的展望公园（Prospect Park）以及布莱恩特公园（Bryant Park）的设计。如同奥姆斯特德在其他区域的作品，这些作品展现了对这些地方自然和社会资产一定程度的理解。比如他对斯坦福大学的规划就融入了他对北加利福尼亚州的欣赏。地中海风格的校园布局与他对东部的公园的设计风格有巨大差别。

奥姆斯特德的最后三个重大项目都强调了这点，同时也展现出他与别人合作的智慧。在波士顿的老公园的基础上，奥姆斯特德与查尔斯·埃利奥特（Charles Eliot）在19世纪90年代完成了翡翠项链（Emerald Necklace）

这一作品。他们借助该地区的排水系统创作了公园和一个提供雨洪管理改善当地水质量的开放空间网络。奥姆斯特德在北卡罗来纳州的阿什维尔（Asheville）地区为乔治·W·范德比尔特（George W. Vanderbilt）设计的比尔特莫庄园（Biltmore Estate）可以体现出高度正轨和创新的生态设计。在比尔特莫尔，奥姆斯特德与青年环保专家吉福德·平肖（Gifford Pinchot）等人合作。平肖和奥姆斯特德应用的"多次使用和持续生产"的概念，是今天可持续发展的收益的前身。为1893年在芝加哥哥伦比亚举办的世界博览会，建筑师丹尼尔·伯纳姆（Daniel Burnham）启用了奥姆斯特德，以及同期的著名的艺术家和建筑师（图1.4）。这样一个多学科团队为城市美化运动奠定了基础，并改善了20世纪早期美国的城市生活。

弗兰克·劳埃德·赖特（Frank Lloyd Wright）是另一个理解并影响了这一区域变革的美国设计师。他的建筑水平线条呼应了平整的中西部草原景观地貌特征。他的草原风格在中西部地区上留下了相当大的印记。很

多建筑师跟随赖特的指引设计了单层的、水平蔓延的住宅，像延斯·詹森（Jens Jensen）和阿尔弗雷德·考德威尔（Alfred Caldwell）处理景观一样，主张并提倡利用草原乡土植物。事实上，芝加哥大都会可能被视为在转向20世纪及其初期美国设计和规划四个重要流派的汇合：赖特的草原风格（以及相关的支脉），詹森和科德韦尔、路易斯·沙利文（Louis Sullivan）和其他人的摩天大楼，伯纳姆（Burnham）和奥姆斯特德以及他们的追随

者的城市美化运动（City Beautiful Movement），芝加哥学派的社会学家主张的城市生态（图1.5）。

像奥姆斯特德取得的成就一样，赖特的伟大作品在适应当地环境的同时也改变着它。古根海姆博物馆（Guggenheim Museum）和马林县市政中心（Marin County Civic Center）都不会与草原风格住宅相混淆。前者融入了城市环境的气场，而后者与其郊区的山脉融为一体。赖特冬季居住在美国亚利桑那州，他的作品展出一种对于沙漠的敏感性，正如他在作品"西塔（Taliesin West）"中体现出来的一样。赖特的风格影响着亚利桑那州一代又一代的建筑师像保罗·索莱里（Paolo Soleri）、威尔布德尔（Will Bruder）和瑞克乔伊（Rick Joy），他们每个人用自己的方式发展了赖特关于"有机建筑"的思想。"有机建筑（Organic architecture）"旨在实现人与自然世界之间的和谐，所以它十分关注当地的生态环境。赖特作品的美丽就在于设计本身都与其所处的环境相呼应。

在肯尼思·弗兰普顿针对斯坦福大学校园以及罗宾别墅（Robie House）提出"批判性地域主义（Critical Regionalism）"概念很久之前，奥姆斯特德和赖特就已经完成了这一概念的实践。然而在我看来，弗兰普顿只是恰好通过他自己的理念总结出来。正如摩尔解释的那样，"批判性地域主义（Critical Regionalism）"是指"建筑应该唤起一种意义和思想而不是引起激动和兴奋，也就是说建筑应该唤起人们关于建筑时间文化和生态的起源的思考。"这里的意义和思想可能也会唤起激动和兴奋，但这种反应是深深植根于当地的文化背景，地理地貌特征，而绝非是一种时尚和潮流。

这种植根于当地条件的做法可以帮助告知设计者为建筑合理地选材和选址。乡土建筑材料将建筑环境和自然生态环境联系起来。

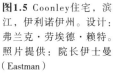

图1.5 Coonley住宅，滨江，伊利诺伊州。设计：弗兰克·劳埃德·赖特。照片提供：院长伊士曼（Eastman）

这种材料的使用有利于当地环境和经济的可持续发展。建筑物的认真选址可以减少能源浪费，并且限制了温室气体的排放。

建筑与规划的教学反思

这种城市区域视角以及基于城市范围的价值观对于建筑以及规划教育有哪些影响呢？主要有以下三个要素。

全面广泛的思考

首先，如果一个知识领域以牺牲其他的利益而获得特权，那个结果一定是贻害深远而且不可持续的。例如，如果建筑设计只看重美学价值而忽视对其环境或社会情况的危害或项目的资金支持，那么，它不会成为一个好的设计。相比之下，在20世纪下半叶的大部分时间里，我自己的设计准则和规划，往往忽视了良好社区设计的美学原则。像这样的盲目忽视设计因素的消极后果，很快就会显现出来。幸运的是，国会的新都市主义的建筑专家帮助规划者重新定位了社区设计的艺术准则。

诚如这些建筑师们断言：

简单来说，新都市主义认为结构设计是未来社区的关键，这些设计主要包括：区域设计、城市设计、建筑设计、景观设计和环境设计（可能还包括室内设计、产品设计和平面设计）……他们相信设计可以在解决一些政府项目和金钱不能解决的问题上发挥关键作用。

设计可以通过创造力实现这一愿望。设计师探索新的方法来创造未来，而不是通过预先确定的、固定的解决方案。虽然新城市主义重新定位了城市规划中的结构形式，但是它一直缺乏在都市主义中创造一种"新"的方法。

新城市规划专家提倡设计应占据社区和区域问题的中心地位。他们针对规划专业放弃将设计作为一种政策和实施的工具这一问题提出了尖锐地批评。"城市规划，"安德列斯·杜亚尼和他的同事们写到，"直到1930年，被认为是基于历史、美学和文化的人文学科成为基于数字的技术专业。结果，美国的城市沦为了简单化的类别和数量的扩张。因为这些信条至今仍然占据主导地位，这种扩张还会大规模疯狂地扩展下去。"

因为扩张而指责这些规划者似乎有点过分。不过，这一人文理解对于社区建设具有价值的说法是合理的。然而，数字不一定就代表简单。他们也具有价值。通常情况下，量化的东西对于我们规划和设计场所是有帮助的。一个全面的观点认为，我们若想发展超越要么争论下去，要么我们可能将人文学科与量化相联系。

要想全面，我们需要考虑维特鲁威的意见并且再全面地思考一下。如果一名建筑师具有广泛的知识头脑，那么他所设计的建筑也会反映对其他领域的广泛理解，包括离建筑领域最近的一些领域，比如风景园林和城市规划。

相反，风景园林师和规划师可以通过探寻对建筑的理解而获取更多知识，而不是简简单单把建筑丢给建筑师去设计。正如维特鲁威提醒我们，建筑相比其他相关学科具有更多的古老历史。那段历史，以及建筑师已颁布的内外部空间设计和城市区域规划的理论，为我们这些相关专业的研究人员做了铺垫。

这种全面的、战略的思维应该立足于理论。设计和规划学科可以受益于更多好的理论。风景园林作为一门学科证明了一句俗话，实践出真知。两种理论使得风景园林在社会中的地位更加突出。一个是在19世纪中期，奥姆斯特德倡导公共公园去解决工业革命所带来的城市化弊病。一个世纪以后，伊恩·麦克哈格（Ian McHarg）出版他有着极大影响力的书《设

图1.6 Lower Don Lands项目计划，多伦多（Toronto），加拿大（Canada）：一个精心设计的全方位多孔式的河流与沼泽纵横交错的场所，能够给鱼类和野生动物提供一个新的栖息地，使新型的绿色城市崛起。StossLU 事务所设计。© StossLU

计结合自然》，督促设计师"设计必须结合自然"。麦克哈格的理论强调了的生物物理环境、生态学、规划、设计和项目执行的融合，反映了对人与自然的理解。

两种理论支撑了风景园林两个世纪之久：一个是公园具有社会效益，另一个是设计应该源于对环境的理解。就像爵士乐，风景园林作为一种美国特有的艺术形式出现。风景园林在美国文化中的核心作用就像城市对于意大利文化的作用一样。一种比麦克哈格更新的理论表明了将城市福利与生态设计综合考量的想法正在兴起。新的基于生态学的城市理论承诺会解决一系列紧迫的问题，从环境评判到后工业时代的修复和地区的边缘化。这些理论开始促生新形式的景观都市主义，像那些由荷兰West 8工作室、纽约景观建筑事务所Field Operations以及在美国的波士顿设计和规划的工作室StossLU完成的作品（图1.6）。新的城市理论让风景园林更接近于建筑学和规划学中城市结构的新想法，以及由生物学家和地理学家共同推动的城市生态学新理论。

理论能够推动学术的发展。在科学领域，理论通过实验得以证明。而在设计领域中，这些理论通过在工作室的探索和对项目的反思得以证明。生态设计与城市生态学已经扩展到传统的科学和艺术的边界之外。这表明，要想推动新理论的发展，科学教育需要学会从工作室的创意中汲取灵感，而设计师也可以受益于更多基于实践的教育。

随着现代主义的发展，设计教育逐渐放弃了历史。后现代主义虽然拥护历史，但其设计的应用（包括一些城市规划学家）只是将历史的元素流于表面。我们必须学会向先例学习而不是沦为历史的从属者。通过广泛的思考，我们可以设计若干基于本地和区域方面的考虑的解决方案，而不是仅仅局限在单一的、预先确定的方案中。

塑造场所性景观

基于城市区域范围内的建筑和规划教育的第二种影响也许是最明显的，但又是人们由于自己的文化背景而常常忽视的：塑造场所性景观。场所性景观是我们通过经验、记忆或愿望所赋予它的含义而形成的。

这些含义创造了一种也是由当地物理属性所获得的场所意义。我们根据不断变化的社会和环境条件不断地塑造并重新塑造这些场所。反之，这些场所又塑造了其环境下的我们。

为了保持在全球经济中的竞争力，城市区域必须提供吸引人的地方供人们居住。建筑师可以并应该为创建这样的居住环境做出贡献。我之前的亚利桑那州立大学（ASU）建筑和环境设计学院在这方面提供了很好的范本。自1960年代末起，建筑学院院长吉姆埃尔莫尔（Jim Elmore）开始倡导将废弃的干盐河河床改造成线性的城市绿道（图1.7）。亚利桑那州立大学的建筑、规划和风景园林学院的一代有一代的教师和学生跟随院长埃尔莫尔（Elmore）的愿景，持之以恒，最终里约萨拉多（Rio Salado）项目的组成部分在凤凰城（Phoenix）和坦佩（Tempe）得以实现。现在水又一次流淌在曾经干涸的坦佩（Tempe）的河床上，为当地娱乐和经济的发展提供了机会。最近，前院长约翰麦纽尔（John Meunier）鼓励教职员工和学生从事影响该地区的紧迫问题，特别是那些通过设计和规划专家研讨会的方案问题。亚利桑那州立大学对于北部地区设计和规划的影响是显而易见的，它使菲尼克斯20%的城市迅速城市化。在亚利桑那州立大学教职员工和市工作人员的合作之下，北方地区的很大一部分已被保留为沙漠。大部分大学的可持续发展计划和项目如今已经合并至由亚利桑那州立大学校长迈克尔克劳（Michael Crow）所创建的全球可持续性研究所。

随着全球人口的持续增长，并且越来越多城市的出现，地方决策的可能性扩大。在20世纪初，全球人口有20亿，而目前已经超过了68亿。联合国预测世界人口到2050年将高达94亿，到2100年慢慢上升到104亿。计算上死亡率，在未来的一个世纪，将会有126亿新生人口。一半的世界人口现在居住在城市，这些城市的居民的数量到2030年预计将翻一番。我们是第一批居住在城市的居民。到2050年，世界上的三分之二的人将居住在城市地区。我们面临的挑战是为我们的后代设

图1.7 里奥萨拉多，菲尼克斯（Rio Salado, Phoenix）。河流在多年砾石矿的泛滥开采和倾倒后被修复。设计：Ten Eyck景观建筑师事务所。照片提供：Bill Timmerman

图1.8 儒塞利诺·库比契克·德奥利维拉总统陵墓，巴西利亚，巴西。巴西利亚由城市规划师卢西奥科斯塔（Lúcio Costa），建筑师奥斯卡·尼迈耶（Oscar Niemeyer）从1960年开始规划。照片提供：Frederick Steiner

计健康的、可持续的、安全的城市区域。

为了塑造场所性景观，设计师和规划师必须具有生态意识。当然，这是麦克哈格提出的"设计结合自然"的论点的基础。建筑师格兰特·希尔德布兰德（Grant Hildebrand）则称，这样的设计是我们人类的根本。他写道："我们的周围、自然和人造的一些特性，可能要承担一些我们与生俱来的为了求生的行为。"在他对建筑的生物学根源的探索中，乔治·赫西（George Hersey）总结说："我们建造并栖居于巨型植物、动物或者身体部位。"斯蒂芬·凯勒特（Stephen Kellert）和其他人称呼这种做法"生物设计"（biophilic design），它强调的是"在建造的环境中维护、增强和修复自然的有益经验的必要性"。

融入时间的设计

我们需要更加认真地考虑时间。亚利桑那州立大学负责研究乔的副主席纳森·芬克（Jonathan Fink）要求我带领下一个世纪的凤凰城地区的规划准备。一个世纪对于像芬克博士（Dr. Fink）这样一个地质学家来说是一个相对短的时间，斯图尔特·布兰德（Stewart Brand）写的《The Clock of the Long Now》这本书可以看出。在芬克博士的要求之前，从来没有人要我提前一百年去思考一件事情，被我们命名为

"Greater Phoenix 2100"的项目确实给了我机会去思考"时间和责任"（布兰德的书的副标题）。

英国的建筑理论家杰里米·蒂尔（Jeremy Till）认为"建筑应该在时间中而非空间中区构思"。蒂尔的理论当然可以扩展到风景园林设计和城市规划，甚至是室内设计。可以说，针对设计中如何处理时间这一问题，建筑师所受教育和规划师以及风景园林师所受的教育是不同的，作为规划师和风景园林师，他们的设计工作必须和时间打交道，因为公园和社区都是基于未来动态变化而构思的。当然，时间已经成为历史保留的一种准则。

2009年，我第一次访问了巴西。我发现巴西利亚既令人惊讶又令人沮丧。我们不禁会思考如果这些设计师——城市规划师卢西奥科斯塔（Lúcio Costa）、奥斯卡·尼迈耶（Oscar Niemeyer）、风景园林师罗伯托·布雷·马克斯（Roberto Burle Marx）——像重视空间一样地去考虑时间，那城市现在会是什么样子（图1.8）。如今，巴西利亚的城市空间停留在了那一刻，虽然其规模和野心令人印象深刻，却显得不合时宜。当然，巴西利亚刚刚走过了50年，时间会告诉我们一切。

这可能是我的偏见，但我发现迈耶与马克思合作的作品优于他其他的没有创新景观项目。马克思通过巴西迈耶的几何空间中汲取灵感，构建生活元素。然而，马克思的更令人印象深刻的作品是那些没有混凝土的作品，正如他在巴拉（里约热内卢增长最快的郊区）郊区的画有植物的家（图1.9）。巴西现代主义的混凝土意味着时间在那一刻静止了，而这对于自然中的植物是不可能的。

马克思清楚地了解他所设计的区域。他针对当地的条件对设计做出了调整。整个区域的规模使得时间的印迹逐日凸显。

计划

作为建筑师，设计师以及规划师，我们经常会面临一些显而易见相互矛盾的目标。在这

图1.9 罗伯托·布雷·马克斯花园（Roberto Burle Marx），Barra de Guaratiba 市，巴西。照片提供：Frederick Steiner

时候，我们是要求绝对服从目标还是进行一些妥协？我们能否同时做到维持自然，满足市场需求，维持社会的公正以及创造美感？"我怀疑"，约翰·麦纽尔说，"只有在很好的天赋的基础上总结经验，积累智慧，勤奋学习以及对知识的灵活运用才能做到这一点。"他还进一步解释说，"我认为一个人为解决这些艰巨的挑战做准备的最好场所是一流的学府。"

一流大学中的建筑以及规划课程体系需要有所改变以便适应这刚刚进入城市化的第一个世纪。这种适应的起点应是要求学习建筑，规划以及风景园林的学生具备基本的生态素养。生态素养包括对气候学、地质学、水文学和生物学（根据维特鲁威很久之前的建议）的理解以及对人文学的广泛接触和测量某些现象的能力。这些素养可以帮助我们去理解我们周围的由许多相互作用的过程所显露出的模式。这能使我们的毕业生可以更好地把学到的知识与自然以及人造环境联系起来。我们还应教授学生怎样向先人学习经验以及怎样成为反思性的实践者。

设计中最重要的经验教训之一是：我们在设计之初是不知道结果是怎样的。设计本身是一个探索发现的过程。通过设计我们可以探索许多不同的选项。开始的时候我们接受一个挑战并把挑战带到工作室中测试概念。我们的概念不是凭空想象出来的，而是从经验以及知识储备中得来。我们探索的越多，我们的经验和知识储备扩展的也越多。

在人工环境方面，我们面对着许多挑战。在这个城市化的第一个世纪中，城市的未来给我们造成了巨大的挑战。我们应该拥抱这些挑战并探索新的概念用于更有创造性的设计和规划我们的城市。

古文物中的设计为文化特征提供了具象的形态。改进过的环境可以为人与人之间的积极交流提供环境。我们对周围环境了解得越多，我们就越关心并且愿意和周围的人交流，知识繁荣蔓延的潜在可能也就越大。这些知识是本钱，只有有了这些本钱，一个可以配得上周边自然之宏伟的文明和文化才可以被创造出来。

第2章

可持续设计：
太阳能十项全能竞赛

为了使我们的学生更全面地思考，并能够加强空间营造能力，我和我的同事在奥斯汀采取了很多行动来加强设计和计划教育的可持续性。举个例子，在2002年，我们创建了可持续发展中心（Center for Sustainable Development），这个中心由得克萨斯大学奥斯汀分校（University of Texas at Austin）建筑学院领导的一个与建筑、规划、历史建筑保护有关的涉及多学科的项目。自从景观建筑学位不复存在，我们在1972年创建了一个新的硕士学位，并将它重命名为"气候设计"硕士项目。这个新的可持续设计专业的科学硕士重点关注建筑、规划、历史建筑保护的可行性。对景观建筑的可持续设计项目关联了整个校园的专业，包括地理、自然科学、工程学、公共事务管理。鉴于ASU前任主任约翰·摩尼尔（John Meunier）的第四个"e"，我们把"美学"加入到原来的三个"e"当中（公平、环境、经济），以帮助我们更好地定义这个新生的研究方向。

这四个"e"建议加强跨学科教育。我们需要找到社会学家与自然科学家和经济学家交流的更好方式。设计学科可以在这些科学家中扮演一个中间桥梁的作用。为了完成这一点，建筑学家可以把精力放在物理学和气候学上，景观建筑学家可以研究生态学、土壤科学和水文地理学，规划学家可以研究社会科学和经济学。除了以上这些学科，其他专业的一些技巧——尤其是法律、机械建造和人文学——也需要加入到这种可持续性教育当中。

可持续性的基本概念是，我们要把地球建造的比我们发现它时更好。这一理念就是设计和规划时的核心：我们希望建造一个更好的世界。它的拉丁语词根"sub""tenere"，意思就是"支撑""保持"。可持续发展这一概念可以追溯到美国的护林人吉福特·皮考特（Gifford Pinchot）的革新，他曾基于农田的多样化使用和可持续性，推行了一种管理自然资源的方法。这一理念在联合国于1987年召开的布伦特兰大会（Brundtland Commission）上发表的知名报告——《我们共同的未来》——之后得到了广泛的关注。这份报告指出，现在的这一代人需要考虑他们的行为对将来几代人的后果，并且将可持续发展定义为"符合当前一代人的需要，而不损害今后几代人需要的发展"。

一些评论家认为可持续发展考虑的太远但又不够远。可持续发展旨在三个e中寻求一个平衡。放任主义经济学家认为，市场已经创造了具有最大利益的发展。注重环境的学者则认为，我们需要考虑的应该超越保护现在的星球——即维持它原来的样子——同时考虑创造一个适合人类居住的新的有机体。例如，加州州立理工大学（Cal Poly Pomona）的景观建筑学家和建筑学家约翰·莱尔（John Lyle）倡导规划和设计的重建方法。

目前为止，我们需要从保持我们所现有的开始。建筑环境的设计和规划对达到这一目标有很大的作用。正如菲利普·博克（Philip R.Berke）说的："加强城市绿化程度对推进可持续发展有重大作用。"

在奥斯汀建筑学院（UT-Austin School of Architecture），人们对可持续发展有着很大的兴趣和很深的研究。迈克尔·加里森（Micheal Garrison）教授曾经在20世纪70年代帮助我们学院开创了包含气候研究项目的革新设计，并且对奥斯汀先进的绿化建筑项目有杰出的贡献，引领了我们第一个"太阳能十项全能"（Solar Decathlon）成就。他同普林尼·费斯克（Pliny Fisk）还有一队学生设计并且建造了一个环保节能屋，并进入了2002年秋季在华盛顿特区国家广场（National Mall in Washington, D.C.）举办的和其他13个建筑和能源学院的决赛。绿色设计界的尤达（Yoda），费斯克和我都有宾夕法尼亚大学（University of Pennsylvania）的学习背景，但他在奥斯汀建筑学院时经历比较复杂，因为他在20世纪70年代期间曾是一名职员，之后离开学校开始在奥斯汀建立了一个独立的中心。我是一个普林尼的崇拜者，一直想和他一起工作，他有一种与众不同的学术气质。（我们第一次见面时，也就是我成为院长一个周之后，他给了我15万美金的账单作为他过去服务的报答。这不是一个好的开始）。

我们的本科生项目的联合院长大卫·海曼（David Heymann）是一个充满活力又瘦又高的人，他已经为乔治·布什（George W. Bush）和其夫人劳拉·布什（Laura Bush）在得克萨斯州克劳福德镇（Crawford,Texas）设计并建造了一个使用可持续技术的建筑。

这种设计本应得到广泛关注与赞赏，但由于当时正处于9·11之后，国内的关注重点集中在对总统安全问题的担忧上，这个损失可以说是恐怖分子造成的。但可悲的是，之后布什总统和他的夫人并没有遵守他为了这个房子所立下的标准，也没有在国内推行可持续设计，相比于不被关注，这可是更大的一种损失。

2002年春季期间，一组学生和毕业生继续跟着迈克尔·加里森（Micheal Garrison）和普林尼·费斯克建造我们第一个"太阳能十项全能"（Solar Decathlon）建筑。这个项目要求，我不仅要找到人支持我来建造这个建筑，而且要把它运输到华盛顿特区（Washington, D.C.）。多亏了几个校友和企业为我慷慨解囊。

可持续或者说绿色设计，例如"太阳能十项全能"项目，是我们建立可持续发展中心（Center for Sustainable Development）的努力重点。我们的校友都很支持这一点。举个例子，有一天我们在哈斯建筑事务所（Team Haas Architects）吃午饭，我们的校友斯坦·哈斯（Stan Haas）最近设计了一个将小学和社区中心结合在一起的建筑，使用了可持续发展设计准则。东奥斯汀社区的圣约翰社区中心-皮克小学（St. John Community Center/J. J. Pickle Elementary School）受到了来自于得克萨斯州能源保护中心（Texas Energy Conservation Office）的认可，它有很多绿色建筑的特点，比如雨水收集系统，还有最大化利用太阳光和热能的设计（图2.1）。这个装置坐落在这个城市的一个黑人社区，还包含了公用图书馆、运动馆、警察分局和一个高级中心。可见，可持续发展的社会公平维度和环境特点一样重要。

这个学校和社区中心的结合需要在设计和规划阶段政府间合作还有社区的积极参与。皮克小学比较好地应用了自然光，而且这个小学的空调和中央加热系统是完全与室外隔离开的。这个工程包含了雨水的再利用，还

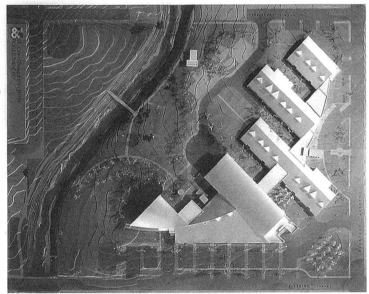

教室沿着弓形排列，使所有教室都有最好的朝向

向阳也是公共图书馆的主要设计因素，因此将其拖离建筑群，好像在弓尖上一样

参观者和教师的停车位集中在福大街一侧，为校园主入口一侧的韦奕大街（Wheatley Avenue）东侧留出足够的交通空间

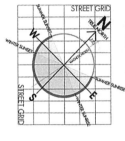

校园的两翼–按照奥斯汀校区的说法被称为豆荚–被种着庇荫树的庭院分开，也可以作为花园为学生服务

一条步行桥将中心和学校与对面的牛奶小溪（Buttermilk Creek）联系起来

体育馆西部的防火通道和回车通道被活用为带有篮球架硬质景观空间，并直接连接到健身房

图2.1 奥斯汀圣约翰社区中心–皮克小学场地向阳设计。由哈斯建筑事务所 [Team Haas（现为尼尔森合作事务所）] 设计。由斯坦·哈斯提供

是用了自然的和当地的一些材料。这个学区和奥斯汀市希望这个项目比其他同类项目节省25%的总能源消耗，在25年内可以节省450万美元的税收。最重要的是，老师、学生还有当地居民可以使用这个漂亮的设备去学习、娱乐、聚集。

我们在午餐时还遇到了英特菲斯公司的吉姆·哈兹菲德（Jim Hartzfield）。英特菲斯公司的总裁雷·安德森（Ray Anderson）重建了一个跟可持续有关的手工小屋。哈兹菲德给哈斯建筑事务所的员工做了关于可持续发展的报告。他反复重申安德森的公司追求的七个可持续战略：

- 消除浪费
- 消除有害排放
- 使用可再生能源
- 创造闭环流程
- 最小化的移动人力和资源
- 将可持续发展融入公司文化
- 推行可持续化的新商业模式

英特菲斯的公司战略对建筑和室内装潢有着越来越大的影响，就像他的一个对手肖工业（Shaw Industry）。用户开始期待从地毯到油漆，其材料都是环保的。作为由我们校友领导的公司，就像斯坦·哈斯（Stan Haas）一样，他们越来越多地参与到绿色设计当中，并且越来越支持如"太阳能十项全能"一样的项目。

我们的学生曾在2002年为美国能源部太阳能十项全能设计了一个房子，并且在普林尼·费斯克的建筑系统潜能最大化中心（Center for Maximum Potential Building Systems,CMPBS）的帮助下，用一整个夏天在东奥斯汀建成了。9月，这个800平方英尺（74.32平方米）的房子被拆掉，装满了4辆大卡车，跨越整个国家被运送到了华盛顿特区。学生们用了五天的时间在国家广场重建了它。

我们团队受到了来自其他13个决赛团队的大量的关注，因为得克萨斯大学奥斯汀分校的学生把房屋打造成一系列的零件（为了给地面减少压力），而不是像其他学校的团队一样使用预加工方法。他们不使用起重机，而起重机本来是国家公园管理局（National Park Service）在国家广场的建设节能项目的必要设施。我们的团队忙于在华盛顿（Washington）会场工作到深夜，所以在采访时是可以看到的。

迈克尔·加里森（Michael Garrison）在九月22日秋分（也就是"9·11"事件发生一年之后）强调搬迁对于建造房屋的影响，也就是在这一天，美国国会彻夜讨论进军伊拉克。华盛顿日落之时，满月升起，加里森和费斯克还在和同学们一起努力，实现他们的创意。

我们团队的方法一开始遭到了很多批评，因为其他组看起来完成的更快。等到9月27日我到达的时候，得克萨斯大学奥斯汀分校的学生们基本已经完成了，而其他组还在截止日期前挣扎。在最后一分钟，这一组决定这个房子需要一些建筑，他们从家得宝（Home Depot）买了一些挂花，费斯克把账单给了我。我们的这些植物是在这第一届国家广场的太阳村比赛中很少的一些风景园林设计元素。

第二天早晨，设计和居住性评审团［包括2002年普利茨克奖得主格伦·马库特（Gleen Murcutt）；华盛顿大学教授、绿色设计先驱斯蒂文·包德娜（Steve Badanes）］，同时也是知名建筑设计事务所"泽西恶魔"（Jersey Devil）的创始成员；还有埃德·玛吉雅（Ed Mazria），新墨西哥州建筑物能源保护潜能项目的带头建筑师参观了我们的小屋。他们很感兴趣，并且提出了很多建设性的反馈给我们的六个学生（我们一共有25名同学参加了这个项目，但只有六个同学可以参加最后的设计评审）。得克萨斯大学奥斯汀分校团队在设计和居住性评审中得到了第三名。相比其他特点，这个团队对于可运输性的设计概念引起了评委的兴趣。很多机械系统适用于气流拖车，这是我们整个设计的整体特点。

这个比赛包括十个方面：设计与可居住性；设计展示与模拟；制图与交流；舒适带制冷；热水；能量平衡；照明；家庭事务；出行。在这十组分数加和之后，科罗拉多大学得到了总冠军，弗吉尼亚大学得到了亚军。科罗拉多大学在整合工程和建筑方面做得非常好。有超过十万人参观了第一届美国能源部太阳能十项竞赛。约翰·奎尔（John D.Quale），弗吉尼亚大学录取处的指导老师对这项比赛做了后续观察："当今社会一直对政府在社会中扮演的角色冷嘲热讽，看到这样一群出色的人为这个庞大的政府机关工作，并且做得很精彩，我觉得很不可思议，这让我对政府有了希望。"

有很多共同领导存在于各个团队和比赛组织者中，包括庞大的政府机关当中。这场比赛发生在国家首都的心脏，并且为潜在的可持续设计产生了积极影响。第一届太阳能十项全能比赛给所有参赛者，尤其是学生和他们的指导老师，提供了学习机会和外联机会。在我们的项目中，加里森，费斯克包括他CMPBS的同事们，甚至是我们中的一些一直在旁观的人也学到了很多东西，就像是老师经常会从学生的身上学到东西一样。我们鼓励了主队，帮助他们筹集资金，帮助他们处理很多行政的手续。

在这个比赛结束的时候，我们开始计划第二届比赛。我们2005年的太阳能十项全能比赛命名为"SNAP HOUSE"（super nifty action package：超级漂亮的行动方案）。市长威尔·韦恩Will Wynn 宣布2005年9月6日星期二为奥斯汀市的"太阳能日"。我们在东奥斯汀的太阳能十项全能赛场举行了剪彩仪式来庆祝市长的讲话，并且鼓励我们参加比赛的学生和他们的指导教师，包括迈克尔·加里森，萨曼莎·兰德尔（Samantha Randall），以及伊丽莎白·奥尔夫德（Elizabeth Alford）。

就像2002年太阳能十项全能竞赛一样，2005年的竞赛要求设计一个模块来减少环境的影响，但不同于装配上千部分，这次是将四个大块拼接在一起建成，以减少现场工作

时间（图片2.2）。学生团队为厨房、浴室、卧室、办公室使用了主题模块，使这个800平方英尺（72平方米）空间达到可居住性和适应性的最大化。

除了我们现行的太阳能十项全能项目，我们科系还参加了可持续发展中心组织的其他活动。亨利·卢斯（Henry Luce）基金为做可持续设计工作的毕业生提供了一笔资金。在可持续设计的硕士学位的基础上，我们在学校的八个学术单元为研究可持续发展的硕士和博士候选人创建了投资项目（就像一个第二专业）。

除了帮助学生，基金还资助我们去拜访塞尔吉奥·帕勒洛尼（Sergio Palleroni）教授，这个教授曾经和学生一起在墨西哥索诺拉（Sonora, Mexico）和东奥斯汀的贫穷地区设计并且建造了一些项目。帕勒洛尼和史蒂文·摩尔的工作在2006年公共广播公司（PBS）系列纪录片《Design e^2》中出现，由布拉德·皮特（Brad Pitt）叙述。

同时，建筑学院的社区和区域规划项

图2.2 2005年10月7日，周五，在华盛顿特区国家广场举行的太阳能十项全能竞赛第一天，国会议员拉马尔·史密斯（Lamar Smith）参观了得克萨斯州大学奥斯汀分校学生的作品。由斯蒂法诺·帕特拉（Stefano Paltera）拍摄

目（School of Architecture's Community and Regional Planning Program）的莉斯·穆勒（Liz Mueller），收到了来自洛克菲勒基金会（RockefellerFoundation）的拨款，以完成得克萨斯州的经济适用房项目。她发表了一篇详实的关于得克萨斯州城市住房项目报告，大体说明了得克萨斯州在给穷人提供经济适用房方面做得不够。结果，除了推广绿色建筑设计，可持续发展中心（Center for Sustainable Development）的活动还聚焦于公平性的考虑，就像莉斯（Liz）提到这样。

在2005年的太阳能十项全能竞赛中，我们的队伍在能源部选出的八个队伍中排名第五。这些太阳能小屋来自全国各地的学院和大学，也有来自西班牙（Spain）、加拿大（Canada）、波多黎各（Puerto Rico）的。这一届比赛进行的时候，正好赶上连续大雨，限制了"太阳能"。科罗拉多大学又一次得到了冠军，延续了他们一贯的强项：将机械工程与建筑结合在一起。第二名来自康奈尔大学，他们在风景方面做得很好，建了一个灌木丛利用来自屋顶的水。事实上，尽管风景园林现在还处在边缘，但是已经超越了我们在2002年使用的家得宝（HomeDepot）植物和一些绿色屋顶以及和康奈尔大学差不多的雨水花园。

我们又开始计划下一届太阳十项全能比赛。在2005年和2007年，我们团队获得了BP太阳能奖，得到了价值八万美金的太阳能收集器。随着这项活动越来越成功，能源部计划在2007年把他们的基金从一万美金提升到每支队伍十万美金，最多20所大学。这一举措吸引了更多参赛者参加并入选。萨曼莎·兰德尔（Sam Randall）和迈克尔·加里森成功地从能源部申请了一笔奖金，我们也继续着我们的筹资。

2007年团队的成员采用了和他们前辈不同的方法。2002年和2005年的团队都使用了部件打包设计，这样可以使场所的影响最小化，但是需要在奥斯汀建造建筑，在华盛顿拆除建筑、重建建筑，这需要消耗很大的人力，之后又要拆除，还要在奥斯汀重建。密歇根大学的团队在2005年采用了类似的方式，但是结果很惨烈：当大雨来了的时候，他们还没有建好房顶。

相比较而言，科罗拉多大学队（2002年和2005年的总冠军）把房子建在波尔得（Boulder），之后运到了华盛顿。其他排名靠前的团队也采用了类似方式，我们的职工和学生都不想设计这样一个"拖车"，但是在2007年还是采用了这样的方法。

我们的团队也模仿了科罗拉多的案例，并且和机械设计学院（College of Engineering）的职工和学生合作很密切。有一名建筑工程的教工和几名建筑工程的学生全程参与了。

图2.3 "BLOOMhouse" 平面图。由克里斯特尔·布莱恩特·科平杰绘制

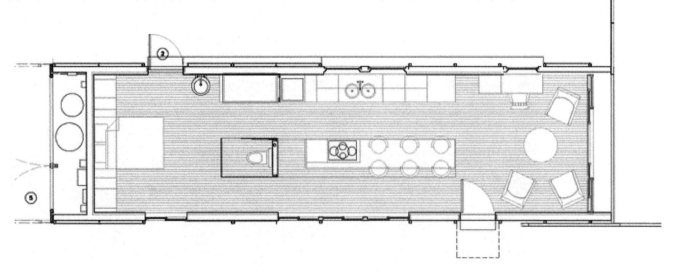

一名绘画设计的学生也为我们团队做了很大贡献。风景园林专业的学生也参与了，但是更多的是做一些边缘工作而不是核心工作。

事实上，在竞赛者中可以很明显地发现缺乏风景设计。"对于所有卓越的太阳能技术，现代建筑、机械应用陈列、节约资源的风景设计都是缺少的。"来自《风景园林》（Landscape Architecture）杂志的塞斯·威尔伯丁（Seth Wilberding）说："相对来说极少数团队充分利用了机会，把风景设计作为了能源节约住宅设计的一个集成的、可变的部分。"

当我们的团队2007年在前穆勒机场（Mueller Airport）的一个废弃的飞机棚建造了房子，普林尼·费斯克——现在在得克萨斯州农工大学（Texas A&M University），带领一个团队，使用部件打包设计。我们的学生给他们的530平方英尺、只有一个卧室的房子起名为"BLOOMhouse"，象征着一个迸发新想法的房子。通过这个设计，他们应该更全面地展示这个房子自身的适应性和动态性，以及太阳能。学生们设计的基础是"生命的五

个原则：团体、适应、收获、坚持、快乐"。BLOOMhouse被设计为了一个可以扩展为1540平方英尺、三个卧室两个浴室、价值17.5万美金的模型（图2.3）。

2007年的设计使用了一种新的围护结构。为了结构的稳定性，钢结构"瞬时（moment）"取代了垂直的墙。瞬时钢结构允许内部结构完全开放，使小的内部空间看起来更大。这一结构加强了日光、空气对流、室内室外关系（图2.4）。这一设计把光电嵌板在屋顶做成了一个蝴蝶形状。围护结构是由超轻6英尺结构绝缘板（Structurally Insulated Panels）和一个R-24保温阀门构成的，减少了加热和制冷的成本。这种夹芯结构的隔热绝缘板外墙和屋顶，都是铝制的外壳，而地板则是木制的。结构绝缘板外面使用的是由3M公司捐赠的印有图形的材料。表层木瓦是聚碳酸酯板（Polygal和Gallina制作的），切割以适应房子瞬时框架。3M材料表皮允许学生在建筑物外层上设计一些比较突出的视觉图像。我们的团队也收到了捐赠的太阳能加热的浴

缸，这个用于收集太阳能系统多余的热量并且保证在华盛顿秋季的晚上也可以使用。

在9月28日，周五这一天，我们的太阳能十项全能（Solar Decathlon）BLOOMhouse 滑离了驶向华盛顿（Washington）的平板货车。幸运的是，这个意外发生在离穆勒机场（Mueller Airport）飞机棚，也就是BLOOMhouse建造地不远的地方。同样幸运的是，成员只受了一点点伤。学生们和他们的顾问罗素·克里帕特（Russell Krepart）在把这个房子拉回到火车上。附近的奥斯汀电影制片厂（Austin Film Studio）的工人提供了必要的帮助。这一天晚些时候，克里帕特报告说这辆货车和另外一辆载着BLOOMhouse其他组成部分的火车都已经顺利出发了（图2.5）。

我在晴朗的周六下午到达华盛顿，此时比赛已经接近尾声。大量的人群仍旧在排队参观20个太阳能小屋。在与我们的员工和学生见面后，我去了其他几个入口。在这时，结果我们都已经知道了。我们的团队是第一个结束建造的，也是第一个开始。在比赛的大部分时间里，"长号"队（Longhorn）排名在第三和第七之间。在最后一天，我们团队还在摸索着处理一些事物，排名掉到了第十名。商场中的嗡嗡声（之前几天也有）是源于来自达姆施塔特工业大学（Technische Universitat Darmstadt）的德国团队。在BLOOMhouse宽敞的厨房中，山姆·唐德（Sam Tandall）说每次达姆施塔特（Dermstadt）赢一场比赛或者在一些比赛中得到很高的名次，就会有一些传言说这个房子又多花了100万美金，最终开销达到了1000万美金。

那天晚上，达姆施塔特学生队的队长公开说："我们的房子只花了150万美金。"除此之外，他们还把房子以及五十五名学生及员工送回了德国。加上食宿费用，德国团队的开销可能有得多25万美金。我们团队总共花了41万美金，这已经很多了。可以很明显地看到，德国团队（也有一些西班牙团队）在他们项目上的花费要比任何一个由美国能源部（U.S. Department of Energy）赞助的美国队伍多。西班牙为了显示他们对可替代能源的支持，在2010年于马德里（Madrid）举办了欧洲太阳能十项全能比赛，此时是美国第四届比赛之后的一年。

在2007年九月一个周日晚上，大多数房子都被拆开，装上货车，运送回国。我在BLOOMhouse前停下，之后走向了辛辛那提大学颇有风格派（De Stijl-patterned）设计的项目。学生们都问我是不是对得克萨斯或者辛辛那提有什么特别的感情。我答道："都有。"我解释说我曾经是一名辛辛那提的校友。他们又问我得克萨斯团队是不是有亏损。我说没有，因为最后我还偿还了1.6万美金的意料之外的支出。辛辛那提团队说他们已经有几千美元的赤字了。

正当我告别辛辛那提团队，走回酒店的时候，我在想这一切是否值得。从积极的方面来说，这场比赛给学生们提供了一个非常宝贵的学习机会，并开拓了参赛者的眼界，它把太阳能使用的可能性推介给了更多的人群。而从另外一方面，研究前景很小，费用很高。我经常想，我们是不是应该把筹集来的钱用在建立房子使更多的人居住上，而不是参加短暂的比赛。事实上，我们已经把我们在学校的设计建造活动从太阳能十项全能向奥斯汀东部的村路填平倡议运动（Alley Flat Initiative）转变。除了此项倡议，我们还在城市最贫穷的社区之一建造房子。而且，学校的几名最厉害的设计师还对我们项目的美学价值持批评态度。尽管这类批评更像是只注重视觉的美学价值，但是我们的房子更强调的是功能而不是外表。

达姆施塔特的房子强调技术和优雅的建筑（图2.6）。精致雕刻的橡树百叶窗让房子在白天保持凉爽，打开它就形成一个盒子，在晚上发热。德国团队提出了大胆的设计和声音技术特质，并且得到各层政府和企业的慷慨资助。

图2.5 得克萨斯大学奥斯汀分校的"BLOOMhouse"。由杰夫·库比纳（Jeff Kubina）拍摄

图2.6 达姆施塔特工业大学2007年太阳能十项全能竞赛设计的房子。由吉姆·特特洛（JimTetro）拍摄

图2.7 位于得克萨斯州戴维斯堡麦柯唐纳天文台的 "BLOOMhouse"。由迈克尔·加里森（Michael Garrison）拍摄

太阳能十项全能帮助推进了北美和欧洲的跨学科教育。举个例子，在得克萨斯大学，由于这场比赛，我们和机械学院的关系变得更加密切了。建筑系的员工在研究项目中更多的和机械系的员工合作，并且我们创立了两个新的职务，机械学院和建筑学院各一个，来继续推进这种合作。我们也在建筑系员工和图像设计、内部设计还有比较类似的景观建筑的员工中开展了合作。拥有更成熟的景观建筑项目的太阳能十项全能竞赛，比如宾夕法尼亚州立大学，比我们还要推行这种关系。然而，总的来说，太阳能十项全能推进了跨学科的教育，这对进一步研究可持续发展是很有必要的。

这个比赛让我们更深刻的了解了太阳能。举个例子，BLOOMhouse现在在得克萨斯州戴维斯堡（Ft.Davis, Texas）附近的麦克唐纳天文台（McDonald Observatory，图2.7）。这个观测站的员工住在这里并且进行能源科学实验。将来，这家观测站的游客中心会展示关于BLOOMhouse、太阳能、零排放能源建筑的一些信息。

3 | 第3章
21世纪建筑

当我坐在我得克萨斯州奥斯汀房子后院巨大的橡树下，读着维托尔德·黎辛斯基（Witold Rybczynski）的一本很深刻的关于建筑师安德烈·帕拉迪奥（Andrea Palladio）的《完美的房子》时，一只蚊子咬了我的胳膊。这只蚊子和九月初闷热的天气让我想起了我在南俄亥俄州度过的童年。我成长的地方有一些小的河流顺着威斯康星冰川造成的冰碛石流淌。俄亥俄先人们本着自然的想法建造了他们的居住地。我们的房子有很大的前廊，后面有一个封闭式房间。一个成熟的硬枫树遮蔽了前院，并且把我们的房子和人行道还有步行街分离开。倾斜式的屋顶可以让融雪流入水槽中，最终流向地面。在一两个洪水季节之后，俄亥俄人不再把房屋和商店建在河床低的地方，取而代之的是建在小山的山坡上，富人建在更高的地方。

在俄亥俄和奥斯汀之间的时间里，我住在菲尼克斯的沙漠城市。索诺兰沙漠（Sonoran Desert）中的新居住地装有空调、冰箱和高效的水收集和利用系统。我从来没觉得住在这里很自然，但是其他人都这么觉得。托赫诺·奥哈姆族（Tohono O'dham）人仍然这样，他们的祖先在电力普及之前就适应了沙漠。

读了关于帕拉迪奥的书之后，我仔细考虑了建筑的未来。20世纪技术使我们能够居住在一些像南亚利桑那、南加州、得克萨斯州的一些地方。在这个星球上，我们生产出了一些像盒子一样的、有一些玻璃和透明的，还有一些不透明、无窗子的建筑。我们创造了与自然隔绝开的城市，这些城市由电线、管道和道路组成的网络构成。大自然循环着生成的"废物"，这些临时的城市就是废物工厂。事实上，关于废物的概念是一个近期才出现的城市发明，随着19世纪工业革命出现。举个例子，人类排泄物曾经被认为是原材料，现在由于城市对卫生的担忧增大，变成了污物。

恐怖主义、艾滋病、全球气候变暖、生化武器和核武器、人口压力、沙漠化、腐蚀、疯牛病、城市扩张、农田减少、渔业栖息地减少、物种减少，这些说明，我们面临的是一个不确定、甚至是危险的未来。电缆、水管和道路越来越像是医院康复病房中支撑病人生命的维生系统。在这些问题交织的情况下，建筑物和建筑环境很大程度上造就了这些对于人类生存的挑战。

建筑物造成了美国的46%的温室气体并消耗了全国50%的能源。同时，由于人口增长，我们可能需要建造更多的建筑。到2030年，会有大约一半的建筑是在2000年后建造

图3.1 位于澳大利亚新南威尔士州占布鲁（Jamberoo, New South Wales, Australia）的弗雷德里克住宅（Fredericks House），或被称为白房（White House）。由格林·莫科特（Glenn Murcutt）设计。马克思·杜彭（Max Dupain）拍摄于1983年4月

的。除了建筑物，我们还需要大约两倍的马路、公园、水和下水管道，还有其他的设施。建筑、规划、景观建筑、历史建筑保护和室内设计可能造成的影响可想而知。

除了建筑之外，其他的一些比如铺路，尤其是马路和停车场使用的沥青会造成很多问题。举例来说，深色的表面会比浅色表面吸收更多的光和热，浅色表面反射日光。如此一来，深色的表面，就像组成柏油马路的物质，会造成城市热岛问题。除此之外，硬质表面在暴风雨之后会造成表面流失，减少水分渗透。同时，我们铺路铺的越多，野生动物栖息地和优质农田损失的就会越多。绿色屋顶、彩色混凝土路面、用橡胶处理过的沥青、吸收性好的铺路材料、更小的停车场道路、更多的树木会大幅提升城市微气候，增强舒适度和可居住性。

我们一直以来需要一个建筑，一个广泛定义的建筑来帮我们，以解决很多我们造成

图3.2 由斯科茨代尔当代艺术博物馆（Scottsdale Museum of Contemporary Arts）赞助的一项关于购物中心再利用的"Flip a Strip"竞赛中，从亚利桑那斯科茨代尔路（Scottsdale Road）一侧的效果图。由AEDS与Smoothcore建筑事务所合作设计

的且正在面对的问题。更全面的建筑会通过设计再生的建筑物和社区来帮助我们重建这个星球的健康。

再生的是什么意思呢？再生的是指一个设计从可持续思想出发，但是在创造生活、自组织网络结构方面更加深入：有机的生态机制。

全面的21世纪建筑至少要强调五个因素：选址、能源高效利用、水资源保护、建筑材料和美观性。

重复利用现有的地方

从维特鲁维到帕拉迪奥，从弗兰科·劳埃德·怀特到格林·莫科特（Glenn Murcutt），建筑师们一直关注选择一个理想的位置，或者至少大多数方面不是那些有挑战性的（图3.1）。举例来说，莫科特建在新南威尔士州占布鲁（Jamberoo, New South Wales）的弗雷德里克住宅由两个平行的亭子构成，这个景观上的设计是自然光能够渗透进入生活区域。理想的选址要考虑有良好太阳能情况和排水情况的健康和安全位置。到现在，几乎所有最好的位置都已经被占据了。新建筑的第一条规则就是：不要建在优质农田或者宝贵的动物栖息地或者脆弱的洪水泛滥平原地区或者其他比较敏感的区域。在排除了这些区域之后，所谓了绿色地区基本没剩下多少了。

所以我们应该建在哪儿呢？我们应该恢复我们已经建造的地方。重复使用已建造的土地要求我们改变我们分析选址的方式（图3.2）。我们需要弄清土壤是否被污染。如果是这样，重建的前景是什么呢？我们需要研究我们先前人的足迹。这需要了解历史和这片土地的前后情况。我们应该寻找可以到达的地方，这对年轻人、残疾人和老人来说是尤其重要的。步行和自行车的连通性也是应该重点考虑的。

用可再生资源设计

过去，选址分析考虑的是自然加热和制冷潜能的最大化利用。中央加热和空调系统的出现时这种分析方式不再被使用。新型建筑的第二条规则是：使用可再生资源。20世纪的城市是建立在挖掘很久前的肥料的基础上的。世界上最多的能源来自于煤炭、天然

图3.3 五千个风车矗立于加利福尼亚州（California）特哈查比（Tehachapi）的山丘上。风力发电量仅占发电总量的3%。在2007年，美国风力企业增长了45%。风力发电不需要水的蒸发或冷却，不需要额外燃料，不释放温室气体。阿莱克斯·麦克莱恩（Alex MacLean）拍摄

气和使用，这些都是化石燃料，都是不可再生的。其他能源是从核能中产生的，这会造成巨大的浪费，甚至会影响后代。美国和中国拥有大量的煤炭资源，但是煤炭开采和燃烧是对社会和环境有显著的挑战。波斯湾的国家拥有世界上已知石油量的三分之二，这激发了国际紧张和矛盾。

通过比较，地热能、水力发电、太阳能、风能都是可再生的（图3.3）。21世纪的设计需要对气候和水力的理解。很明显，气候和水流因地而异，所以了解针对地域和针对景观的知识是很重要的。

水的收集与防流失设计

这种理解成为保证纯净饮用水可持续供应的关键。建筑及社区的设计对于水循环有非常重要的影响。渗透性不好的表层越多，水就越少渗透到地下，进而无法补充宝贵的蓄水层。地上径流越多，土壤流失就越严重，就会有更多污染物从我们的车道和草坪流向溪流。水向溪流中的过度流失也会导致比自然形成的快得多的洪水。

因此，新建筑的第三条标准应该是能"节约水"。我们可以设计能够留住水并减少流失的建筑和社区，每一个都有自己的水收集设备，并由乡土植物包围，以减少灌溉需求（图3.4）。想象一下，没有了发热的黑色沥青，由补充蓄水层的可渗透表面建成的街道和停车场吧！

了解环境代价

一些材料，如沥青，来自于地球上的某个地方，又在使用后回到另外一个地方。环境就像是一个资源和一个水槽。环顾四周，这个地毯来自哪里？制作它都需要什么材料？什么时候你会看够了它并且把它撕碎？之后它会去向哪里？再看看四周的墙壁和天花板。出去看看屋顶和地基（图3.5）。

建筑包括各种材料的装配。我们如何把它们组装在一起才会对我们的健康和我们生活品质有长效的益处。我们的第四条规则就是：了解用于建筑设计的材料的来源，以及把这些原材料加工成成品所需要的环境代价。除此之外，对于建筑材料的下一步利用计划是：它们是否可以被再利用或者被生物分解回到地球？当地的材料可以很好地用于加强当地的特色。

图3.4 奥斯汀的伯德·约翰逊夫人野花中心的雨水收集系统。由Overland Partners建筑事务所设计。布鲁斯·利安德（Bruce Leander）拍摄

图3.5 从邻近建筑望去的美国景观设计师协会（American Society of Landscape Architects）总部绿色屋顶。位于华盛顿特区。由迈克尔·范·瓦肯堡联合设计事务所（Michael Van Valkenburgh Associates）与保护设计论坛（Conservation Design Forum）设计。照片由美国景观设计师协会提供

增强美观性

然后，关于美观性。创造绿色建筑和可持续设计的目的很少为了美观性而让步。很多早期的由绿色建筑家建造的楼房看起来像后嬉皮结构，就像一个可以居住的麦片棒，这可能对我们很好，但是会让我们感觉有些欠缺。自从20世纪末期，一群有创造力的绿色建筑师出现了，他们兼顾了环境保护和美学。他们是：来自澳大利亚的格林·莫科特（Glenn Murcutt），来自亚利桑那的里克·乔伊（Rick Joy），费城的Andropogon联合事务所，来自吉隆坡的杨经文（Ken Yeang），来自新斯科舍（Nova Scotia）的布莱恩·麦凯-莱昂斯（Brian MacKay-Lyons），和一些年轻的来自荷兰的、斯堪的纳维亚的、瑞士的、德国的建筑师。但是，环保与美学的结合还是没有达到引人注目的程度。

美学的创造表现出了对建筑的一个重要的挑战和机遇。我们最后一条法则就是：增强美观性。我们关于自然的设计还有很多需要研究的。自然在设计领域的存在比人类存在的时间要长，因为，人毕竟也是自然的一个设计产物。

从理论原则到实际行动

建筑师需要培养出21世纪房屋设计的新方法。学校、图书馆和其他公共建筑就是一个好的出发点。

几年前，一个周天早晨我在达拉斯一个宾馆看媒体见面会。劳拉·布什和卡洛琳·肯尼迪（Caroline Kennedy）是嘉宾。肯尼迪女士（Ms. Kennedy）说："当你去一个一百年前或者九十年前建造的学校时，你会看到这些用于教育的大教堂，和人们来到这儿、变成什么样的人的梦想，我认为这是我们真正想追求的。"布什夫人曾经是图书馆管理员并做过公立学校教师，她补充道："教育是最重要

的事情。我记得我曾读过一篇关于约翰·厄普代克（John Updike）的文章，他说，在他所在的小镇上，学校、高中时最漂亮的建筑物。那是最好的建筑物。这让他觉得，城市中的每个人都认为孩子和他们所受的教育是最重要的，因为城市里最好看的建筑就是学校的楼"。

事实上，公立学校和图书馆都是教育殿堂。而且我们的公立图书馆是一个与中国同胞们相比的竞争优势。

我在过去的五年中曾五次去到中国。中国以建造宏伟的建筑而出名，正如2008年奥运会显示的那样。当我漫步在北京，在社区的中，可以很明显地发现他们对学校投资了很多。在2008年5月四川地震中我感到很震惊，尤其是看到破败的学校设施。现在，中国官方已经在改革学校设计和建造方面做了很多改进。

我在俄亥俄州的代顿长大，这是一个加工制造业很活跃的城市，很多东西都是在这里制造的，包括现金出纳机、电池、轮胎、冰箱还有多种多样的汽车和飞机零件——这些中的很多现在都是在中国制造的——而且我记得我们的教育教堂，代顿公共图书馆。

美国的两座城市，菲尼克斯和西雅图，代表了图书馆设计的近期的两个领导地位。这两座城市采用了非常不同的方式。菲尼克斯选择了威尔·布鲁德（Will Bruder），一位崭露头角的当地建筑师、雕塑家，获得过罗马奖（Rome Prize），并且和生态理想主义者、城市空想家保罗·索勒里（Paolo Soleri）一起学习过。菲尼克斯中心图书馆于1995年建成，把先进的绿色建筑技术融合到它的设计当中（图3.6）。这个建筑很可爱，现在已经成为一个市内的地标。建筑家布鲁德（Bruder）也把这个图书馆项目的花费控制在预算以内。

与此相对比，西雅图聘请了国际巨星雷姆·库哈斯（Rem Koolhaas）和它的公司——都市建筑工作室（OMA）。尽管和菲尼克斯的

一样，结果是很引人瞩目的，很受欢迎，很成功，西雅图中心图书馆也成为一个重要的城市标志。这个新图书馆在2004年开业，第一年就迎来了超过两百万人次的到访。在2007年，这个建筑被票选为美国建筑学院（American Institute of Architects）评选出的美国最受欢迎150个建筑名单的第108位。这个名单也包括了得克萨斯大学奥斯汀分校的Battle Hall——这个校区的最初的大学图书馆，现在是建筑和规划图书馆。

然而，对我来说，西雅图最具代表性的并不是这个中央图书馆，而是它的很多令人难以置信的分馆（图3.7）。西雅图通过了一个价值1亿9640万美金的项目叫作"对所有人开放的图书馆"，并且对全系统内的人保证，提供高品质的图书馆设计。

我曾在很多设计奖项的评委会任职，西雅图图书馆分馆曾得到难以计数的奖项。尽管西雅图选择了一个巨星来设计他们的主图书馆，他们在分馆的建立上还是选择了和菲尼克斯一样的方式，选择了一位当地重要的设计天才。他们创造出了真正的宝石。

在小岩城的克林顿总统图书馆（图3.8）和孟菲斯城的金字塔体育馆在滨水设置上都有独特的造型。一个是成功的设计，而另外一个则不是。结果，他们为城市第一个世纪的设计提供了教训。笨拙的、不锈钢覆盖的金字塔像是从其他的时代和地方引进过来

图3.6 菲尼克斯中心图书馆南立面，以及太阳追踪控制百叶窗。由威尔·布鲁德与DWL设计事务所设计。比尔·蒂莫曼（Bill Timmerman）拍摄

的。这个建筑被高速公路坡道环绕，形成了通往密西西比河（Mississippi River）的一个阻碍。最初这个体育场是用作篮球场地的，这个32层的体育馆空闲了很多年。而与此形成对比的是，建筑师詹姆斯·波尔谢克（James Polshek）为总统图书馆利用了当地的区域性的一些参考，悬臂指向阿肯色河（Arkansas River），寓意"通向21世纪的桥

梁"。这个图书馆获得了美国绿色建筑委员会（the U.S. Green Building Council, USGBC）评选的能源和环境设计（Leadership in Energy and Environmental Design, LEED）白金奖。

克林顿图书馆被一个公园包围，就像是一个楼房一样，这种设计可以保存水和能量。这个27英亩（11公顷）的滨水公园是由哈格里夫斯联合设计事务所设计的，把这一片废弃的区域变成了一个图书馆周围的像大学一样的设计。哈格里夫斯在路易斯维尔（Louisville）和查特努加（Chattanooga）的修复中采用了类似的滨水设计。

克林顿图书馆–公园是对已存在建筑的富有想象力的再利用的例子，也是合理利用能源、水、材料的例子。图书馆和公园在美观性上也很到位。他们的成功一定程度上是因为他们把自然再次引进到了小岩城。这个图书馆和公园为"自然"这个古老的单词引进了一种新的意味。"自然"这个词来源于拉丁语"natura",是希腊语"physis"的翻译。图书馆和公园使人们接触到了自然的事物。大量的证据表明，人类需要和自然有联系，尤其是在城市的区域。

第4章
4 脱离建筑本身的建筑：可持续场地计划

2005年9月，一个场地可持续发展峰会在约翰逊夫人野花中心地下会议室举行。我代表野花中心以及协办单位美国景观设计师协会欢迎受邀来宾参加为期两天的会议。会议的参与者有景观设计师、建筑师、生态学家、规划师、工程师、可持续材料方面专家和公园专业人才。两个组织的目的是启动一个评估工具的发展。这个工具的目的是衡量一个场地的可持续特质，它超出了目前美国绿色建筑协会（USGBC）的绿色建筑分级评估体系（LEED）在认证中所评估的内容。虽然绿色建筑分级评估体系已经明显将绿色建筑提前，并且对诸如使用乡土物种、保护水资源一类的与场地相关的策略给予评分，但峰会的组织者认为关于场地本身可以有更多评估（图4.1）。与会者在峰会上得出同样的结论，并倡导发展一个国家级景观可持续性衡量标准。这一标准将被作为一个独立的工具，它随后也将在美国绿色建筑协会批准后并入绿色建筑分级评估体系认证过程。

这个项目很适合此时在奥斯汀启动。2002年11月，美国绿色建筑协会在奥斯汀举办了第一次国际会议。协会预计有2000人报名，最后来自16个国家的4100多人出席了此次会议。自首届奥斯汀会议后，美国绿色建筑协会举办的年度绿色建筑国际会议的参会人数呈指数级增长。2009年在菲尼克斯举办的会议有超过27000人参加。

项目启动

想要创建一个与绿色建筑分级评估体系相似的场地评估系统，了解一下美国绿色建筑协会的发展史会有很大帮助。美国绿色建筑协会由自然资源保护委员会在1994年成立。埃默里·洛文斯（Amory Lovins）的门生、自然资源保护委员会的高级科学家罗伯特·沃森（Robert Watson）和落基山研究所的亨特·洛文斯（Hunter Lovins）组织并主持了一个指导委员会，委员会由多样的组织（非营利组织，政府机构，开发商，和产品制造商）组成，还包含了许多学科（建筑，工程，商业）。这种广泛涉及有助于绿色建筑分级评估体系和美国绿色建筑协会的成功。

绿色建筑分级评估体系认证过程在2000年首次发布，是新建筑物的建设标准。它提供四个等级的认证证书：普通认证、银级认证、金级认证以及铂金级认证。项目的认证结果取决于该项目在合理的建筑选址、用水效率、能源和大气环境、材料和资源、室内空气质量、创新和设计过程六个方面的评分数。绿色建筑分级评估体系计划还包含了一

图4.1 奥斯汀约翰逊夫人野花中心矢车菊花田，布鲁斯·利安得摄

个认定程序，"在整个建筑行业中发展和倡导使用绿色建筑技术。"

绿色建筑分级评估体系早期的认证对象主要是新建筑建设，逐渐扩展到解决重大改造项目、体系产生之前建成的绿色建筑、商业空间、家庭房屋、社区、校园、学校以及零售空间。由于美国绿色建筑协会、美国自然资源保护委员会和国会在新都市主义上的合作，绿色建筑分级评估体系认证中的邻里发展项目（ND）为可持续场地计划提供了一个良好的模式。这个邻里发展项目的评级系统"将理性增长原则、城市化和绿色建筑整合成了第一个国家社区设计标准。"

2005年会议举办后，以评估体系认证中的邻里发展项目为模型，美国景观设计师协会与约翰逊夫人野花中心和美国植物园形成合作伙伴关系，在2006年8月推出了可持续场地计划。除了这些主要合作伙伴外，可持续场地计划还包括了绿色建筑协会、美国国家环境保护局、全国县、市卫生官员休闲与公园协会、美国土木工程师学会环境与水资

图4.2 富景阁（The Visionaire）位于曼哈顿下城巴特利公园城的33层住宅公寓大楼，它的特色包括高效的新鲜空气供应和排气系统、集中过滤水、在建的为厕所和中央空调补充水的污水处理系统，无农药污染的雨水收集屋顶花园。该建筑由拉斐尔·贝利设计，获得了由美国绿色建筑委员会颁发的绿色建筑分级评估体系铂金级认证。贝利·克拉克·贝利摄，贝利·克拉克·贝利提供照片

源研究所，得克萨斯大学奥斯汀分校可持续发展中心一系列组织。该计划涉及了50多个土壤、植被、水文、材料和人类健康幸福方面的专家，这些专家从全国各地而来，遍及多个学科，如景观建筑学，城市规划，植物学，生态学，工程，园艺，土壤科学，林业。这个专家团体人员是流动的，主要来自政府机构、大学、私人设计和工程公司，他们长期致力于在全美国范围内提高场地的可持续性。

图4.3 宾夕法尼亚大学莫里斯花园停车场。上图：雨天 下图：晴天，安德鲁波根事务所设计，安德鲁波根事务所提供照片

任务范围

我们成立了产品发展委员会（PDC）来作为督导委员会，委员会的主要职责是为可持续性场地引导开发过程，设计敏感区域，实施和维护计划标准。可持续场地计划的目的是将可持续发展原则用于任何将被保护、开发或重建的场地，无论场地上是否有建筑，将被予以公用或私用。其中的场地被定义为项目内整个将要被开发和管理的区域。可持续场地聚焦在场地的景观特性和景观与建筑的整合上，例如屋顶可以考虑进去，院子、住宅的停车场和办公楼也都可以作为可持续场地（图4.3～图4.4）。此外，可持续场地计划还将增加相关一些没有明显建筑的场地，如公园、墓地和植物园，这些场地目前没有被现有的绿色建筑分级评估体系标准所覆盖。可持续场地的原则也适用于景观和建筑的综合项目像大学校园，城市广场和商业园区。

以绿色建筑分级评估体系标准和其他绿色建筑工具的成功为基础，可持续场地计划提高和扩展了现有的衡量景观和场地各部分的标准。现有的标准鼓励一些有价值的活动如节约用水和运用乡土植物却没有达到与建筑标准相同的精细程度与深度。产品发展委员会邀请了诸多跨学科的专家，他们来自设

图4.4 莫里斯植物园停车场和雨水补给床区域断面，安德鲁波根事务所提供照片

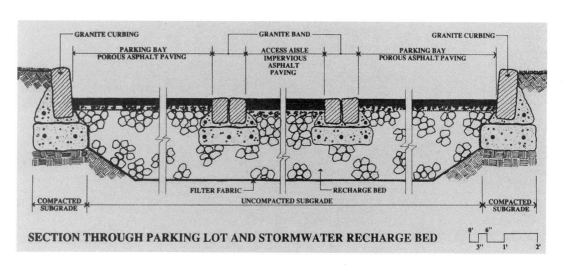

表4-1　可持续场地计划目标

1. 在规划、设计、施工、操作与养护方面为可持续场地建立一个可明确定义、准确衡量的标准，以实现场地的可持续性。
   （1）建立定量的度量指标来将可持续场地与生态系统服务联系起来，如气候变化，生物多样性，清洁的空气和水资源。
   （2）通过测试性能基准来定义和衡量我们所期望的自然与人工构建系统之间的关系。
2. 联系研究与实践以使知识得到加强与支持。发展和进步的最佳方法是将其结合到加速市场变化与获得广大公众接受的意图中。
3. 通过鼓励采用可持续性标准来改变市场，以激励措施为手段。
   （1）将可持续场地融入现有的能提高建筑和景观的可持续性的工具中。
   （2）探索未来的选择来开发一个独立的场地评价认证系统。
   （3）促进人们意识到最佳实践和可持续标准的重要性以及它们与市场的相关性。
   （4）确定和量化通过特定新方法代替传统常规做法而节省的成本。
   （5）评估和量化通过使用景观和可持续场地做法而保存和获得的生态系统服务价值。
4. 通过结合经济、环境和居民幸福来驱动在景观相关问题上的决策。

来源：实践准则和指标的初步报告可持续场地计划：www.sustainablesites.org,2007.

图4.5 海波特社区的生态调节沟，西雅图房管局重建项目，米森设计。罗杰·威廉姆斯摄

计领域、科学领域和工程领域。产品发展委员会将这些领域的知识综合后用于扩展绿色建筑产品的广度和灵活性。

通过为研究者、从业者和公共机构构建了新的对话渠道，可持续场地计划致力于打造一个国家级标准。该标准指明了可持续场地的总体特征，不论场地位于何处、是何种类型。同时，该标准为场地的景观上的表现建立了参考点，并提供了新的方法和指标来增加对于实施可持续场地的认可与激励。可持续场地计划将标准扩展到了新市场中，包括景观设计师、土木工程师和土地管理者相关行业，以及他们所设计和建造的大的项目组合。

可持续场地计划由产品发展委员会主要指导，五名专家组成的专家组来研究在土壤、水文、废物和材料、植被和人类幸福上的详细内容。产品发展委员会最后确立了可持续场地计划的十个初始目标：

1. 为可持性场地相关的规划、设计、建设和维护建立一个明确定义并有可测量的基线阈值的标准，以实现可持续性。
2. 推进对于可持续场地发展的界定和衡量，以加强自然与人工建造系统间的关系。
3. 将研究与实践相结合，以使知识得到支持与加强。
4. 发展并提高最佳实践以加速市场的变化。
5. 通过市场激励机制来鼓励可持续标准的采用，以争取市场转型。
6. 努力实现可持续场地计划与现有评估工具的融合，以提高建筑与景观的可持续性。
7. 探索未来的选择以开发一个独立的场地评价认证系统。
8. 促进人们意识到最佳实践和可持续标准的重要性以及它们与市场的相关性。
9. 评估和量化通过使用景观和可持续场地做法而保存和获得的生态系统服务价值。
10. 确定和量化通过特定新方法代替传统常规做法而节省的成本。

这十个原始目标被整合到了表4-1中。

项目原则

就像绿色建筑分级评估体系建立在从20世纪70年代开始演变的建筑效率的知识的基础上，可持续场地计划从自然可指导景观设计的理论中演变而来，该理论最早由已故的伊恩·麦克在他的著作《设计结合自然》（*Design with Nature*）中提出。可持续场地计划也从再生性设计理念中发展而来，该理念是由已故的加州波莫纳景观建筑学教授约翰·莱尔（John Lyle）在20世纪70~80年代间开创，并在其1994年的著作《可持续发展的再生设计》（*Regenerative Design for Sustainable Development*）中做出总结。麦克和莱尔都认为人工设计的系统应当与自然系统有相同的生态效益，与此相应的一个很好的例子就是生态调节沟（bioswale）的建设，它像自然的湿地一样可以阻留、净化和渗透地表径流，与自然湿地有相同的作用（图4.5）。

在丰富的设计与环境的理论历史基础上，产品发展委员会发布了以下一系列原则来指导不确定性问题的决策，以一种科学性与哲学性相一致的方法来解决问题。

拒绝伤害原则

不要对场地做任何会使周边环境退化的改变。促进发展那些场地已被之前的开发所干扰，可通过可持续性设计来恢复生态系统服务的项目。

预防原则

在做可能会对人类和环境健康产生风险的决策时要小心谨慎，有些行为会产生不可逆的损害。通过全面衡量所有受影响的方面来检测所有可行方案，包括不做任何改变。

自然与文化性原则

创造和实施那些从地方层面、国家层面乃至全球层面上考虑到经济问题、环境问题和文化问题的设计方案。

保存，保护，再生三层次决策原则

通过保存现有的环境特点、以可持续的方式保护资源和再生已丢失或损坏的生态系统服务三种手段来模拟生态系统服务的效益并使其最大化。

提供再生系统以使代际公平原则

为未来下一代提供一个拥有再生系统和再生资源支持的可持续性环境。

动态性过程原则

不断地重新评估假定与实际价值，并做出调整以使其符合人口与环境变化。

思维系统性原则

在一个生态系统中理解和评估各项关系，并使用能够体现和维持生态系统服务功能的贡献的方法；在自然过程和人工活动之间重新建立一个有整体性和本质性的关系。

伦理协作性原则

通过鼓励同事、客户、制造商和用户之间的公开交流来建立长期可持续性与道德责任的关系。

领导与研究完整性原则

实现透明式和全员参与式的领导，以严谨的技术深入研究，并以清晰的、一致的和及时的方式交流新发现。

促进环境管理原则

在土地开发和管理的各个方面促进环境管理的道德观念的形成，使人们意识到对健康的生态系统的适当管理可以提高当前一代人和未来几代人的生活质量。

为将这些原则转化为设计准则，可持续场地计划实施团队将生态系统服务的概念整合了进来。环境经济学家采用"生态系统服务"来描述那些对人类来说是免费的但人类必须自己找到方法来得到的服务。这些服务包括了可呼吸的空气，可钓鱼、游泳和饮用的水，大气气体的调节，营养物质和废物的循环，生态旅游和许多其他方面（表4-2和图4.6）。根据正在进行这项研究的人员而言，经济学家已经完善了许多种类的生态系统服务，以证明将这些增加或减少的服务整合到我们的生态系统中是很有必要的。

可持续场地计划指导方针和性能基准中标明的生态系统服务包括了调节全球气候，调节当地气候，净化空气和水，供给与调节水资源，控制土壤侵蚀与沉积，缓解风险，授粉，栖息地功能，分解和处理废物，人类健康与幸福，食品和可再生的非食品产品和文化利益。把这些服务与可作为可持续场地前提和评分标准的具体行为相联系（表4-3）。这些前提和信用包括选址、设计前评估与规划、场地设计、建造以及运营与维护。该系统建立了统一一致的国家标准，但也会随着不同地域气候、土壤、植物的变化做出调整。

项目现状

美国绿色建筑协会将会继续参与配合可持续场地计划团队的工作，协会还预计将在更新绿色建筑评估体系时采纳可持续计划的最终指导方针与基准。可持续场地指导方针和标准可以适用于所有的景观，包括商业和公共场所、居住区景观、公园、校园、路旁绿化、娱乐中心和公用走廊（图4.7～图4.12）。在撰写标准时，我们在"景观"和"场地"两个词语间犹豫良久，它们有不同的含义。最后，我们将它们交替使用但不会把它们用在一起变成"风景

表4-2　生态系统服务

生态系统服务（ecosystem services）是指直接或间接地对人类生存与生活质量有贡献的生态系统产品和服务，是由涉及生命元素（如植被和土壤生物）和非生命元素（如基岩水和空气）参与的生态系统运转过程产生的。

各种研究人员都提出了大量的对于这些好处的列表，每个列表都有略微不同的措辞，一些列表比其他的略长。有许多措施能保护和再生出这些好处，为了得到这些措施的评判标准，可持续场地计划技术小组全体委员和下属职员检验并整合了研究，形成了下面的生态系统服务列表。可持续场地计划的目的是通过可持续性的场地开发和管理实践来尽可能保护、重建和加强生态系统服务。

1. 调节全球气候
   保持历史最高水平的大气气体平衡，创造可呼吸的空气和隔离温室气体
2. 调节当地气候
   通过遮光、蒸散量和防风林来调节当地的温度、降水量和湿度
3. 净化空气和水
   清除与减少空气和水中的污染物
4. 供给与调节水资源
   通过小型流域和地下蓄水层来保存和提供水资源
5. 控制土壤侵蚀与沉积
   在生态系统内保持土壤，防止侵蚀和沉积的损害
6. 缓解风险
   减少受洪水、风暴大潮、野火和干旱破坏的可能性
7. 授粉
   为作物和其他植物的繁殖提供传粉生物
8. 栖息地功能
   为植物和动物提供庇护所和繁殖栖息地，从而促进对生物多样性、基因多样性和进化过程的保护
9. 分解和处理废物
   分解废料并使营养物质循环
10. 人类健康与幸福
    在与自然相互作用下加强生理、心理和全社会的幸福感
11. 食品和可再生的非食品产品
    生产食物，燃料，能源，医药，或供人使用的其他产品
12. 文化利益
    在与自然相互作用下加强文化、教育、审美和精神体验

来源：指导方针和性能基准，可持续场地计划 www.sustainablesites.org, 2009.

区"的意思。

初步的"可持续场地指导方针与标准"在2007年11月发布征求公众意见。初步报告分析了200多个受推荐的可持续场地的设计和建造。报告中强调了景观对于环境的积极影响，受到了大力支持，也得到了建设性的批评。2007年11月至2008年1月间，初步报告在网上被下载了15000多次，产品发展委员会收到了450多份针对初步报告的实质性意见。

征求公众意见期间的反馈和补充研究的成功标准都被纳入了指导方针和性能基准草案。此外，说明记录了特定可持续技术的案例研究也于2008年11月出版，并可供公众第二轮评审。最终的指导方针和性能基准正案在2009年12月出版，其中每个评分标准都有其权重。同时，试点项目也被启动来测试该系统，测试完毕后将会对计划标准、指导方针和评分权重系统进行调整。测试阶段将在2012年底结束，最后得出一个参考指南。参考指南中会提供评分标准的权重，以实现对可持续项目的评估、对比与识别。

可持续场地计划有着宏伟的抱负：在景观行业创建一个相当于建筑行业中绿色建筑评估系统的标准。然而，这对于这个星球和我们生活的世界来说，潜在的好处也同样大。

图4.6 泰勒28号是位于西
雅图市中心的公寓项目，
拥有透水铺地和一系列
城市雨水花园。米森设计
米森与胡安·埃尔南德
斯摄

图4.7 弗吉尼亚大学戴尔
基地，从校园的内外收集
雨水。该项目还通过"光
线收集"在白天重现了该
地一个已消失的溪流。景
观设计师尼尔森·伯德·沃
尔兹设计，威尔·肯纳摄

表4-3

1. 选址   21分
选择能够保留现有资源和修复已损坏系统的地点
前提1~1：限制对于已划定为基本农田、特有农田、全州性农田的土地的开发
前提1~2：保护洪泛区的泄洪功能
前提1~3：保护湿地
前提1~4：保护濒危物种及其栖息地
评分1~5：在棕地或灰地中选址以对其进行再开发（5~10分）
评分1~6：选择现状已存在社区的场地（6分）
评分1~7：选择鼓励使用非机动车交通和公共交通的场地（5分）

2. 设计前评估与规划   4分
从项目的开始计划其可持续性
前提2~1：设计前进行场地评估并探索场地可持续发展的机会
前提2~2：运用整体性的场地开发过程
评分2~3：场地设计中考虑到使用者和其他利益相关者（4分）

3. 场地设计——水   44分
保护和重建场地中的水循环系统
前提3~1：减少用于灌溉的可饮用水量达到设定基值的50%
评分3~2：减少用于灌溉的可饮用水量达到设定基值的75%或75%以上（2~5分）
评分3~3：保护与恢复湿地，河岸和海岸线缓冲区（3~8分）
评分3~4：修复消失的溪流，湿地和海岸线（2~5分）
评分3~5：管理场地雨洪（5~10分）
评分3~6：保护和加强现场的水资源与受纳水体的质量（3~9分）
评分3~7：结合雨水和暴雨的特点设计出雨天舒适的景观（1~3分）
评分3~8：维持水的特点来节约水资源和其他资源（1~4分）

4. 场地设计——土壤与植被   51分
保护和重建场地中与土壤和植被相关的生态过程与系统
前提4~1：控制和管理场地上已有的入侵植物
前提4~2：使用适合的，没有入侵性的植物
前提4~3：提出土壤管理计划
评分4~4：将设计和建设中对土壤的干扰最小化（6分）
评分4~5：保留所有有特殊地位的植被（5分）
评分4~6：保留或恢复场地中的植物数量（3~8分）
评分4~7：使用乡土植物（1~4分）
评分4~8：保护该区域的原生植物群落（2~6分）
评分4~9：恢复该区域的原生植物群落（1~5分）
评分4~10：使用能降低建筑供暖需求的植被（2~4分）
评分4~11：使用能降低建筑制冷需求的植被（2~5分）
评分4~12：减小城市热岛效应（3~5分）
评分4~13：减少发生灾难性野火的风险（3分）

5. 场地设计——材料选取   36分
回收再利用现有材料并支持实施可持续性产品
前提5~1：拒绝使用濒危树种木材
评分5~2：保证现场结构，硬质景观和景观设施（1~4分）
评分5~3：设计中考虑到解构和拆卸过程（1~3分）
评分5~4：回收再利用废弃的材料和植物（2~4分）
评分5~5：使用循环再用的内容材料（2~4分）
评分5~6：使用经过认证的木材（1~4分）
评分5~7：使用区域性材料（2~6分）

评分5~8：使用减少挥发性有机化合物排放量的粘合剂，密封剂，涂料和涂层（2分）

评分5~9：支持工厂生产中的可持续性做法（3分）

评分5~10：支持在材料制造上的可持续性做法（3~6分）

6. 场地设计——人类健康幸福　　　　　　　　　　　　　　　　　　　　　32分

建立强大的社区，使人们有归属感

评分6~1：促进场地开发的公平公正（1~3分）

评分6~2：促进场地使用的公平公正（1~4分）

评分6~3：促进可持续发展思想的宣传教育（2~4分）

评分6~4：保护和维持有独特的文化和历史意义的地方（2~4分）

评分6~5：设计中提供最佳的场地可达性，安全性与标识系统（3分）

评分6~6：为户外体育活动提供机会（4~5分）

评分6~7：为恢复精力提供了植被景观与安静的室外空间（3~4分）

评分6~8：为社会互动提供室外空间（3分）

评分6~9：减少光污染（2分）

7. 场地建造　　　　　　　　　　　　　　　　　　　　　　　　　　　　　21分

使施工相关的活动产生的影响最小化

前提7~1：控制与抑制施工中产生的污染物

前提7~2：恢复受施工影响的扰动土壤

评分7~3：恢复受之前开发影响的扰动土壤（2~8分）

评分7~4：转移处理拆建物料（3~5分）

评分7~5：植被岩石和建设中产生的土壤进行回收再利用（3~5分）

评分7~6：建设中减少温室气体排放和接触局部地区空气污染物（1~3分）

8. 场地运营与维护　　　　　　　　　　　　　　　　　　　　　　　　　　23分

保持场地的长期可持续性

前提8~1：场地可持续性维护计划

前提8~2：提供可回收物品储存和收藏

评分8~3：场地运营和维护过程中产生循环的有机物质（2~6分）

评分8~4：降低所有户外的景观和外部运营的耗能（1~4分）

评分8~5：使用再生能源为景观供电（2~3分）

评分8~6：尽量减少与外界环境中烟草烟雾的接触（1~2分）

评分8~7：在景观维护过程中减少温室气体排放和接触局部地区空气污染物（1~4分）

评分8~8：减少废气排放，推动人们使用节能高效的车辆（4分）

9. 场地监测与创新　　　　　　　　　　　　　　　　　　　　　　　　　　18分

奖励杰出表现并增加对于长期可持续发展的知识累积

评分9~1：监测可持续设计在实践中的表现（10分）

评分9~2：在场地设计上创新（8分）

图4.8 华盛顿西德威尔友
谊中学节约用水与雨水收
集系统。安德鲁波根事务
所设计 安德鲁波根事务
所提供图片

图4.9 西德威尔友谊中学
的湿地、雨水花园和教学
池塘。湿地因其功能而独
立于雨水花园和教学池
塘。安德鲁波根事务所提
供照片

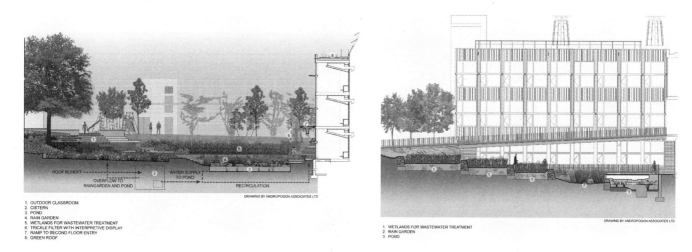

1. OUTDOOR CLASSROOM
2. CISTERN
3. POND
4. RAIN GARDEN
5. WETLANDS FOR WASTEWATER TREATMENT
6. TRICKLE FILTER WITH INTERPRETIVE DISPLAY
7. RAMP TO SECOND FLOOR ENTRY
8. GREEN ROOF

ROOF RUNOFF
OVERFLOW TO
RAINGARDEN AND POND
WATER SUPPLY
TO POND
RECIRCULATION
DRAWING BY ANDROPOGON ASSOCIATES LTD

1. WETLANDS FOR WASTEWATER TREATMENT
2. RAIN GARDEN
3. POND

DRAWING BY ANDROPOGON ASSOCIATES LTD

图4.10 西德威尔友谊中学
台地庭院的水处理系统。
安德鲁波根事务所、自
然系统国际事务所、基
兰·廷伯莱克建筑事务所
联合设计,安德鲁波根事
务所提供图片

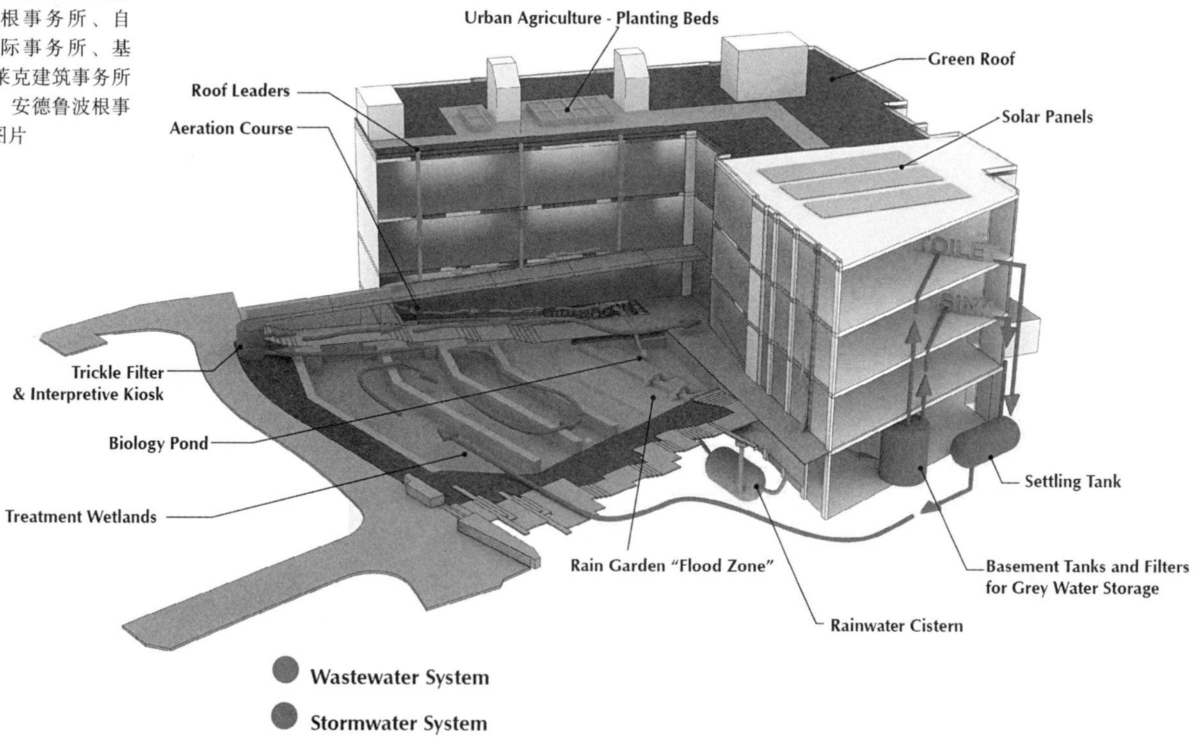

Urban Agriculture - Planting Beds

Green Roof

Roof Leaders

Solar Panels

Aeration Course

Trickle Filter
& Interpretive Kiosk

Biology Pond

Treatment Wetlands

Settling Tank

Rain Garden "Flood Zone"

Basement Tanks and Filters
for Grey Water Storage

Rainwater Cistern

● Wastewater System

● Stormwater System

图4.11 西德威尔友谊中学
台地庭院，安德鲁波根事
务所提供照片

图4.12 西德威尔友谊中学
中学生在雨水花园和池塘
旁活动。安德鲁波根事务
所提供照片

第5章
塑造地域:
景观都市主义的可能性

荷兰人创造了词语"landschap",在迁移到了英语中后演变成了我们现在说的"景观"。landschap在荷兰语中的原意是由人类建成的领土。在英语和拉丁系语言中,景观和它的其他翻译(如意大利语的paesaggio)都是风景的意思,通常指田园风光。然而,它更深层次的含义是指一个地方的文化与自然慢慢形成的过程。从这个意义上来说,景观(landscape)的意义更趋进于意大利语中的领土(territorio),而不是通常所翻译的风景(paesaggio)。同样地,法语中的风土(terroir)原本是一个葡萄酒生产的术语,指的是气候、土壤类型和地形创造了一个地方的特质,又被人们所适应。景观设计师君特·沃格特(Günter Vogt)将风土定义为"一个特定场地所表现出的准确适宜性,包括其所有隐藏的品质"。

荷兰人把他们的国家大部分建造在了低于海平面的低洼地势处(图5.1)。他们在湖泊、沼泽和河道中创建了繁华的城市与肥沃的农田,同时,他们也注意保护了重要的自然区域。因此,造地的概念是荷兰文化的中心。

随着我的国家以及世界上的许多地方继续城市化,我们面临着荷兰公民在其整个历史中都经受其考验的相似问题。我们如何建立更加密集的宜居空间?我们如何在充满挑战的环境中建造场所?我们如何生活在一个逐渐变暖、海平面上升的星球上?我们如何在保持农田多产的同时为其他物种保留栖息地?在我们解决这些问题时,景观的理念、塑造地域的理念必将在我们的文化中变得更为重要,在其他文化中也是如此。

在这个过程中,景观设计可以领导整个设计和规划学科。这种领导作用对于城市地区的健康与活力而言更加是必不可少的。随着越来越多的人居住在城市中,我们所建造的环境的质量也就变得越来越重要。景观设计在许多方面占据了建筑和城市规划间的土地,同时又与二者部分重叠。因此,景观设计可以搭接规划师依据法规制定的定位与建筑师形式设计下的着重点。都市景观主义这个新兴领域更是提供了更多的搭接可能性。

现代社会生活在城市中的人比历史上任何时候都多。随着世界人口的持续增长,地球变得越来越城市化。与此同时,我们对于生态的知识不断扩展,逐渐意识到城市和郊区都是生态系统。我们把景观理解为自然与社会进程的综合体。这种认识促使了一个新的都市主义的产生,在新都市主义的观点中,人类被看作是自然的一部分,"城市是国家的"、"城市是领土的"。这个新都市主义产生于生态文化和对城市领域的理解中。

图5.1 荷兰艾瑟尔湖新生地的农田。弗雷德里克·斯坦纳摄

我们将这种观念下形成的城市形态和我们对这种形态的看法称为景观都市主义。景观都市主义这个词是由建筑师查尔斯·瓦尔德（Charles Waldheim）创造的，又由一小群北美景观设计师和规划师深入发展，这些人包括詹姆斯·科纳（James Corner），克里斯·里德（Chris Reed），尼娜·玛利亚·李斯特（Nina-Marie Lister）和迪恩·阿尔米（Dean Almy）。瓦尔德、科纳和里德是伊恩·麦克早期的学生，麦克对生态的支持必然会影响他们的理念和设计。然而，相对于他们的导师来说，这些年轻一代设计师们选择了一个更城市化与设计化的方式。景观都市主义提出以景观取代建筑和交通系统成为城市设计中最主要的组织结构。网络和复杂性也是必需的，来建立框架应对城市变化。

除了麦克之外，景观都市主义还受到了荷兰公司West 8的作品的启发。北美早期景观都市化的案例包括了FO事务所（Field Operations）在纽约的弗莱士河公园项目和高线公园项目，以及斯特斯事务所（StossLU）多在伦多下唐地区（Toronto's Lower Don）设

图5.2 加拿大多伦多下唐地区规划：一种全新的城市形成模式，由顿河再生湿地的动态重组来决定城市的形态结构，斯特斯事务所提供

计竞赛的参赛作品（图5.2）。

景观都市主义产生表示我们在城市健康问题上的看法有了根本性的转变。在19世纪时期，对于疾病和环境方面的知识增长使我们创造了卫生工程和城市公园（图5.3）。在20世纪时期，对空气和水污染的担忧导致了新的国家环保法律的产生，改善了水和空气质量。现在，我们意识到了计划不周的发展在威胁着公众健康。这应该引起生态基础设施建设运动，就像19世纪的卫生工程运动和20世纪的水和空气质

量法规的产生一样。

那么我们应该如何构想这个形式呢？有七个原理对景观都市主义至关重要：

1. 城市和景观都是不断变化的。

2. 技术以全新的方式连接了我们彼此和我们与环境，并且改变了我们生活的方式、我们生活的地方。

3. 地方感和区域感导致了不同区域有其独特的文化特性。

4. 区域认同感会孕育创造力。

5. 基于景观设计的城市设计包含了一定尺度上的设计模式的重复。

6. 在景观都市主义中，规划和设计学科没有明确界限。

7. 城市和景观都是弹性生态系统。

城市和景观持续改变

传统上，生态学家认为系统朝着稳定的状态发展。在所谓的"新生态"中，系统被认为是处在不断变化的状态中的。随着生态学家对景观和城市的深入研究，这种观念上的转变更强了。以凤凰城（Phoenix）为例，它的城市发展以每小时1英亩（0.405公顷）的速度飞速进行，这个速度已经保持了30年（在2007～2010年大萧条之前）。在像菲尼克斯这样的新兴城市中，即使是最粗心的观察者也能感受到明显的变化（图5.4）。而在像罗马这样较为古老的城市中，更新和恢复工作将大型社区转变为了持续建造区域。

在维也纳（Vienna）的带领下，欧洲许多城市都拆除了古城墙，新建了公园和开放绿地。军事技术的革新为城市空间带来了改变，一般都是好的改变，例如波兰克拉科夫（Krakow）历史名城中心旁的公园。在意大利，卢卡（Lucca）的城墙依然保留着。然而，士兵们曾经驻守的地方现在种上了树木，城墙从战斗的地方变成了市民游憩空间（图5.5）。

景观都市主义的结论是变化应该是设计和规划综合考虑的结果。某些地方是为某种特定目的所设计的，例如做礼拜的教堂、纪

图5.4 菲尼克斯都市区的
发展。弗雷德里克·斯坦
纳摄

图5.5 意大利卢卡环城公
园。弗雷德里克·斯坦纳摄

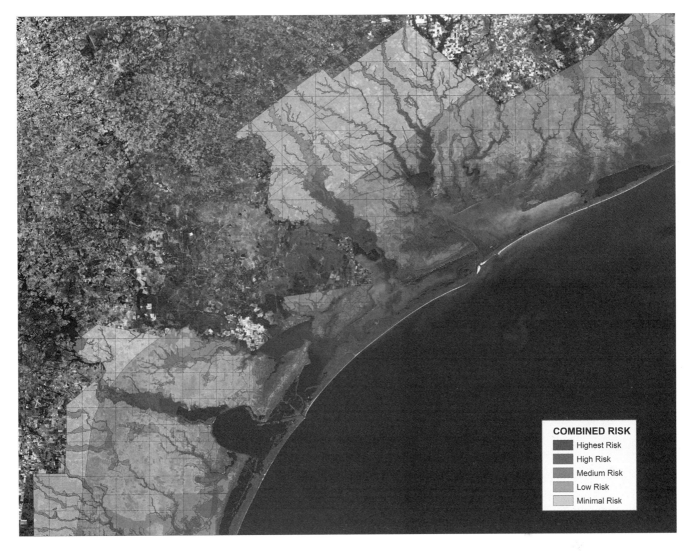

COMBINED RISK
- Highest Risk
- High Risk
- Medium Risk
- Low Risk
- Minimal Risk

图5.6 地理信息系统被用于阐明得克萨斯州墨西哥湾沿岸风险。高风险的因素有历史性飓风轨道的地方，有大风风险的地方，风暴汹涌的地方，严重的洪水事件，海平面上升，经济的影响，人口结构的脆弱性，增长模式，以及失去的湿地、沼泽和屏障岛。詹姆斯·L·赛普斯绘制，AECOM公司提供照片

念馆、公园或图书馆。即使这些地方也都在发展，科技改变了图书馆的使用方式，社区的改变影响了教堂的教区。其他地方甚至需要更多灵活性和适应性——我们工作、睡觉、吃饭和重建的地方。这些地方大变化来自于外在力量如科技和内部力量——我们长期居住于其中。

科技联系起了我们

技术是人类适应生活的工具。如今，互联网、笔记本电脑、定位系统和内置摄像头的手机改变了我们的生活，就如同电视机和电冰箱在上一代所做的。我们可以用谷歌获取新知识并可能由此学到的比许多谈话后得

到的都多。一个晴朗的午后，我们在菲尼克斯天港机场看电视，得知我们的目的地得克萨斯州将在我们到达前有一场暴风雨。同一个机场收集的气候数据报告了过去几十年夜间温度的变暖。

我们可以在线用谷歌地球或地理信息系统探索各种地方，无论离家远近。这对设计和规划来说可能是个很有用的工具。我们可以在实地考察前有一个实质性的场地评估。通过放大和缩小谷歌地图，我们可以对场地的特质和环境有一个初步了解。我们还可以在离开后重新访问网站。这在我们设计一个遥远的场地时尤其有用。我们还可以通过谷歌地球访问别人的项目来帮助我们从他们的经验中有所学习。

都市景观主义的结论是技术的连接作用应该包含在设计和规划之中。地理信息系统在技术连接上提供了另一种明显的例子。（图5.6）我们可以通过地理信息系统来绘制自然的和社会性的空间信息并对他们进行比较。作为一项致力于组织和应用地理信息的技术，地理信息系统能够揭示城市景观的关系和模式。这些关系和模式可以帮助我们想象有哪些过程会影响城市和地区的宜居性。

地方和区域创造特性

对于一个地方的感觉可以提高城市宜居性。地方根植于区域之中。二者共同作用下，对一个地方和区域的感觉帮助建立了区域独特的文化特性。奥斯汀有着与休斯敦不同的特性，就像匹兹堡（Pittsburgh）有着与费城不同的特性，罗马和米兰（Milan）的特性也不同（图5.7）。

景观都市主义的结论是设计师和规划师应该加强区域和地方的感觉。弗吉尼亚大学规划系教授蒂姆·彼得利（Tim Beatley）在他2004年出版《本土无处》（Native to Nowhere）一书中阐述了维持场地可持续性在这个时代所遇到的挑战。他建议人们通过历史、文化遗产和好的社区设计来增强场地。根据彼得利而言，自然环境、人行空间、艺术、共享空间、多代社区和明智的能源使用方法都在场地设计中发挥着重要作用。

某些区域孕育创造力

一些区域的文化特性相较其他区域更强大，有利于创新。我们创作诗歌和歌曲献给旧金山（San Francisco）和罗马。纽约城市的轮廓出现在许多电影中，多次在电影中出现的还有中央公园和布鲁克林大桥。我们知道阿姆斯特丹（Amsterdam）和威尼斯（Venice）的运河，里约和迈阿密的海

图5.7 罗马，弗雷德里克·斯坦纳摄

滩，佛罗伦萨（Florence）的建筑和西雅图（Seattle）的细雨，即使我们从未去过这些地方。

景观都市主义的结论是规划设计应当加强具有创造力的区域特性。我们需要学会在设计和规划中考虑到雨水、诗歌这些自然与文化的因素。景观都市主义承诺以周到和巧妙的方式将都市生活与自然联系起来。

为了完成这一承诺，我们需要理解四季的韵律。我们必须研究一个地区的岩层构造以及它是如何塑造地势和引导水流方向的。我们需要了解土壤的深度和颜色，以及它们怎样影响植物生长。我们必须熟悉树木和灌木，鸟类和蜜蜂，以及当地的鱼类和哺乳动物。

在更高层次的尺度上部分成为整体

通过在多个尺度上来审视我们的设计，我们能够完成以周到和巧妙的方式将都市生活与自然联系起来的承诺。半个多世纪以前，凯文·林奇写到了通过"可加结构"来完成设计。在可加结构中，"基本单元是被严格规定了的，不可被改变（像一块砖）。设计的灵活性在于一系列的单元可以有无数种组合方式，并且各个部分之间可以互换。

图5.8 佛罗伦萨大教堂，
弗雷德里克·斯坦纳摄

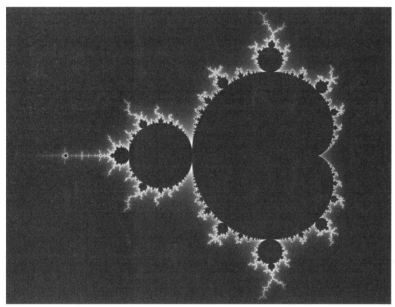

图5.9 曼德博集合的分形，
德国慕尼黑沃尔夫冈·拜尔博士提供图片

对于景观都市主义来说，得到的结论是设计师和规划师应该理解林奇对于环境适应性和城市设计的可加结构的想法，也要理解分形几何原理。分形原理和可加结构有助于形成大尺度上的设计结构。分形构成了模式，用这些模式来设计可以形成符合一个地方的形式。在设计师构思具有适应性的复杂系统时，他们可能还要有意识地补充和对抗这些模式。由此产生的设计可以通过新增的补充元素来增强现有的模式。

几个有贡献的学科

景观都市主义模糊了传统上城市设计规划与建成中涉及的几个学科之间的界限，这些学科包括了建筑、园林、规划、土木工程、法律、历史保护和房地产。可以说，建筑在传统的城市设计中有着领导地位。景观都市主义所要推进的是使园林成为城市设计中的领导者，无论是理论上还是实践中。

上文中提到的弗莱士河公园项目为此提

总的设计模式没有高度组织，而是添加在环境中：外围单元的增长不会改变中心的结构。"林奇1958年在《环境适应性》上的一篇文章阐述了他的这个理念。最近，分形理论认为世界是由自相似系统组成的。分形体是形成了自然中的砌块的地理性几何形态。（图5.9）

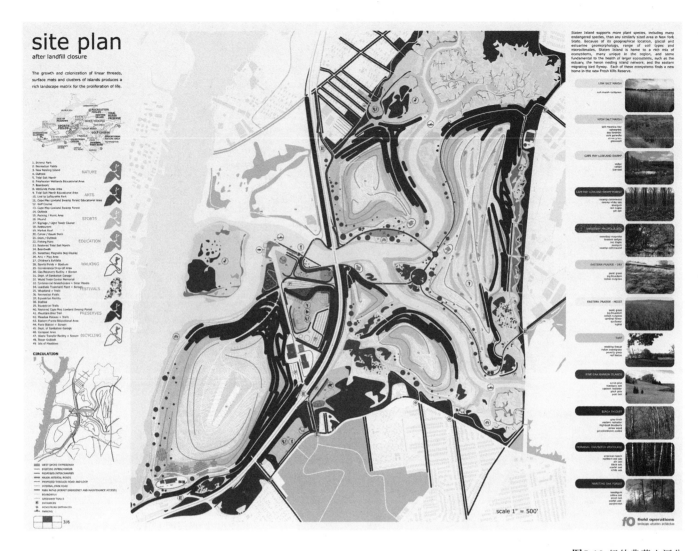

site plan
after landfill closure

The growth and colonization of linear threads, surface mats and clusters of islands produces a rich landscape matrix for the proliferation of life.

1. Orimeal Park
2. Recreation Fields
3. New Nesting Island
4. Outlook
5. Tidal Salt Marsh
6. Freshwater Wetlands Educational Area
7. Boardwalk
8. Wetlands Picnic Area
9. Tidal Salt Marsh Educational Area
10. Cape May Lowland Swamp Forest Educational Area
11. Golf Course
13. Cape May Lowland Swamp Forest
14. Outlook
15. Parking / Picnic Area
16. Mound
17. Signage / Light Tower Cluster
18. Netbournnt
19. Market Roof
20. Canoe / Kayak Dock
21. Fishing Piers
22. Restored Tidal Salt Marsh
23. Boardwalk
24. Sweetbay Magnolia Bog Display
26. Arts + Play Area
27. Children's Exhibits
28. Sports Fields + Stadium
29. Convenience Drop-off Area
30. Gas Recovery Facility + Screen
31. Dept. of Sanitation Garage
32. World Trade Center Memorial
33. Centennial Greenhouses + Solar Panels
34. Leachate Treatment Plant + Screen
35. Woodland + Trails
36. Recreation Fields
37. Equestrian Facility
38. Stables
39. Restored Cape May Lowland Swamp Portal
41. Mountain Bike Trail
43. Meadow Plateau + Trails
45. Eastern Prairie Educational Area
46. Force Station + Screen
48. Dept. of Sanitation Garage
47. Waste Transfer Facility + Screen
49. Compost Area
50. Tower Outlook
51. Isle of Meadows

NATURE
ARTS
SPORTS
EDUCATION
WALKING
FESTIVALS
PRESERVES
BICYCLING

CIRCULATION

— WEST SHORE EXPRESSWAY
— EXISTING INTERCHANGES
— PROPOSED INTERCHANGES
— MAJOR ARTERIAL ROADS
— PROPOSED THROUGH-ROAD AND LOOP
— INTERNAL PARK ROAD
— PARK PATHS (PERMIT EMERGENCY AND MAINTENANCE ACCESS)
— BOARDWALK
— GREENWAY TRAILS
— ENTRANCES
— PEDESTRIAN ENTRANCES
— PARKING

3/6

scale 1" = 500'

fo field operations
landscape urban architecture

Staten Island supports more plant species, including many endangered species, than any similarly sized area in New York State. Because of its geographical location, glacial and estuarine geomorphology, range of soil types and microclimates, Staten Island is home to a rich mix of ecosystems, many unique in the region, and some fundamental to the health of larger ecosystems, such as the estuary, the heron nesting island network, and the eastern migrating bird flyway. Each of these ecosystems finds a new home in the new Fresh Kills Reserve.

LOW SALT MARSH
HIGH SALT MARSH
CAPE MAY LOWLAND SWAMP
CAPE MAY LOWLAND SWAMP FOREST
SWEETBAY MAGNOLIA BOG
EASTERN PRAIRIE - DRY
EASTERN PRAIRIE - MOIST
TURF
PINE OAK BARREN ISLANDS
BIRCH THICKET
MORAINAL OAK/BEECH WOODLAND
MARITIME OAK FOREST

供了一个例子。一个重要的创新点是詹姆斯·科纳和他在FO事务所的同事们在设计中做了改变，他们避开了一系列的最终固定状态，取而代之的是一个具有动态活力的、灵活的结构。这个结构有着无限可能性基于其初始的"播种"工作，即精心建造了那些可以指导项目发展的重要元素。弗莱士河公园位于纽约市史泰登岛（Staten Island）上，占地2200英亩（890公顷），曾经是世界上最大的垃圾填埋场。2001年9月11日恐怖组织袭击世界贸易中心后的大部分垃圾残骸都填埋于此。FO事务所的规划将这个垃圾填埋场转化为一个比中央公园大三倍的公园。该规划包括了重建大型的景观和恢复垃圾场中原有的湿地。除了景观设计师外，规划中还需要生态学家、社会学家、交通专家，土壤学家和水文学家（图5.10）。

景观都市主义的结论是设计和规划需要建立于学科间的合作和相互尊重的基础上。这需要景观都市主义中设计场地的一方和制定规则的一方相互尊重。场地设计的艺术应该平衡于城市规则制定的必要性。建筑师需要学会与律师沟通，同样地，工程师要学会与景观设计师沟通。规划师应该学习生态学和经济学的知识，因为二者有助于了解我们的家园。

城市和景观具有弹性

最终，城市将会越来越多地被视为弹性

图5.10 纽约弗莱士河公园，由FO事务所设计，詹姆斯·科纳的FO事务所提供

生态系统。弹性的概念和理论在生态和规划学科中越来越有吸引力，并与都市景观主义有相当大的关联性。根据生态学家兰斯·甘德森（Lance Gunderson）和其同事的说法：

弹性在生态学中被以两种不同的方式定义，每种定义反映了它在不同方面的稳定性。一种定义侧重于效率、稳定性和可预测性，这些都是工程师的属性，他们渴望有防故障的设计。另一种持久性、变化性和不可预测性，这些属性属于进化生物学家和那些寻找不安全设计的人们。

第一个定义与生态学中的标准思想相联系，强调平衡和稳定。第二个定义从新兴生态学中形成，侧重于生态系统的不平衡性和适应能力。皮克特（Pickett）和卡德纳斯（Cadenasso）认为后者适用于"城市生态系统，因为它表明在适应力强的大都市地区的持久性中，空间异质性是一个重要的组成部分"。

弹性理论在城市生态系统上的应用很大程度上取决于两个城市长期生态研究（LTER）项目的结果。这两个项目由国家科学基金会出资，分别在菲尼克斯和巴尔的摩（Baltimore）进行。城市实际上是不稳定、难预测的系统。城市长期生态研究加强了我们对于改变和调整系统的重视程度。

在很大程度上，美国规划师对于弹性理论的兴趣来自于2001年9月1日后。主要的领导者是来自麻省理工学院的劳伦斯·威尔和来自北卡罗纳大学教堂山分校的托马斯·坎帕内拉。尽管生态学家推测弹性理论将应用于城市规划中，目前来说，生态和规划弹性研究的联系仍然不够充足。

威尔和坎帕内拉将弹性理论和灾难相联系，他们指出，"与城市弹性一样，城市灾害也有多种形式。"此外，他们还观察到，"许多灾害都遵循一个可预测的救援、修复、重建和纪念模式，但我们只有在特殊情况下才能真正评估恢复情况。"因此，城市弹性与它所在地的某些特性有很大关系。

威尔和坎帕内拉将灾害分为了自然灾害和人为灾害。自然灾害包括了火灾、地震、洪水、干旱、火山爆发、飓风、海啸和流行性传染病。人为造成的灾害有意外性的和蓄意性的——有针对性的事件。从许多方面来说，2005年的卡特丽娜飓风和2008年四川省的地震说明差的规划设计会加剧自然灾害中人类行为带来的后果。例如，墨西哥湾沿岸湿地的丧失使飓风带来的灾难更为严重。湿地的保护和新的沼泽地的创造将使沿海居民更为安全。同样地，更好的建筑规范和更仔细的规划选址可以在四川地震中拯救更多的生命。

基于美国规划师们在灾害课题上的大量研究工作，威尔和坎帕内拉建立了他们的视角。在仅有的几次美国公众将视线转向规划师中，其中一次便是发生在灾难爆发时。弹性理论会不会在没有灾难时也是一个指导大都市地区发展的好概念？这样的地区弹性将建立在增强社会资本，创造知识资本，保护自然资本的基础上。

景观都市主义的成果存在于将生态学中的弹性理念与城市规划中的弹性理念联系起来的可能性中。通过这种做法，我们可以创造更健康的城市景观，能够适应变化、孕育创造力的城市景观。

景观都市主义的设计与规划

这七个原理提出了三种景观都市主义规划设计的手段。第一个手段是大手笔动作，意在彻底改变一个城市或地区。第二个手段是通过研究和逐步调整环境生态过程来改变整个区域。第三个手段是通过一个设计师或一群设计师和艺术家一生的工作来改变一个城市或地区。

"大尺度规划"

第一个手段可以被总结为"不做小规划"。芝加哥建筑师丹尼尔·伯纳姆（Daniel Burnham）做了一个著名的声明，声称小的规划"使人热血沸腾的魔力……做大尺度规划是对希望和工作的高要求。"伯纳姆和弗雷德里克·劳·奥姆斯特德的儿子以及他们的朋友是这个宣言的忠实拥护者。他们为芝加哥、旧金山和华盛顿所做的美丽城市规划是留给我们的遗产。

伯纳姆的大尺度规划主要基于建筑和道路提供基本的构建模块、公园和道路旁的绿带重要支撑作用的方式。与此相反，早期的奥姆斯特德提出了另一种大尺度设计模式。奥姆斯特德和查尔斯·艾略特（Charles Eliot）为波士顿大都市区构思了一个全新的公园系统，他们称之为"翡翠项链"。他们所创建的美景在今天仍然存在，波士顿市民每天都在享受他们所设计的相互连接的绿色空间。

另一个大尺度景观是以1985年菲尼克斯艺术委员会成立为契机为凤凰城所设计的，

当时的市长是特里·戈达德。该机构委任的公共艺术总体规划创造了一个非凡的视觉景观，规划中运用了当地的基础设施来创造其区域特性。

事实上，这种景观所创造的区域特性甚至渗入到文学中。在堂·德里罗（Don DeLillo）1997年的小说《地下世界》

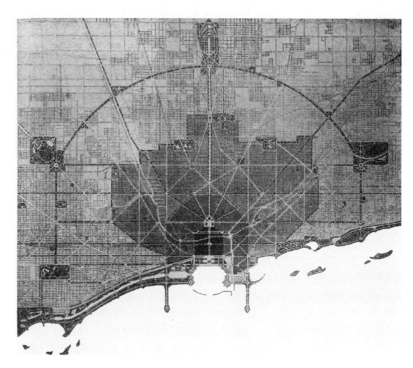

图5.11 1909年芝加哥城市规划，展示了总的林荫道系统和现有的以及拟建的公园。丹尼尔·伯纳姆和爱德华·班尼特联合设计，芝加哥商业俱乐部提供照片

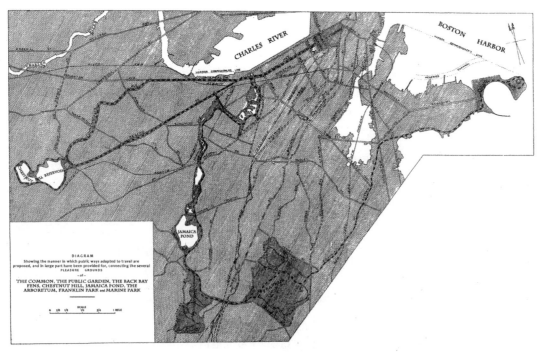

图5.12 波士顿翡翠项链公园系统，弗雷德里克·劳·奥姆斯特德和查尔斯·艾略特联合规划，美国国家公园管理局和弗雷德里克·劳·奥姆斯特德国家历史遗址公园提供照片

图5.13 凤凰城27大街固体废物管理设施，迈克·辛格和林内亚·克莱特设计，弗雷德里克·斯坦纳摄

（Underworld）中，故事发生在凤凰城和纽约。作者选择了布鲁克林埃比茨棒球场作为代表纽约的地标。而作为菲尼克斯的代表，作者选择了城市公共艺术总体规划中一个不寻常但非常成功的项目：27大街固体废物管理设施（图5.13）。"这个景观让他很高兴。这对他毕生的城市梦是一个挑战，但更重要的是，他认识到了半梦的愿景，西方世界的差异和一个奇怪的事情。这个奇怪的事情有许多东西混杂其中，包括了自然与空旷，勇气与历史，以及你是谁，你所相信的是什么，你是看什么电影长大的。"

逐步改变

第二种手段——渐进主义为大尺度规划提供了一个供选择的方法。四十多年前在菲尼克斯地区，亚利桑那州立大学的一个建筑工作室推出了一个名为里约萨拉多（Rio Salado）的设计。设计中将由于砾石开采和随意丢弃而干旱的索尔特河河床转化为了线性开放空间和防洪系统。该设计很快受到了学院院长吉姆·埃尔莫尔（Jim Elmore）的支持，吉姆在几十年间一直主导里约萨拉多设计。逐渐地，这个理念扎根于坦佩和菲尼克斯。

如果我们将吉姆·埃尔莫尔的里约萨拉多设计拉回来，并以奥姆斯特德的眼光看待它，我们可以想象一个菲尼克斯都市地区的"翡翠项链"公园系统，系统将里约萨拉多与东部的印度河湾（Indian Bend Wash）、西部的阿瓜弗里亚河（Agua Fria River）和北部的中央亚利桑那运河工程（Central Arizona Project）联系起来（图5.14）。这样的联系是公共艺术项目的主要聚焦点，具有随着时间推移在菲尼克斯地区建立翡翠项链系统的潜力。

从香港到菲尼克斯，城市都在持续变热，这促使居民更加关注对温度的控制。城市热岛效应，或是一些气候学家所谓的"城市热群岛"，减少了气候温暖的城市的舒适度。而我们这些生活在炎热城市中的人应该关注我们如何在公共基础设施建设项目中使用黑色沥青。气候和材料方面的知识可以改变我们对所生活的地区的看法。艺术家、景观设计师和建筑师可以用这些知识来做什么呢？我们可以通过使用更合适的表层材料和种更多的树一点一点地改变一个地区，从一个一个的停车场，到一条条街道，一次一条人行道地做改变。我想，如果维特鲁威活到了今天，他会写第十一本建筑方面的书，关于如何设计停车场。

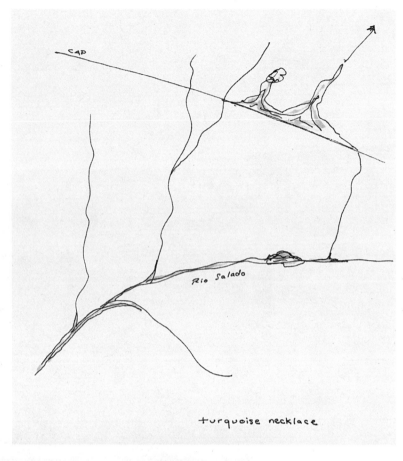

图5.14 菲尼克斯都市地区的"翡翠项链"公园系统 弗雷德里克·斯坦纳绘制

图5.15 纽约市高线公园 高线公园夸张的曲线沿着第三十大街向西延伸，在局部延展处以楼梯接入其中，与其交叉、攀升。FO事务所和DS+R工作室设计，纽约市政府提供照片

图5.16 纽约市高线公园，弗雷德里克·斯坦纳摄

图5.17 亚利桑那州女王溪干旱区树木苗圃的入口，史蒂夫·马蒂诺设计并拍摄

　　最近的一个景观都市主义设计的案例是曼哈顿的高线公园。区域规划协会和高线之友机构主张将纽约市中一条穿过了22条街区的废弃铁路线转变成一个6.7英亩（2.7公顷）的公园。他们想将这条1.45英尺（2.33千米）长的走廊转变成娱乐设施、旅游景点和发电机，以促进经济发展。2004年，高线之友机构和纽约市政府选择了FO事务所和DS+R工作室（Diller Scofidio + Renfro）设计该项目。2009年6月，该项目开放后引起了公众的极大热情，非常受欢迎。高线公园的设计为如何将被遗弃的城市地区转变为社区资产提供了一个解决模式。（图5.15~图5.16）詹姆斯·科纳（James Corner）写道："其结果是在一条单一缺少变化的路线旁设置了一系列细节丰富、形式多变的公共空间和景观空间。这条路线穿过曼哈顿的一些最引人注目的高架景观和哈得孙河，每个视角都以超凡的手法综合运动，形成景观。"

通过时间改变

第三种手段我称之为"累积效应"，即一个或一群设计师随着时间的推移改变一个城市和大尺度的景观。这可以参考安东尼奥·高迪对巴塞罗那的影响。如果高迪没有在巴塞罗那居住过，那里现在会是什么样子的呢？我认为在其他地区有相似的例子。拿菲尼克斯地区来说，突然出现的建筑和景观学校长远来看可能会有相同的效果。威尔·布鲁德（Will Bruder）、温德尔·伯内特（Wendell Burnette）和琼斯（the Jones Studio）工作室在建筑上的成果，以及史蒂夫·马蒂诺（Steve Martino）、克里斯蒂·坦·艾克（Christy Ten Eyck）和迈克尔·多林（Michael Dollin）在景观设计上的成果，表明了不同流派间在思想上互相交融。显然，在高迪决定巴塞罗那的文化特性前，亚利桑那州人深受索诺兰沙漠影响。

前景展望

我们生活在一个都市化的世界中，并且还在不断地都市化中。21世纪日益增长的城市化进程需要有才华的建筑师、景观建筑师和规划师来塑造和重塑地域。这为大规模的城市和地区转型提供了一个机会。都市景观主义为城市设计和区域规划提供了一个新手段，人们在其中可以回馈自然，而不是摧毁自然。我们需要运用智慧来创造宜居的风景，而不是将地球看作一个储存我们废弃物的大污水坑。

第二部分
来自保罗·克瑞、麦克·哈格、乔治·米歇尔的启示

尽管得克萨斯人为当地著名的自然郊野风光而引以为豪，但是他们还是大胆的邀请了世界上领军的建筑师和规划师改造城市。这点得以体现在休斯敦、达拉斯和沃思堡市（Houston, Dallas and Fort Worth）的城市天际线和文化公共建筑。

得克萨斯人雇用了保罗·菲利普·克瑞和尹恩·麦克哈格来承担宏伟的并有巨大影响力的设计项目。克瑞和麦克哈格都是宾夕法尼亚大学的教授。艺术建筑师克瑞是从法国移民来的，而且在一次世界大战的时候他回到家乡做出了卓越的贡献。麦克哈格作为景观设计师在第二次世界大战期间曾作为二等兵效力于英国军队，战争结束后他经哈弗从苏格兰移民到了宾夕法尼亚。

在1930年，得克萨斯州立大学的董事会委任克瑞为大学做总体规划。克瑞Cret规划的成果帮助塑造了具有大学地标意义的景象—在校园中心集合了19座主体建筑。在20世纪70年代，以麦克哈格为主的包括华莱士、罗伯特以及托德（Wallace, McHarg, Roberts and Todd）的宾夕法尼亚联合公司被雇用设计了北部休斯敦的奥斯汀和林地社区。奥斯汀社区规划影响了随后几年的城市西部郊区建设。林地社区是20世纪70年代在社会和生态领域最具雄心壮志的社区改造项目。而在这些雇用者背后的得克萨斯人也十分的有趣。乔治·费迪亚斯·米歇尔（George Phydias Mitchell），作为林地社区的开发商，是希腊移民父母所生，而且他拥有得克萨斯A&M大学石油勘探工程学学位。他在地质学方面的知识引导他在社区建设时选择了运用麦克哈格自然科学为基础途径的规划方法。

我们可以从克瑞、麦克哈格和米歇尔的创新中得到启示。他们在生态方面具有持久而又高瞻远瞩的战略眼光。他们的设计为可造福得克萨斯的设计和规划发展的备选途径提供了灵感，并为其他地区提供了可借鉴的经验。

第6章
城市限度：
奥斯汀先驱规划

我的工作场所和居住场所位于新晋城市的奥斯汀市区范围内，作为深藏在得克萨斯州的心脏地带的城市，奥斯汀同时还是州首府和精神的代表。这个城市集中体现了得克萨斯为国家的其他部分地区提供的对比和衬托。得克萨斯人将奥斯汀称为"我们的雅典（Athens，相对于学院站，得克萨斯州的斯巴达）"。

自创建以来，奥斯汀比国家的其他地区更自由。大多数得克萨斯人支持奴役制。在众多德国人民的带领下，得克萨斯的中部反对奴役制。这些反对派包括拒绝参加效忠宣誓邦联的山姆·休斯敦，在他的《得克萨斯之旅》中，弗雷德里克·劳·奥姆斯特德描绘了奴役的惨淡景象，并称赞德国居民的另类的经济模式。

奥姆斯特德深刻地描述了奥斯汀位于科罗拉多州左岸的良好位置。倘若奥斯汀不是州首府，它仍然会打动我们，因为它是我们在得克萨斯州见过的最令人愉悦的地方。这让我回忆起了几分华盛顿的味道；华盛顿小得通过一面镜子就能一览无余。当然，现在奥斯汀已经不再是小城市了，而是一个比华盛顿特区更大的城市。

在春季和夏季，北美最大的城市蝙蝠群生活在奥斯汀市中心的一个桥下。以前州长的名字命名的理查兹（Ann W. Richards）国会大道大桥横跨科罗拉多河。这条河为了筑坝防洪和修建城湖而被截流，而后形成了镇湖，后来为了纪念伯德·约翰逊夫人（Lady Bird Johnson），镇湖于2007年更名。3～11月期间，75万到150万的蝙蝠在落日之际大规模地从桥下出动去寻找食物，每天晚上消耗掉1万到3万磅昆虫。这些国会大道的蝙蝠因为为较少城市蚊子的种群数量做出了很多贡献而备受喜爱。另一方面不幸的是，市区也为一种被称为"白头翁"（Quiscalus quiscula）的大型的黑色或紫色的鸟提供了栖息地。在占用市区居住之前，这种嘈杂的生物群被从大学校园中连根铲除掉，接着是复杂的州府。奥斯汀人与珍贵的蝙蝠以及令人厌恶的白头翁共存。

在这个自然和文化背景下，一些城市与绿化设计的创新已经产生于奥斯汀市，比如绿色建筑项目和美丽街道倡议。通过奥斯汀能源这样的城市所属公用资源，建筑商和建筑师利用把节能减排和可持续发展融入他们的住宅，商业和多户家庭的项目而获得奖励。美丽街道倡议提出了一个大胆的设想即利用改善人行道、行道树和运输线而改造城市的质量。奥斯汀理解创新理念的记录形形色色。自1985年开始，绿色建筑方案已取得了相当大的成功并且影响了包括美国绿色建筑委员

图6.1 上部：奥斯汀第二大道、美丽大道被提议的规划和余相。

下部：奥斯汀市中心的306区块的美丽街道的总体规划、第二大道为代表的规划。由Joint Venture with Black + Vernooy and Kinney& Associates所设计

会的LEED项目在内的其他项目。相比之下，美丽街道的实施比较有限，2010年年底已实现的只有几个街区（图6.1）。在许多方面，在一定的时间内解决一个单一的建筑要比经常涉及许多地主和复杂（且昂贵）的城市基础设施的一整块地相对简单一些。

城市是经过不断累积的经过或未经过规划和设计的活动逐渐形成的。意想不到的结果在设计和非规划的活动中波动。两个用了四十余年完成的著名的规划设计，影响了得克萨斯州和奥斯汀市的大学的发展。第一个是作为美术学院在美国最后、最完整的代表作之一产生的。第二个产生于20世纪70年代环保十年的高峰时期，代表了生态规划的一个重要进展。

1933年保罗·克瑞（Paul Cret）为得克萨斯大学校园制定计划。克瑞曾是美国20世纪初到30年代最杰出的建筑师之一。在20世纪上半叶末期，他的名声随着国际风格的兴起一落千丈。在美国，现代主义者们反对学院派艺术的传统，保罗·克瑞则执着于法国学校的标准。

克瑞第一次进入美术学院是在他的家乡城市法国里昂（Lyon, France）。1896年他获得的巴黎奖使他能够进入当时世界最负盛名的建筑学校——巴黎高等艺术学院进修。1903年他来到美国，任教于宾夕法尼亚大学（宾州）。除了第一次世界大战期间在法国军队服务，他一直都留在费城，直到1954年死于工作岗位。在费城，他在任教和指导宾夕法尼亚大学工作室的期间坚持了强烈有力的做法，设计了华盛顿特区的泛美联盟（Pan AmericanUnion in Washington, D.C.）（1907～1917）、印第安纳波利斯公共图书馆（the Indianapolis Public Library）（1917年），以及底特律艺术学院（Detroit Institute of the Arts）（1920～1927）（图6.2）。得克萨斯大学的规划被认为他的职业生涯的高峰。

1976年，麦克哈格和华莱士、罗伯茨和托德（WMRT）等公司的同事们做了奥斯汀

湖场地的规划。麦克哈格是20世纪70年代世界上最杰出的环境规划师和景观设计师。他在家乡苏格兰作为一个景观设计师学者，而后又在第二次世界大战期间担任了英国突击队员。随后，麦克哈格在由沃尔特·格罗皮乌斯（Walter Gropius）和包豪斯（Bauhaus）管理的哈佛大学研究景观建筑与城市规划。

1954年，麦克哈格去了宾夕法尼亚州任教直到2001年逝世。在教学、写作以及主持景观设计与区域规划部门的期间，麦克哈

格（如保罗·克瑞）坚持着有力的基于费城的做法。他的公司华莱士、麦克哈格、罗伯茨和托德，曾负责过多个规划项目，包括明尼苏达州的双子城都市圈（Twin Cities Metropolitan Region of Minnesota）（1969年），丹佛大都会区（Denver metropolitan region）（1971～1972年），得克萨斯州的伍德兰兹（The Woodlands）（1973～1974），以及多伦多滨水区（Toronto waterfront，1976）（图6.3）。

这些由两个费城的移民提出的如何规划

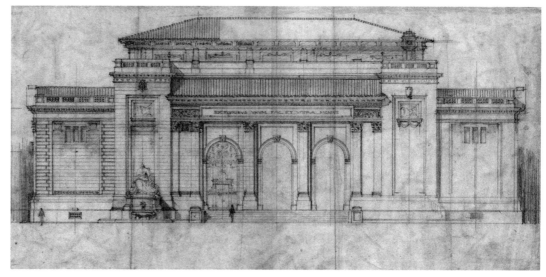

图**6.2** 铅笔画来自1910年保罗·克瑞设计的华盛顿特区泛美联盟大厦。保罗·克瑞设计的建筑与其第一个重要的委员会Alber Kensley相关联。由宾夕法尼亚大学建筑档案资料所提供

图**6.3** 地图显示多伦多港的水资源的有关特点。这张地图中不同来源的综合数据显示了某些应该被考虑到规划和多伦多滨水区设计中的关系（例如污染来源和水污染之间的关系）。原来的海岸线和古老的河流（今覆盖于下水道）如示。地图为1976年由Narendra Juneja和安妮·惠斯顿·斯伯恩为多伦多滨水区中部环境资源报告华莱士，麦克哈格，罗伯茨和托德所编制。资料提供者：安妮·惠斯顿·斯伯恩

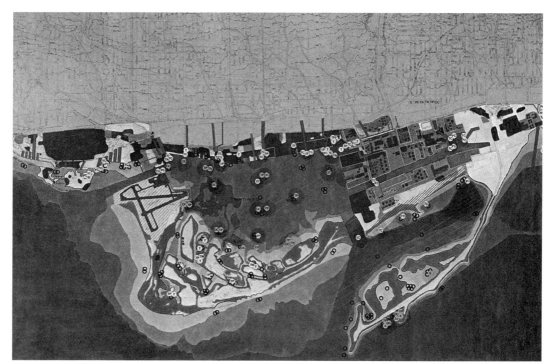

得克萨斯州的奥斯汀市的计划教会了我们关于城市规划的什么基本特征？我们将在一些细节上着眼于每一个规划，然后反映出每一个规划对城市现状更大的意义。

得克萨斯之眼

得克萨斯州人志存高远，并且在很早以前他们就把目光投向一个伟大的州立大学。实际上，州宪法规定大学为"第一课堂"。在州信任土地的石油收益的带动下，一个永久性的大学捐赠基金推动了值得这些期待的实体工厂的建设。保罗·克瑞的规划和随后得克萨斯大学校园的建筑以其他值得注意的作品为先导，包括独出心裁的建筑师卡斯·吉尔伯特（Cass Gilbert）和达拉斯建筑师赫伯特·格林（Herbert Greene）的建筑（图6.4）。但是这所大学所找到的与其自信的进取精神相匹配的建筑师非保罗·克瑞莫属。

1930年3月得克萨斯大学董事会聘请克瑞为顾问建筑师，这个岗位一直保留直至他去世十五年后。除了他的1993年综合发展规划之外，克瑞还参与了19个校园建筑和许多梯田、挡土墙，以及校园内部道路的设计。

克瑞的总体规划附随报告包含了对现有建筑的详细分析和先前的规划（尤其是吉尔伯特的规划）以及场地位置。该计划还提出了一个对未来清晰的展望（图6.5）。他的方案尊重先例及内容的同时绘制了一个大胆而全新的情节。克瑞的作品深深植根于美术学院的设计原则。

除了历史主义立面，一些美术设计师譬如克瑞非常用心的关注建筑物之间的关系。他们组织这些关系来构建实体社区。虽然（据我所知）克瑞从未明确地使用过"生态"这个词，所谓"生态"也就是关注生物（在这种情况下指是一个学术上的生物）之间相互之间以及与环境的关系。

克瑞的规划包含了详尽的精心渲染、水

图6.4 奥斯汀市得克萨斯大学战役馆。由卡斯·吉尔伯特设计。图片来自弗雷德里克·斯坦纳

彩规划图和透视图，以及一份书面报告（图6.6）。他的方案力求实现从维尔纳·黑格曼（Werner Hegemann）和埃尔伯特·皮特斯（Elbert Peets）撰写的关于"民间艺术"的建筑著作中衍生出的"弹性正式计划"。据美国杜兰大学建筑史学家卡罗尔·麦克迈克尔（Carol McMichael）称：

围绕着庭院的建筑组群并将这些组群布置在轴线上形成了一种传统。而弹性的达成依靠现有和预期的建筑的"有机衍伸"以及在校园的中心通过在先前庭院的周围创建二期庭院。整个构图是由"相互关系，平衡和对称"的目标导向的。相互关系对应清晰的弹性；平衡性和对称性对应形式。

克瑞通过参与校园中许多建筑的设计来帮助实现这些设计目标。他大量使用得克萨斯石灰石在那些将学习大厅与这个地区的岩床连接起来的建筑上，克瑞认为此规划是灵活的并且适应性强的，他写道"一个准备就绪的总体规划如今为了重视不断改变的环境必须时不时被修改"。他承认，"做一个有弹性的正式规划绝不是一件容易的事"。

规划还得十分注意场地条件以及校园与奥斯汀市之间的关系。远景、开放空间、

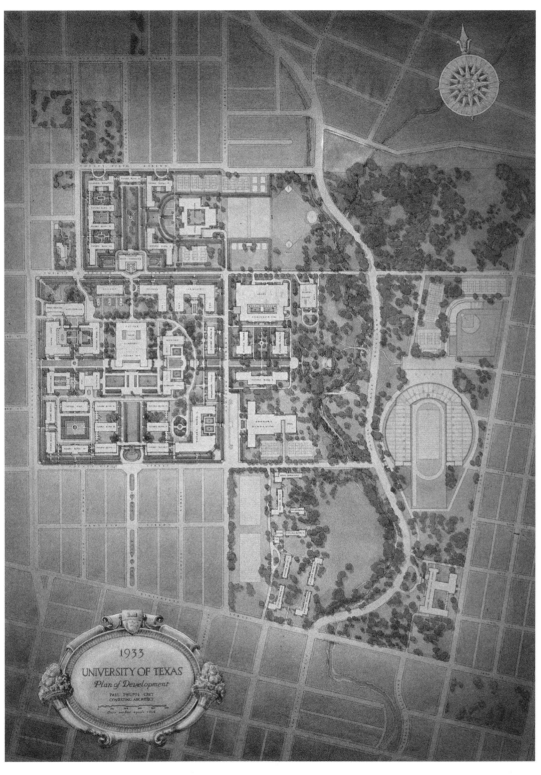

校园中心的东西方向、太阳角度和天气条件、风，以及地形共同影响建筑物和循环系统的安排布置。克瑞使用体格高大的本土生长的橡树作为商场以南、以西以及主建筑东面的框架（图6.8）。大学和奥斯汀市之间的交通流是一个重要的、公认的难题。因为杰弗逊南北、校园东西网格从原来的西南转移到城市的东北网格，正是这使得这种联系更加脆弱。

克瑞将沿着校园东侧流动的沃勒河视作

整个校园连接这个城市的重要途径。关于沃勒河走廊他写道"校园的这个元素可以发展成一个最吸引人的特点，而不会带来高昂的开支。"

克瑞的规划中最值得关注的方面之一是他承认了变化的不可避免，他提出了关注发展的原则。特别是，他认识到运动会是校园变化的重要驱动力。他说"校际体育特别是表演赛会需要非常大量的住宿来供应，这样的未来状况是很大的争议话题。"

大自然的设计

扩大足球场的计划在1969年确实产生了"轩然大波"。这个扩张计划侵占了沃勒河走廊。学生积极分子们包括许多来自建筑学院的学生，收集了他们的树木和推土机，于是奥斯汀环保运动诞生了（图6.9）。由于70年代初期城市的扩建，其领导人发起了"奥斯汀的明天计划"。这一项目的核心成为麦克哈格的奥斯汀湖发展管理计划。虽然有一些来自WMRT的人参与了规划的创作（最值得注意的是迈克尔·克拉克），但它仍然被指定为

"麦克哈格计划"。当地的领导人报告称该团体因为麦克哈格被保留了下来，并且这样规划反映了他的里程碑著作《设计结合自然》中的原则。

1974年，奥斯汀市议会对涵盖了奥斯汀湖及其支流的流域的92平方英里（238平方公里）区域的规划项目授权。规划区域位于当时的市区范围的西部，涵盖了坐落在爱德华兹蓄水层（Edwards Aquifer）以橡树为主的起伏地形上。奥斯汀市一直在不断发展，如今也一样；实际上，自1895年以来它的人口已经每二十年翻一倍了。奥斯汀湖地区显然注定迎来新的发展，同时也具有显著的环保设施（图6.10）。根据麦克哈格和他的

图6.6 1933年保罗·克瑞的得克萨斯大学未来发展的水彩透视图。资料为亚历山大建筑存档，奥斯汀市得克萨斯大学图书馆所提供

图6.7 奥斯汀市得克萨斯大学，得克萨斯工会长牛角的石灰石墙。照片由弗雷德里克·斯坦纳提供

同事们所说"发展以何种方式和在哪里发生会对生命财产和区域性不可替代的自然资源产生深远的影响。未规划和失控的发展带来的后果将会波及不仅仅是生活在奥斯汀湖附近地区的人，还有更多居住在奥斯汀市，以及将会承担环境退化的后果的特拉维斯县（Travis County）这些情况需要采取实际行动去解决。"

这样的想法对于70年代初期的城市和国家是非常新颖的。1972年美国通过清洁水法，国家正处于作为环保十年而为人所知的中间时期。引起势头的事件有1969年国家环境政策法案通过并于1970年元旦由总统尼克松签署成为法律，以及1970年4月第一个地球日和地球周。发表于1969年的《设计与自然》围绕这个行动，奥斯汀的领导人希望把麦克哈格的想法付诸行动。

克瑞的校园规划可能会被解释为隐式应用人类生态学，而麦克哈格和他的同事明确地在管理规划上应用了生态学。克瑞主张了"有机扩张"与"弹性正式规划"，而麦克哈格更加倡导"正式扩张"与"弹性有机规划"。克瑞推广的是建筑和绿地；麦克哈格则推广的是基础设施和绿地。

奥斯汀湖规划包含了发展趋势的详细分析、设施的确定和适应发展的服务、特别注意对未来发展的适应性的自然环境详细目录、保护和开发原则以及公共政策对发展的管理建议。在WMRT规划中，水质得到了广泛的关注，特别是当它涉及爱德华兹蓄水层（Edwards Aquifer）的质量时。

麦克哈格的前提是通过研究自然环境，可以识别正确的发展机遇以及制约因素。制约因素会消除或制约一些土地的利用。这一范围的发展机遇和制约因素对应着规划区的三个领域的拟议：保护，有限的开发和发展。每个领域的规则是基于一个理念——土地利用和开发控制应在数量上尽可能少和尽可能简单，以便公用机构有效率地管理和私人机构的理解。像克瑞一样，WMRT主张弹性即一种以明确的原则为指导的灵活性。

麦克哈格主张"自然区"可以翻译成"规划区域"。因此，他定义了奥斯汀湖的四个区域，分割三个领域（保护、有限的开发、开发）到每个区域（图6.11）。也就是说，在一个地区开发区（例如，奥斯汀湖走廊地区）的准则与其他三个自然地理区域（例如，高原地区、山地区和露台区）有所不同。特定的公共政策被建议用于规划区域，以指导今后的土地利用、空间开放、供水、污水收集和处理，以及公路建设和改进。

　　该计划已经在奥斯汀的都市区中具有不同的持续至今的影响力。包含在规划范围内的部分地区其后注册成立为独立的管辖区（西湖山庄及美国Rollingwood市）。这些城镇采纳了若干发展和保护标准，因此一些管辖区内的城市郊区居民反映了许多麦克哈德的建议。一位前西湖山市议会成员告诉我：WMRT规划和《设计与自然》提供了"几十年的指示灯"他的想法是尽量追求更少。然而，在整个奥斯汀都市区，该规划仍然被用作正在进行的环境规划、发展管理和精明的发展政策的讨论与辩论的基础。

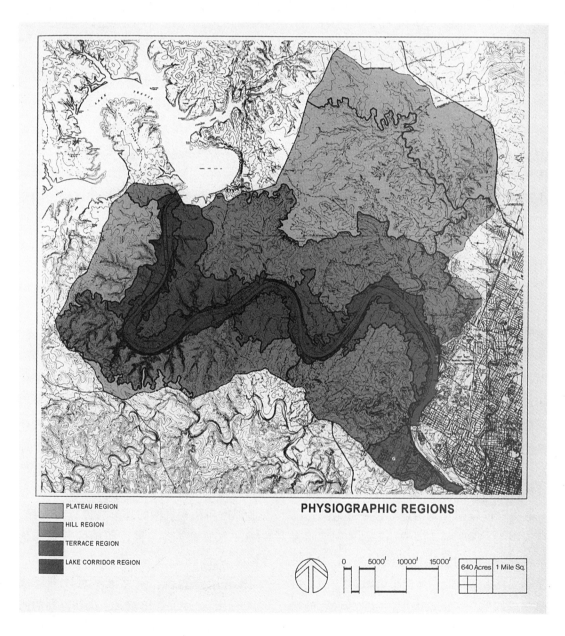

图6.10 中的自然地理区域。1976年由华莱士、麦克哈格、罗伯茨和托德事务所编制。资料由华莱士、罗伯茨与托德提供

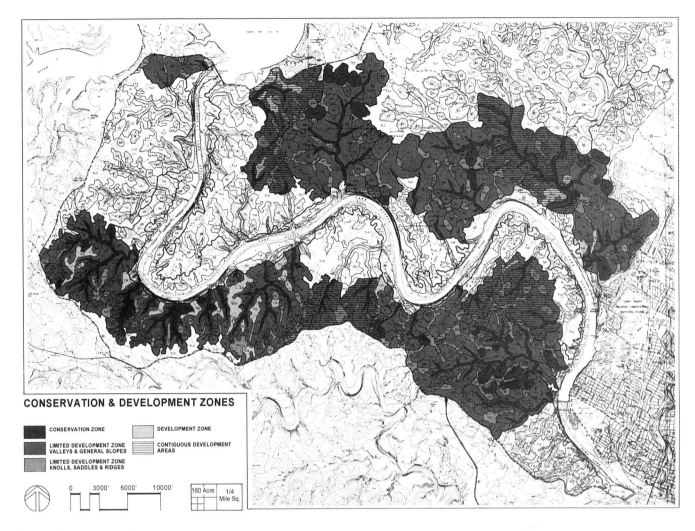

CONSERVATION & DEVELOPMENT ZONES

- CONSERVATION ZONE
- DEVELOPMENT ZONE
- LIMITED DEVELOPMENT ZONE VALLEYS & GENERAL SLOPES
- CONTIGUOUS DEVELOPMENT AREAS
- LIMITED DEVELOPMENT ZONE KNOLLS, SADDLES & RIDGES

0   3000'   6000'   10000'

160 Acre   1/4 Mile Sq.

图6.11《奥斯汀湖发展管理规划》中的保护和开发区。1976年由华莱士、麦克哈格、罗伯茨和托德事务所编制。资料由华莱士、罗伯茨与托德提供

美国现代主义

保罗·克瑞是一个美术设计师。他同时也是一个具有国际经验与关系的现代化且有高素养的人，其后期的建筑清楚的展示了现代建筑国际大会或国际现代运动的影响。麦克哈格在学术现代主义鼎盛时期进入哈佛大学。他坚持以科学智慧的现代主义信念为基础作为决策的指导直到他逝世。不仅如此，他分享了他的导师刘易斯·芒福德（Lewis Mumford）关于国际风格的怀疑论。芒福德看重各种反映了特定的政治与环境条件的城市居住区。他对现代主义的万全之策表示担心。克瑞继续运用美术手段去设计同时尝试现代视觉主题，例如备用表面。麦克哈格在现代

工艺上延续他的方法，而放弃了适合世界各地的单一风格这样的概念。

路易斯·卡恩（Louis Kahn）是克瑞和麦克哈格之间的联系人。卡恩是克瑞最有名的学生，同时他也在克瑞的事务所工作。而卡恩还与麦克哈格是同事、合作者及朋友。在克瑞逝世后，卡恩虽然沉浸在现代主义中但并不能够很好融入现代化队伍。

克瑞在得克萨斯大学工作长达十五年。麦克哈格直接参与奥斯汀规划长达两年，但是他以前的三个学生［奥斯汀·里布瑞琪（Austin Librach）、普林尼·菲斯克、肯特·巴特勒（Kent Butler）］都参与了在奥斯汀的设计和规划工作近三十年。卡恩影响了一代建筑师，其中包括很多继续留在奥斯汀市任

教和实践的建筑师。是什么影响了克瑞、麦克哈格和卡恩对自然所施加的想法、设计与规划？

虽然很多，但其实微乎其微。

在校园核心地区与奥斯汀湖周围的山冈之间是一个崎岖不平的地区。在克瑞的校园规划中，他将这个靠近州首府的残破地段视为显著的城市设计问题。他写道："州府的依据和方法的整个问题对奥斯汀市具有很大的重要性但从来都不是充分研究的课题。由于国家、城市以及大学对这个问题十分感兴趣，因此它被希望交付于有能力的人手中。"

七十年之后，它仍然只是一个愿望。

尽管奥斯汀长期在"最适宜居住"的城市调查中具有高名次，但是它的城市结构大致反映了许多美国其他城市的困境。在从墨西哥到加拿大的途中，35号州际公路将非洲裔和拉丁裔人口与白人划分开。这些分隔反映了经济和民族的隔离。传统上，黑人和西班牙裔彼此在奥斯汀分居南北。

这个城市没有经济适用房，而且公路和街道都存在交通堵塞。想要扩大公路面积的交通工程师使得社区受到了困惑。骑车和卡车在崎岖不平的城市道路上形成冲突。商家的业务在巨型广告牌和公用线路机器上为感官效果而竞争碰撞出花火。电源线穿过高大茂密的橡树林，在它们的冠层上留下痕迹，当城市边缘的郊区在不断延伸时，大片的空地却在城市中心留下一个个斑点。

丘陵、河谷、溪流、科罗拉多河和茂密的植被的自然环境保持得相当的漂亮。更多城市的扩建是在市中心及其附近，一个通勤的铁路线于2010年开始运行，附加的运输也正处于规划当中。

尽管每一天我从保罗·克瑞设计规划的校园建筑中离开办公室的同时也会感受到挑战。在回家的路上，我通过一个标志把我迎接到"爱德华兹蓄水层环境敏感区"。我的石灰石房就在奥斯汀市区范围内，于1980年即华莱士、麦克哈格、罗伯茨和托德对这一领域的规划完成之后的四年建造在活橡树之中。每天夜里，负鼠和它的后代都会光临后院。当我沿着连接到更大的绿道系统慢跑时，经常会发现鹿，有时甚至是一只狐狸。

这便是融入大自然而设计的结果。通过对生态的利用而获得设计灵感，我们能够更好地塑造我们的环境，从而对自然界的机遇和制约因素做出反应。我们可以开始于同自然和谐共处。

7

林地：
新城的生态设计

在看到20世纪60年代郊区的扩张建设的景象后，少数的开发商、建筑师和规划师声称美国人可以做得更好。在新的社区建设中，他们声称，可以建立与自然和谐相处并可以开放给所有种族和不同宗教信仰的人来使用的社区。新的工作地点将离家很近，所有建筑都将是被精心设计的。理想主义是这些策划者的动力，即便当时一些计划的东西还达不到他们的期望或现在看来似乎还很奇怪。他们的这一热情在20世纪60年代新建的弗吉尼亚州的雷斯顿（Reston, Virginia）和马里兰州的哥伦比亚特区（Reston, Virginia, and Columbia, Maryland）（图7.1）的两个社区中得以体现，甚至联邦政府政策的制定者都开始对这一方法产生了兴趣，而且，国会在1970年通过了HUD第七城市成长及新社区开发法案，这一法案保证增加了5000万美元给那些满足新型社区建设和达到环境建设目标的开发商。作为民主权利运动的结果，新社区HUD法案的社会目标强调了机会平等、拒绝种族歧视、关注多元民族文化以及住房机会分配平等化问题。当时因为国家环境政策法案已经刚刚被签署成为法律，因此对新建社区环境影响的重新审视作为当时政府对《环境政策法案》的支持显得极具必要性。

在联邦政府第七法案程序的支持下，13个新建社区最终成为贷款的资助项目。另外3个项目得到了纽约州的相关法案程序的资助。新建项目涵盖了美国的10个州，其中大部分位于密西西比河东侧。其中包括了3个联邦政府资助的社区项目——分别是临近达拉斯的花泥地社区圣安东尼奥的大牧场社区以及临近休斯敦的林地社区。这13个社区都有远大的社会和环境建设目标，但是其各自的关注重点亦有所不同。例如：北卡罗来纳州的项目强调太阳能城市的建设，而纽约的罗斯福兰德社区（RooseveltIsland）更强调非洲裔黑人权益的保证，首创了城中新城的模式。其他的还有像新奥尔良的庞恰特雷恩住区（Pontchartrain）和明尼阿波利斯市（Minneapolis）的雪松河畔住区都和林地社区一样大部分都建在绿地环境中。

HUO法案中的12个新城在贷款问题上出现了违约的情况，而后这些项目破产了。唯一的例外是坐落于距离休斯敦城市蔓延区不远的林地住区项目，即使到了40年后的今天，我们还会质疑：为什么林地住区会是一个例外？

我个人对整个问题的答案很感兴趣。第七法案改变了我的生活，在1971年，我开始为一个俄亥俄代顿市的建筑商唐·胡伯工作。他的家族因建造了莱维顿（Levittown）郊区住区而出名。胡伯本人实验了模块化建筑技术并首创了在非裔美国人社区与教会群体合伙建筑房子。我为他设计了他的住宅项目的宣传图册，并在代顿西北部5000英亩起伏不断的俄亥俄农田里拍下了照片。在这里，胡伯梦想着建造出一个与莱维顿社区以及他家族拥有的"Huber胡伯高地"不同的社区。

唐·胡伯决定继续寻求第七法案的项目拨款，并雇用了一个有着坚忍不拔品质的哈佛大学风景园林学系研究生来领导这一工作。由于我对这5000英亩地十分了解，罗尔巴赫（Rohrbach）指派我作为他的行政管理助手。我的工作之一就是带着客户和工作人员参观这一在远期规划图里被标为新地的项目场地。一批从建筑师协会来的老设计师聚集在了一起，他们有的从剑桥大学来，有的从佐佐木英夫事务所来（Hideo Sasaki），有的从斯图尔特·道森公司（Stuart Dawson）来。当然，也有从马萨诸塞州过来的资深建筑师。另外，环境和发展规划合伙人西蒙斯兄弟公司（The Simonds Brothers）的—约翰和飞利浦也专程从匹斯伯格赶来。从圣路易斯HOK而来的吉·奥巴塔（Gyo Obata）和尼尔·波特菲尔德（Neil Porterfield）也加入团队。而后，欧·杰克·米歇尔（O. Jack Mitchell）和他在休斯敦奥尼普兰（Omniplan）公司工作的同事也加入了进来。一天下午，当我开着我的甲壳虫载着建筑师哈利和本怀斯兜风的时候，在麦田里撞见了一对赤身裸体的披头士。

哈利和怀斯看过以后说："这在芝加哥是见不到的"。

像其他11个项目一样，"新地"项目也因为联邦贷款的违约终止了（多年后大家离开了这片老的麦田，也没有了嬉皮士）。

是什么使得林地住区不同呢？最简洁的回答是乔治·P·米歇尔、伊恩·麦克哈格和休斯敦城。

胡伯是代顿的住宅建筑商，乔治·米歇

图7.1 弗吉尼亚雷斯顿空中鸟瞰。威廉·J·克林和詹姆斯·S·罗森特为开发商罗伯特艾森设计的住区。摄影：詹姆斯·S·罗森特

尔（George Mitchel）是得克萨斯的石油商。他们可以申请的资本水平是差异巨大的。胡伯的目标是崇高的，但是他的经验源于地方住宅建筑，而米歇尔则不拘泥于前沿的发展经验，而是遵循因支持生态规划和设计而出名的著名设计师麦克哈格的领导。并且，20世纪70年代的休斯敦是处于成长期的，而代顿（Dayton）则与之相反。

在20世纪70年代中期，我进入了宾夕法尼亚大学师从麦克哈格进行学习。当时，林地社区的设计正在进行，而且其发展被认定为第七法案系列新的社区中最成功的案例。当时，林地社区经常被吹捧为最能完整体现麦克哈格生态规划理论方法的作品案例。实际上，麦克哈格也在自己《生活的追求与治愈地球》一书中多次提及林地住区项目。直至今日，我们仍然惊讶于该项目的积极影响，并且从当下的角度来看林地住区项目是如此的成功。

康奈尔的安·福赛斯（Ann Forsyth）教授对林地住区做了迄今为止最为彻底的批判性评价，并质疑林地社区能否称为生态郊区。她强调林地社区的确比美国其他的社区要更加绿色自然，但是其最初的交通却远离休斯敦中心区。并且，工作在林地社区内可以解决，实际上该社区更像是一座独立的小城市。今天，我们可以称芝加哥的"草原十字"住区的发展为生态郊区。然而，即使是一个郊区，十字草原社区仍旧能够通过铁路与芝加哥相连。就这一点而言，它与伊利诺伊老的"河畔"郊区非常类似。福赛斯将林地社区的规划分为了5个阶段：从20世纪60年代中叶到70年代，这一阶段具有早期创想；1970～1974年来自于哥伦比亚和马里兰州的规划师对住区进行了生态设计和规划；1975～1983年第七法案开始施行；1983～1997年社区建设期；1997年以后作为米歇尔增长模式时期。来自林地社区运营管理公司的前CEO罗格·加拉塔斯从内部消息中也给出了一个批判性稍弱的类似时间轴。

设计结合自然和金钱

乔治·米歇尔于1919年出生于加尔维斯顿（Galveston），后移民到了希腊。他一生对加尔维斯顿都保有着责任感，帮助保护并重建了一批1900年毁于飓风的历史建筑。米歇尔在得克萨斯A&M大学的石油开采工程专业的地质学方向学习，毕业之后在参加二战时期工程部队前，为斯坦林德石油天然气公司（Stanolind Oil and Gas Company）工作（如今的美国石油公司）。随着战事的发展，他和他的兄弟一道从事石油钻探工作。他们成功的创业经历最终使得他们成立了米歇尔能源发展公司。而后，乔治·米歇尔开始尝试在地产开发领域拓展业务作为多样化能源生意的途径。

1996年，米歇尔从格罗根-柯克仑木材公司购得了位于北休斯敦的5万英亩（20234公顷）土地，其中的2800英亩土地（1133公顷）成了后期27000英亩（10927公顷）新社区的种子启动土地。

大部分第七法案的新社区建设用地在5000～8000英亩之间（2023～3237公顷）。但是，由米歇尔整合的如此昂贵的大面积土地显示了米歇尔的远大志向。米歇尔向休斯敦地区的很多建筑师和规划师咨询了项目相关事宜，并雇用了他们中的一员——在CRS工作的罗伯特·哈慈菲尔德（Robert Hartsfield）。作为一个宾夕法尼亚大学的毕业生，哈慈菲尔德将麦克哈格的设计结合自然介绍给了米歇尔。米歇尔也从在马里兰发展过的詹姆斯·罗斯那里寻求了意见，随后，米歇尔在关键的新城建设中雇用了为罗斯工作过的几个人。安·福赛思在她的著作中，描述了罗斯和米歇尔的相似处。如他们相似的商业理念，以及他们恪守对不同宗教互相融合互相理解的理想化原则，以及由此而产生的相似的新城区。她同时也做了一项重要的区分，在她的书中没有提及的郊区市民重组，哥伦

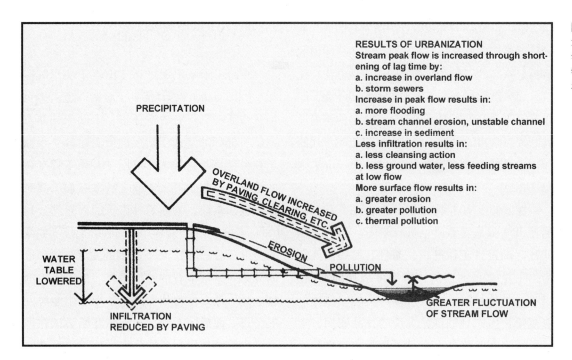

RESULTS OF URBANIZATION
Stream peak flow is increased through short-ening of lag time by:
a. increase in overland flow
b. storm sewers
Increase in peak flow results in:
a. more flooding
b. stream channel erosion, unstable channel
c. increase in sediment
Less infiltration results in:
a. less cleansing action
b. less ground water, less feeding streams at low flow
More surface flow results in:
a. greater erosion
b. greater pollution
c. thermal pollution

PRECIPITATION

OVERLAND FLOW INCREASED BY PAVING, CLEARING, ETC.

EROSION

POLLUTION

WATER TABLE LOWERED

INFILTRATION REDUCED BY PAVING

GREATER FLUCTUATION OF STREAM FLOW

图7.2 林地新社区生态规划设计图，图标展示了由华莱士、麦克哈格、罗伯特以及托德设计的"典型城市化模式"

比亚警察社区设计，以及林地社区中罗斯对社区设计的反应——通过对潜在的社会科学方法的探索去解决城市建筑的问题；另一方面，米歇尔最终将自然科学融入改造中，特别是20世纪60～70年代早期在环境规划和景观设计中运用了生态学的方法。这个改变对于有着地质学背景的米歇尔来说不足为奇。

米歇尔和麦克哈格的第一次见面对他们自身来说都是具有革命性意义的。麦克哈格对米歇尔建议说社区建设最重要的因素是现金，麦克哈格补充写道："上帝喜欢生态规划设计师"，而后米歇尔重申"上帝喜欢能够盈利的生态规划设计师"。

麦克哈格建议在林地社区的建设发展中使用自然排水系统。他在笔记中写道，这样可以帮助降低洪水泛滥的损失。而米歇尔却问："即便自然的下水系统运行了，但是对我而言这意味着什么？"麦克哈格回应道："首先，乔治，这意味着，你将从HUO得到5000完美元；第二，这还将为你节省更多的钱""例如，你不需要再建立一个风暴下水系统。这样，你可以在一期建设中节省4000万美元的资金。"就这样，麦克哈格把一个石油

商变成了一个生态学家。

华莱士、麦克哈格、罗伯特和托德编著了4部意义非凡的系列报告来指导林地社区的规划和设计（如图7.2）。

随着资金和生态理念的到位，米歇尔庞大的顾问团队，包括经济和市场专员格莱斯顿联合体（Gladstone Associates）、总规划师和建筑师威廉·佩雷拉联合体（William Pereira Associates），和工程方面理查德布朗（Richard Browne Associates）联合体一起提出了规划，并且获得了规划许可。1972年4月在林地社区获得了HUD部门的批准后，1750英亩的"格罗根工厂"新村基础设施的建设假定了一个发烧高速建设节奏。新的社区办公室在1974年的9月9日成立。

接下来的20世纪70年代第七法案支持下的社区项目一个一个的接连建设失败了。在同一时期，HUO组织和林地社区的关系变得更加艰难。例如，分歧出现在了财政管理，项目组织、维权运动以及廉价住房方面。除了与HUD的矛盾，米歇尔还面临了其他经济问题的挑战，主要包括阿拉伯的石油禁运以及休斯敦的房地产市场衰退等问题。然而，抛开这些困难

而论，米歇尔的林地社区开发公司在员工和财政的重组以后变得更加的稳健了。

在1983年，第七法案的林地社区项目终止了，并直接影响到了新社区房屋的供给量。（如福赛思所说，绝大部分的联邦政府贴息住房建于1983年之前）这些变化出现在国民经济发展放缓的时期。随之迎来了石油价格的跳水，休斯敦的经济也倍受煎熬。但是不管这些负面因素如何，林地社区的建设在继续着。其中的核心员工如休斯·图尔（Hughes Tool）和阿纳达科石油公司（Anadarko Petroleum）也搬到了林地社区。并且，学校、教堂以及其他的关键设施，如月亮女神米歇尔森林步道（Cynthia Woods Mitchell Pavilion）以及休斯敦前沿研究中心都开放了。林地社区俱乐部带着3堂高尔夫课程的营业开张，也使得人们通过高尔夫联系在了一起。

在1997年，林地社区的人口增加到了5万人。在同一年，米歇尔以543万美元将林地社区公司及其公司所有的全部地产卖给了摩根士丹利-新月联合地产股票公司。2000年的人口普查显示社区的人口达到了55649人。人口的增长持续到了21世纪，罗斯公司（the Rouse Company）作为马里兰州哥伦比亚项目的开发商，使得城市居民对林地社区的兴趣度达到了52.7%。最近，林地社区已经成为休斯敦大城市地区最具人气的住区。该地区的房地产价格也节节攀升成为当地最高地价的项目。

松林地

如此之大的改变发生以后，林地社区的未来会是什么样的？林地社区留下的遗产又会是怎样的？人们提及从丑陋的城市无序扩张区驱车进入林地社区的时候感受到最大的不同就是有一片森林。当地居民每年都会被问到社区中他们最喜欢的是什么？根据乔治米歇尔的调查结果，每年他们的回答都是——这里的森林。根据麦克哈格和他同事的建议，大片的火炬松、橡树、香枫、山核桃、山茱萸、木兰和美国梧桐树被保留了下来。第七法案的规划中，3909英亩土地（1582公顷）被设置为开放空间。最终，27000英亩（10927公顷）社区的开发土地中的8000英亩（3237公顷）土地被开发成为开放空间。这其中包括了公共公园和保留地，以及5个私人所属的高尔夫球场和2个公共高尔夫球场。

在这里住久了的人都知道，大雨和洪泛在休斯敦地区会经常发生。为了减低水灾的负面影响，麦克哈格的策略分为了3步，首先，利用自然化的排水系统控制雨洪，其次，最小化的移出本土植物，第三步，限制使用不透水的地面材料。这一策略被证实十分成功，而且林地社区的居民也因此从未被洪水困扰。

大面积的原生植物和自然廊道的另一个附加优势是提供了野生动物的栖息地。在河道和林地湖泊周围，水鸟、乌龟和小型哺乳动物的生物多样性十分优越。居民也报告说在周围发现了一种适应了栖息地环境的土狼。

1994年麻省理工学院的研究生罗素·克莱夫·克劳斯以回顾评价的方式撰写了关于林地社区生态设计的毕业论文。他运用景观生态学的原则去评价了林地社区项目，并发现其中的漏洞。他声称：以今天的标准来看原设计中的生态性原则是低于标准的，而且即便在当时也不能完全达到保护的目的。而且，他还写到，林地公司在项目规划初级阶段也未能追寻生态视野的工作目标。但是作为一种辩护需要强调的是在1974年林地社区规划正在准备的时候，景观生态规划原则还没有出现。其实，正是麦克哈格整合了各个不同学科并促进了景观生态学的发展。然而，其实克劳斯对开发商关于景观生态规划部分失败的批评是正确的。任何涉及长期和大尺度规划的人都会面对生态可持续发展观念验证过程的挑战。克劳斯的理论提醒我们生态科学和生态设计会不断发展。一些包含了新的生态知识的机制被应用到了正在进行的林地社区的规划和设计当中，并取得了十分

图7.3 得克萨斯林地社区的房屋和开放空间，弗雷德里克·斯坦纳摄影

重大的创新效果。至今，再也没有哪个项目规划如林地社区这样融合了这么多的新兴科学或者设计。

一些小尺度的保护发展项目，诸如伊利诺伊的"十字草原"项目、南卡罗来纳州的迪维斯岛项目已经融入了新的生态知识。另外，在我们第4章提及的美国绿色建筑协会颁布的LEER绿色可持续建筑标准以及可持续设计网站的创立，也从不同程度上促进了新社区规划和设计的生态性提升。

林地社区和社区多样性：融合的成功

现在美国人口普查中被列为"白人"的群众在得克萨斯占有一小部分，相反的，根据2000年的人口普查，87.5%的林地社区的人口是"非西班牙裔白人"。因此，当有人问到20世纪60年代的新城建设中民族多样性是否是一个梦想或者目标的时候，第七法案支持下的HUD林地社区却使之得以贯彻。第七法案前的哥伦比亚项目在民族多样性方面达到了一个较高的水平，这个马里兰的发展项目是位于华盛顿特区中，然而，林地社区是在得克萨斯州，这里在20世纪70年代集合住宅还处于爆炸性的增长之中，因此，如此的民族多样化的社区也更显得来之不易。

林地社区的建设中一个非常重要的方面是乔治·米歇尔似乎是采取了十分真诚的态度去改造民族多样化问题。他在住区层面消除种族歧视的问题上投入了巨大的努力。早些年的时候房屋的价格比后期发展的阶段更具包容性。另外，在1983年撤销对低收入群体房屋支持政策之前，HUD项目更支持对多样化收入群体混合居住的模式,然而政府撤销低收入户型的建设的政策支持这让米歇尔感到十分失望。虽然开发商想营造出非种族歧视的居住环境,但是林地住区的房价从另一方面限制了社区内部民族的多样性程度。尽管业主们可能可以寻求到一个价格会低于10万美元的共同单元,但是房屋起卖售单价超过20万的市场行情还是使得独栋房屋成为林地社区地产买卖的主流市场。格拉塔斯报告显示,林地社区公司近期的房屋没有进入低于休斯敦房屋市场40%售价的售卖区间之内。

米歇尔在鼓励民族多样性方面更加成功。根据福赛思的记述,米歇尔被罗斯带来的多种宗教信仰融合的实验尝试所吸引。米歇尔咨询了天主教、犹太教和新教的宗教领袖,并构建了林地综合宗教社区,而现在这种模式被称为跨宗教社区模式。这个组织在社区中承担了很多社交规划和社交服务的责任,而且现在该组织已经形成了很积极的社会力量。例如,当一个福音派基督徒团体组织第一个"9·11"纪念日时,其中参与的人员就排除了穆斯林和犹太教徒,而林地社区的跨宗教信仰团体就举办了一个更具信仰包容性的活动项目。

见面会模式

40多年来乔治·米歇尔对林地社区倾注了非常多的热情,即便是在他卖掉了这个项目以后,他还是对社区事务付出了很多努力。他不是一个项目爆发赚钱以后马上走人的人。加拉塔斯报告里写到米歇尔说:"我不想卖掉林地社区,而且我为这个伟大的项目而感到自豪。"当卖掉林地社区的时候,米歇尔已经78岁高龄了。他对加拉塔斯说如果1997年的时候他是50岁,他是不会卖掉林地公司的。

得益于米歇尔的领导,林地社区不仅仅是一个郊区的城郊宿舍区。它不仅是一个仅满足乡村生态理想主义建设的案例,更是一个迎合了上层社会品味,为同时代富人提供了新建筑和居民区的完善社区。房屋一直卖得非常的好,甚至包括那些价格在百万美元居高不下的房子。零售场所和高尔夫球场为居民营造了一个富贵的生活圈子。穿林而过的步行道、自行车道成为连接住宅到工作、购物、学校以及娱乐场所的通道。由于紧邻休斯敦机场和45号洲际公路,林地社区吸引了很多商业和工业人士。其实,米歇尔早早就将林地社区定位在了距离机场和洲际公路临近的地方。在建设之初,米歇尔就定位将为社区内部居民提供1/3的劳动岗位。到2004年为止,在林地社区产生了30000个工作岗位,这意味着该社区已经成为很好的就业居住均衡社区。由于拥有离家较近的工作岗位,这样也大大减少了社区内去往休斯敦城区的通勤量。米歇尔起初希望休斯敦能够将林地社区融合入城市规划区域,但是令他失望的是社区的内部居民对此却是持反对的意见。他一直希望未来林地社区能够融入休斯敦城区之中,但是休斯敦政府却于2006年达成一项协议即到2014年之时,林地社区将实现自治。

新的城市规划师已经更新了公众和开发商对新社区的兴趣度。然而,他们更倾向于忽视美国20世纪六七十年代的新社区,并且用之前的城镇规划经验作为后续建设规划的试金石。美国新城市规划师和早期美国新社区建设的规划师之间是有真实的差异的。新城市规划师支持前沿门廊和笔直的城市街道。而林地社区里门廊很少,而且很多路也是弯的。除了在伊丽莎白·普莱特·柴伯克的早期参考文献中被记录以外,新城市规划设计师们对林地社区或者其他20世纪六七十年代建设的美国新社区都关注得很少。新城市规划师首先关注特定的设计美学,其次强调城市的流通和联通性。新城市规划师中少数的领导者甚至公开对环境保护理论提出了反对和质疑(尽管当下可持续设计在环境保护运

图7.4 得克萨斯林地社区分开的步行、慢跑和自行车道路，弗雷德里克·斯坦纳摄影

动后已经成为主流的思想）。大多数新城市规划师完成的规划更像是郊区设计，而非城市设计。相比之下他们是经济发达的富裕阶层而且更注重前沿的审美目标，而不是去关注环境保护或者社区公平问题。

20世纪60到70年代的新住区对环境和社会方面的关心程度是对等的。在当时景观设计比建筑设计更具有优先权。在林地社区中，运输系统是迎合机动车的，但是道路却是根据地形的走势以因地制宜的方法来设计的。步行和自行车道穿过松树林，并且把居住邻里和商业区及办公室区连接起来。设计的标准有效地控制了引导标识，并且将公共设施隐藏在了视线之外。

林地社区在表面上是郊区的，社区内部的建筑非常好。可能是因为这个原因，社区的设计没有太过吸引新城市规划师和更多建筑师们的关注。从这一点上，林地社区可以对比另外两个华莱士（Wallace）、麦克哈格（McHarg）、罗伯茨（Roberts）、托德（Todd）在20世纪70年代早期做的项目——佛罗里达

北部和奥斯汀的艾美利亚岛社区和我住的得克萨斯州的邻居社区。艾美利亚社区在景观和建筑的风格上与林地社区相似，但是近10年的建设却体现出来了新城规划的风格影响。正如我在章节前面所写的奥斯汀住区的发展因循了1976年由华莱士、麦克哈格、罗伯茨、托德提出的奥斯汀湖区发展管理规划的要求。虽然，在我的住区里被保护的是橡树林而不是松树林，但是居住区和零售业结构以及道路的模式都与林地社区像堂兄一般的相似。

展望

所以，我们该如何去精确地评价林地社区40多年的发展呢？在环境保护和经济领域，林地社区可以显示出很多的成功成果。然而，它的社会层面的改革更令人失望一些，因为改革只有民族多样性这一点创新。随着时间发展林地社区变成了社会富裕阶层居住的社区，而且社区更加的私有和排外化。社区的景观已经相当的完善，但是建筑缺乏创新和激情。

但是就是这样产生了梦想。林地社区便是梦想的开端，而且人们可以设想另外一个梦想之地从这里孕育而生。我们可以设想在未来会有新的社区拥有更多的开放空间，更好更完善的景观设计，建筑的设计也将更加的舒适而具有创意。这个社区可以结合现在最新的生态知识和生态科学进行生态规划。这个社区的开发商可以兼具商业的敏锐性和乔治·米歇尔般的毅力。这个社区外部可以连接铁路内部，并且拥有良好的自行车和步行体系。社区里所有的建筑都会是LEED白金级的绿色建筑，而且学校会有窗户，社区同时也会致力于社会平等以及民族的多样性融合。

乔治·米歇尔帮助改变了在得克萨斯的住区的规划设计和发展实践（如图7.5）。正如他所说的，当时我们刚刚开始规划林地住区的时候，还没有什么建筑和景观的天才设计师能在休斯敦修建一座新城。所以这就是我从哥伦比亚雇了10位设计师，并且雇用了他们的同事以及全美国在建筑和景观领域最有天赋的设计师们来为林地社区做设计的原因，这其中就有像麦克哈格先生这样的天才。现在休斯敦已经有了这样具有天赋才能的人了，但是却不可能有机会筹集像林地社区这么大的土地来做新的社区建设了。

我们同样也可以从乔治米歇尔的理想主义实践中得到启发。作为一个成功的石油和天然气商人，他大可没有必要去在建筑社区方面尝试风险。但是他却这么做了，因为他坚信我们可以在环境建设设计上做得更好。当下已经是一个城市化的世纪，我们人类首次拥有超过50%的人口居住在城市里面，我们也需要为改善环境这一理想做出新的承诺。随着我们的星球变得越来越向城市化发展，会有越来越多的人会和我们一起居住在城市里面。随着我们人数的增长，我们将面临有限的或是不断减少的土地资源、水资源以及能源的局面。林地社区是不完美的，但是乔治·米歇尔的愿景说明我们更好的梦想可以成真！未来的大梦想将包括改造已有城区和郊区，而这一梦想的实现要依靠我们对城市生态系统充分的了解。

图7.5 得克萨斯林地社区自然结合的发展模式，弗雷德里克·斯坦纳摄影

第三部分
得克萨斯的都市化危机

虽然得克萨斯的市区快速扩张着，但是得克萨斯人仍坚持着乡村精神特质。这个州的财富源于它的自然资源，著名的有石油、天然气和牧场，还有水资源。得克萨斯拥有丰富的蓄水层，许多河流和宽阔的海岸。人们为了发展而利用这些资源的同时也在侵蚀着它们的自然美。

这里以在沃斯堡和达拉斯的三一河道作为案例。随着圣安东尼奥和奥斯汀将河流资源转变为社区资产，三一河城市段在表面上和化学物质上变得退化。沃斯堡和达拉斯的居民已经开始逆转这个趋势，并把河道转变为城市绿洲。最值得注意的是，著名的西班牙工程师圣地亚哥·卡拉特拉瓦（Santiago Calatrava）设计了3座壮观的跨越达拉斯三一廊道的大桥。

更大的城市化转变带来了多种挑战。在奥斯汀，得克萨斯大学试图招募著名的瑞士建筑师设计新的艺术博物馆。这些工作被两名校董事会成员挫败，他们拒绝现代艺术博物馆设计方案，而更倾向于传统的外观。在随后出现的争议中，学校坚持用一位前卫的景观设计师来设计博物馆的广场。

相反，达拉斯开明的资助者支持两个世界上最重要的当代建筑事务所设计城市艺术区的新场地。此外，一位波特兰的后起之秀改造并扩建了这个区的磁艺高中（arts magnet high school）。虽然建筑很夺目，但这个区域的景观设计很落后。尽管如此，一个场地的设计应最终有助于达拉斯的城市化。

得克萨斯州和其他地方的城市设计师面临的挑战是连接城市和他们区域范围内的其他地方。伯德·约翰逊夫人明白这种困境。她主张利用本土植被作为策略来连接人与他们所在的场地。沿着公路的本土野生花卉和在城市公园的乡土树种巩固了一个地方的固有特色。它们还吸引当地的鸟类和哺乳动物。伯德·约翰逊夫人向我们展示了在都市扩张的时候，我们如何能够留住一个地区的精髓。

第8章

三一河廊道——另外一条"翡翠项链"还是"翡翠扼链"？

8

2002年8月，当我从图森东部飞往达拉斯——沃斯堡地区的时候，西南航空的邻座问我："那是真的草吗？自从10年前我就没有在亚利桑那州半岛看到过落叶乔木。"

事实上，下面的景观在过去的时间已经从棕色变成了绿色，并且越来越多的云聚集在我们周围的空中——一场风暴从海湾向上移动。翠绿的飘带替代了处于炎热的西南地形的沟壑。

这些树枝形状的飘带控制了这个定居点、牧场和一些当初得克萨斯开拓者设计的农场。当我们进入达拉斯-沃斯堡大都市区，水文因素的影响力多少有些下降。不过，水的影响力依然强大。水坝试图抵御或拦住洪水；大型湖泊收集数英亩土地的污水；小池塘多作为对高尔夫玩家的挑战，为郊区居民提供设施，或是农业化遗留的残余物；有的水塔成为景点，作为居住区的地标物。

在这块由多种自然元素拼凑起来的多元化地区，大型河网可见一斑。在控制或被控制力所限制的错觉下，三一河犹如一条绿色动脉，汲取着许多支流的养分（图8.1）。

当我们降落时，我迅速做出一个诊断。伟大的博物学家奥尔多·利奥波德（Aldo Leopold）曾经说过：生态教育的惩罚之一就是更清楚地看到世界的伤口。我看到了三一河的伤口。当一个巨大生态系统的核心从俄克拉荷马附近延伸到墨西哥湾，三一河城市段是"它本体苍白的影子：整齐化且通道化，被防洪堤隔绝的漫滩，被细菌和长期被禁用化学品污染，并且在旱季流淌的只有从污水处理厂处理过的大量污水。"

怎么才能让伤口愈合？问题的答案不仅是恢复河流生态系统的健康，而且还要针对达拉斯-沃斯堡在未来几年作为"主要都市"区域这方面品质的提升。三一河的状况和命运，反映了全国乃至全世界的河流现状。在过去几个世纪里，我们通过"普罗米修斯工程"治理水文来控制人类需要的流域，这个项目带来了太多伤害。通过这个"项目"，自然被视为一个巨大的资源来被人类利用。

其他人也看到了问题所在。许多拯救河道的方案已经被陆续提出来。然而，这些补救得到的却是尖锐的批评。就在2002年8月我乘坐的航班着陆时，两个方面特别例证了这次争论：达拉斯城市三一河廊道项目和美国建筑师学会的"达拉斯三一河五条政策"。

"愿景"的讨论

三一河及其支流穿过得克萨斯州的北部和东部。包括支流，其总长度为710英里

图8.1 三一河流经达拉斯。感谢华莱士·罗伯茨和托德

（1143公里）。三一河的两个主要分支在沃斯堡市中心交汇，然后东流到达拉斯。越过达拉斯，三一河穿过牧场、农场和森林进入加尔维斯顿湾。在达拉斯和沃斯堡的历史中河流早期经常泛滥。对于它的控制对两个城市的发展至关重要。但是对河流在流经沃斯堡和达拉斯区域部分的控制力有所减弱。

达拉斯三一河廊道项目建立在一个长期的计划和建议的基础上，这个过程可以追溯到景观设计师乔治·凯斯勒（George Kessler）于1911年进行的"达拉斯城市规划"，到1972年城市规划行政主管部门提出的"1972施普林格计划"，再到1997年得克萨斯交通部"三一大道主要运输研究"（图8.2）。这些规划和研究提出了公园和公园道路、防洪和水资源管理、堤防建设和堤防扩建、绿带和绿道、开放空间和填充发展，还有一个"镇湖"和湿地。这条河一直是思考的吸引点，并且在1998年，达拉斯的选民们批准一项2.46亿美元

包括改善廊道在内的资金债券计划。当时的达拉斯市长罗恩·柯克（Ron Kirk，后来是总统贝拉克·奥巴马的贸易代表）积极倡导这项计划。这不仅实施了债券计划，并且建立了三一河廊道的项目。

这项计划被视为一个"独特的达拉斯"支持者的吹捧现象的"一个足迹"。鉴于在奥斯汀的镇湖（今伯德夫人之湖）和圣安东尼奥滨河步行道的成功，达拉斯领导人提倡建立一个中央公园，这将增加市民对这座城市的识别度。这个规划于1998年实施，由哈夫事务所（Halff Associate）设计，包括湖泊、游憩设施、门径、设计标砖、足迹路线和"景观"指引（这个规划的作者清楚地把景观视作种植设计，然而不是广泛的意义上的景观设计和规划）。方案融合了一系列"标志桥"的理念，这座桥由圣地亚哥·卡拉特拉瓦（Santiago Calatrava）设计（图8.3）。

与此同时，1998债券计划批准后，一些

兼容的研究和计划开始启动，这些研究和计划内容包括解决更多廊道的具体内容、用一条新的高速公路来缓解从供消遣的镇湖（或许多湖泊）到市区的拥堵。除此之外，这些

辅助工作使卡拉特拉瓦桥的概念更贴近现实。到目前为止，多亏了当地慈善家的慷慨，两座大桥的设计资金已经提高。例如，亨特石油公司（Hunt Petroleum Company）捐献了120

图8.2 得克萨斯，达拉斯市公园和林荫道系统总平面。乔治E. 凯斯勒于1911年绘制，感谢达拉斯市档案馆

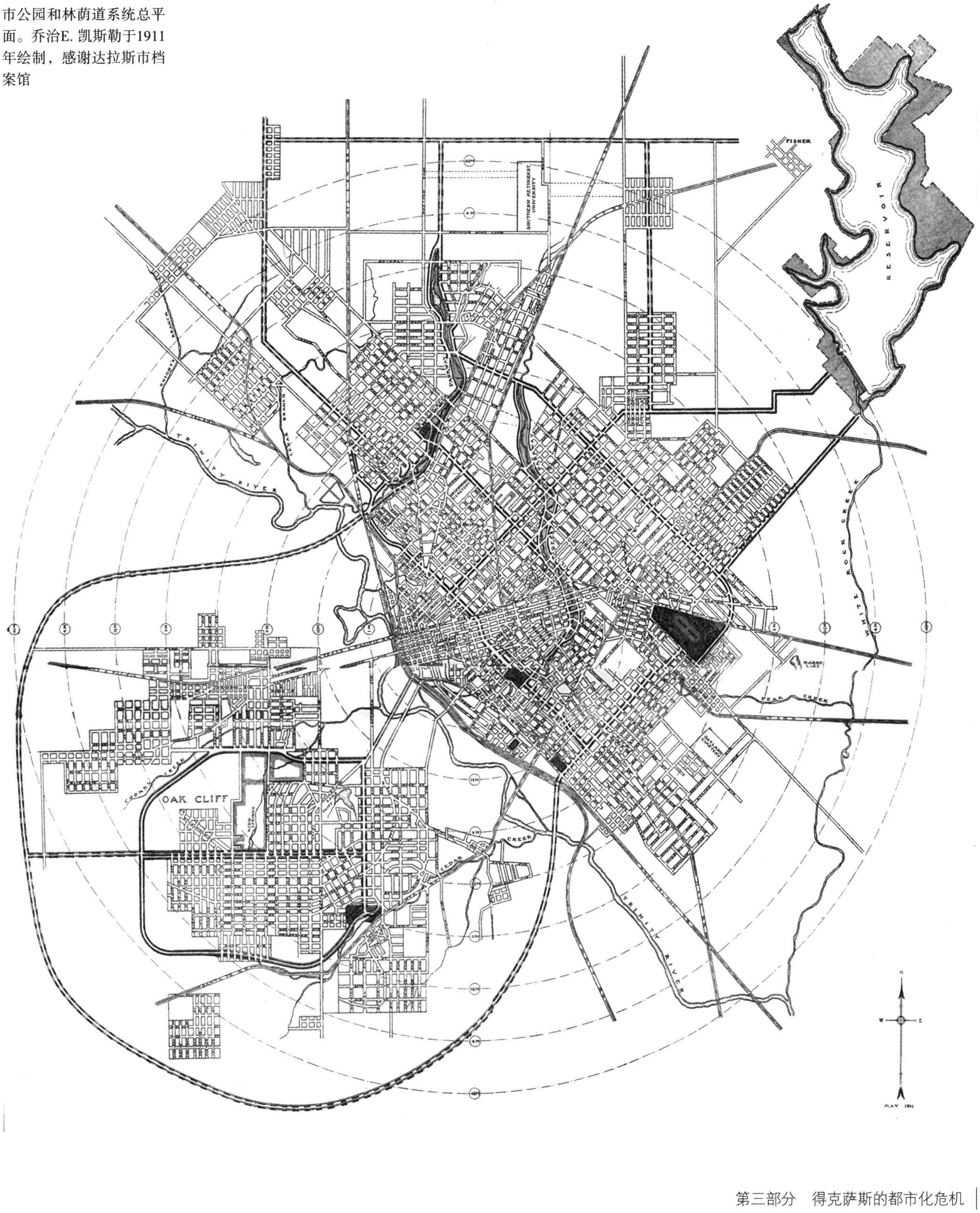

万美元。作为回报，城市授予亨特石油公司这座桥的冠名权，叫作玛格丽特·亨特·希尔大桥（Margaret Hunt Hill Bridge），以此作为对亨特家族族长的纪念。

然而，城市的实施计划激怒了许多达拉斯居民，尤其是那些活跃在当地社区环境的人。其中两个因素饱受批评：一条4～8车道的高速收费公路和不止一个娱乐性质的湖泊。

三一河廊道项目研究了几种高速公路收费的方案。一个选择是遵循三一河在堤坝内，结果是漫滩的大量重构。其他选择是把廊道布置在堤坝外，减少环境对漫滩的影响，但是可能会耗资更多。一些支持者将廊道视为"大道路"，但即使含有"景观"元素，8车道的大车道依旧是主要方向。在堤坝内，平坦的漫滩给将来扩展提供可能性，并且美国的高速公路有种趋势就是很快就会全面性的交通堵塞僵局，所以有呼声要求更多的车道。

针对该湖的主要批评是它们"关闭了通道"。换句话说，这些湖泊会使用替代水源，如中水，而不是三一河的水源。关于这种关闭通道湖水水质是个问题。三一河含有高浓度的氯丹，这一种对人类有毒的农药。然而关闭通道的湖不会解决这个污染问题，而仅仅是避免它。另一种解决方案是清理河道，第一步可能是规划一系列小的湖泊湿地来帮助解决和水质有关的问题。

三一河项目负责人丽贝卡·达格（Rebecca Dugger）发现这个问题不是对牛弹琴，它已经影响了项目进展。达格说："如何处理三一河的问题就像大城市的人口一样繁多而复杂，对水路和陆路作何决定不能没有考虑到我们的合伙人和他们所付出的贡献。"她还说，这个城市必须继续进行这个项目尽管还有关于其他使城市扩张要素的讨论："我们现在必须前进，此时债券基金是可用的，我们的机会仍然是多样的，随着我们进行而改善而开始实施我们的计划。"

作为城市规划讨论结果的回应，美国建筑师协会达拉斯分会组织了一个关于城市设计的8人顾问小组。根据小组成员凯文·斯隆（Kevin Sloan）说，"这个群体试图发出客观、独立的声音。我们就像一个工作室，倾听各种声音，包括支持和反对实施方案。"这个

图8.3 达拉斯三一河，卡拉特拉瓦桥。感谢华莱士·罗伯茨和托德

组织还举办了一个3天的研讨会去讨论实施方案。2002年1月，该组织发表美国建筑师协会《三一河政策》（2001年11月，发布了延迟报告，包括对政策批评在内的内部讨论结果）。另外一份由顾问组写的独立报告——作为官方政策声明的附录部分，略有不同的区别于政策声明。概括地说，这更坚定了城市的实施方案。

总的来说，美国建筑协会达拉斯官方声明支持达拉斯主要关于娱乐、防洪、经济发展和交通的目标。然而，鉴于会"消灭传统的休闲和有意义的方式"，顾问小组批评将收费公路建在堤坝内。此外，小组警告说，收费公路"将成为一个和城市隔离的线性的独立公园。"小组还批评了湖泊的提议，提醒它是"不足以适应娱乐发展的"。

娱乐是一个中心议题，因为它是一个营销策略的主要元素，为了让达拉斯选民支持债券方案。组委会同意环保社区，"分开河道绕过湖泊是人工、不自然的，是与当代想法不一致的。现代的想法是强调设计的低维护和自我可持续环保。"

至于美国建筑师协会达拉斯分会的官方《三一河政策》，首席执行委员会提取关于城市实施规划的评论来表明它的观点，这个观点是城市的努力"缺少一个宏伟的愿景"。顾问小组接受批评进一步说明城市必须在和城市规划师、景观设计师（有设计滨河廊道经验）以及城市经济学家的协商后调整规划。经过对城市的经济评估和研究，该小组说："错误的分散性分析使得项目的经济价值和城市设计部分分离，使得二者不能成为一个连续的整体。"

尽管立场相对中立，美国建筑师协会政策声明和咨询小组的报告，成为批评者的声音，因为他们主张在达拉斯的城市规划中应该考虑到避雷针的存在。一个支持者在达拉斯晨报指出，美国建筑师协会的政策是"不了解河道的人写的。"一个明显的反驳是，实施的计划是由那些不了解城市或生态的人撰写的。斯隆，顾问小组的报告的作者之一，指出当弗雷德里克·劳·奥姆斯特德被任命去解决波士顿后湾区蚊子的问题时，他创造了区域公园系统被称为翡翠项链（Emerald Necklace）。斯隆指出随着城市实施规划，过程逆转了，斯隆并且补充说如果不创建一个整体，那么一个整合的机会被浪费了。他接着指出，该城市的规划将景观视为纯粹的装饰（"绿化"）。相比之下，奥姆斯特德提倡景观设计来展现一个巧妙的自然与文化综合体。斯隆警告说现在实施的计划有可能磨灭剩下三一河的生态活力。

更大计划的可能性

城市的实施计划过程和美国建筑协会达拉斯政策的声明，以及许多其他文件和媒体报道提出了很多问题。这些问题将继续被争议，讨论和研究。例如，如果一条收费公路是必要的，为什么不把它建在东侧堤坝外的已知工业区？或者，可能的话，扩大东侧堤坝；建造两条车道来欣赏河道？或者放在西堤以西（在村镇更贫穷的地方）？为了成功地实现在达拉斯地区快速运输（DART），可否使用三位一体的走廊铁路系统？在堤坝内，为什么不建造相对小型的湖泊和湿地，以此利用自然河道？为什么不仿照乔治·凯斯勒的例子，在20世纪早期高地公园建造令人愉悦的埃克西尔湖（Exall Lake）。

在达拉斯以外，三一河的其他部分被更敏感地处理。在沃斯堡，2002年网关公园（Gateway Park）总平面方案提出特色的滨水市中心（图8.5）。与此同时，北得克萨斯州政府委员会促进了一个关于三一河名为"共同愿景"的项目，它强调安全性、洁净的水、娱乐、自然系统的保护和恢复以及多样性。

在达拉斯20世纪初，人们也希望有一个突出的河道设计方案的实施以促进其恢复。

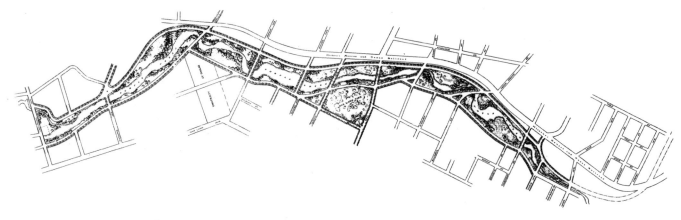

图8.4 得克萨斯州，达拉斯，龟溪大道平面图。来源于"达拉斯城市规划"。乔治E. 凯斯勒于1911年绘制，感谢达拉斯市档案馆

图8.5 沃斯堡三一河愿景项目鸟瞰图。感谢三一河愿景项目组

关注到达拉斯建筑协会呼吁的宏伟愿景，市长劳拉·米勒（Laura Miller）请达拉斯建筑协会、达拉斯人文研究所和达拉斯规划组织（一个成立于1992年的非营利组织）共同组织一个私人部门委员来承接研究三一河的任务。米勒市长打算将研究作为一个城市实施规划的评估来确定其方向或寻找其他方向，并希望研究能产生一个更大的愿景来重塑分裂的社区。市长要求交通规划顾问参与研究回顾交通设想。任务集和了不同领域的委员会，由马萨诸塞州，剑桥的最好的两家公司——陈·克里格（Chan Krieger）工作室和哈格里夫斯工作室挑选。这项研究提出了一个引人注目的愿景：三一河沿岸的公园将获得相当大的公众支持。"三一河平衡的愿景"包含超过2000英亩（809公顷）的河道走廊，包括行洪道、河漫滩，以及相邻的社区和商业区域。

计划解决了之前项目的几个比较担心的问题。取决于车道沿着走廊的位置，之前的堤坝上的收费高速公路从6车道减少到4车道。计划建议将高速公路调整到堤坝顶部使其不再显眼。规划团队还建议抬高堤坝2英尺（0.61m）。不是一个市中心附近的大湖泊，而是两个中型湖泊和更多的湿地。增强的方案将花费1.1亿美元，多于1998年哈夫协会的规划（图8.6和图8.7）。

克里格·哈格里夫斯（Krieger–Hargreaves）的愿景结合5个基本组成部分；

1. 防洪
2. 环境恢复和管理
3. 公园与游憩
4. 交通
5. 社会和经济发展

设计团队认为这5个要素需要"达成一种适当平衡"的结合。

向前一步，向后两步

达拉斯公民代表盖尔·托马斯（Gail Thomas）支持哈格里夫斯的计划。因为它依靠公众参与，并且"平衡愿景"享受到在达

图8.6 三一河廊道改进效果图。由Chan Krieger Sieniewicz，哈格里夫斯事务所和TDA共同提供。感谢哈格里夫斯事务所

图8.7 三一河平衡远景规划中，公园设计与巷道相兼容。由Chan Krieger Sieniewicz，哈格里夫斯事务所和TDA共同提供。感谢Chan Krieger Sieniewicz

拉斯的广泛支持并且在2003年被市议会批准。然而，这个计划虽被米勒市长强烈认同，但他的支持率有所下降。结果是这个城市有一个广受欢迎的规划但是有一个不受欢迎且只任一届的市长。

最终，美国陆军工兵部队（the Army Corps of Engineers）强烈反对将任何部分的收费公路建在堤坝上。他们列举出案例，比如在新奥尔良卡特里娜飓风后市民很难通过堤坝回家。最终商业和社会因利益反对堤坝外的收费公路。新一轮的研究由另一组委托顾问。最合理的妥协由领英公司（HNTB）提出，这是一个知名交通公司。

领英公司的达拉斯分部办公室准备一份堤外的土地利用规划来补充由哈格里夫斯团队提出的公园愿景。领英公司试图重新连接南北达拉斯，建立三一河沿岸经济发展任务，创造一个充满活力的中心城市，建立三一河河漫滩作为城市的"前院"（与哈格里夫斯的建议相似），增强城市的都市感，以此增强城市生活的吸引力。领英公司和美国陆军工兵部队以及得克萨斯州交通部一起

制定了一个想法，就是将有争议的部分收费公路毗邻新填充的堤坝内，这些新填的被用来改善堤坝防洪能力。

眼下这个项目取得了进展。华莱士·罗伯茨（Wallace Roberts）和托德（Todd，慧锐通科技公司职员）带来了在堤坝内建公园的愿景。然后，在达拉斯城市委员会和得克萨斯大学法学院研究生安吉尔·亨特（Angela Hunt）——一位反对米勒市长和在堤坝内建设收费公路的人，采取了民粹主义的口号，"让他们的收费公路从公园出去"，选举变得相当有争议，达拉斯建筑协会反对亨特的提议。正面和反面活动带来了一个选择的挑战：否决票支持计划的实施，同意票停止实施。11月6日，达拉斯选民否决了委员会成员亨特发起的阻止收费公路的提议，结果大规模三一河廊道项目按计划进行。例如，加强洪水控制；有湖泊、园路、散铺场所的滨河公园和绿色空间；保存了市区南部的三一森林；一个马术中心；其他由哈格里夫斯团队设想的休闲设施。我们将有一个项目，是这个国家最大的项目，没有一个公园与其相似。达

图8.8 三一位宅区项目模型。感谢三一河愿景项目组

图8.9 三一河项目中的风力发电机。感谢华莱士·罗伯茨和托德

拉斯市长汤姆·莱博特（Tom Leppert）在选举后的周三宣布。

与此同时，随着达拉斯计划的告罄，沃斯堡方面的进程也停止向前。基于网关公园的规划和北得克萨斯州议会政府共同愿景，沃斯堡的2003年三一河总体规划流经城市附近88英里（142公里）的水道，包括三一住宅区项目（图8.8）。这个项目设想一个镇湖和防洪的溢流槽。费用估计为4.35亿美元，将有联邦政府、市、县和流域地区资助，以及税收增加财政收益。除了防洪，三一住宅区将创建新的公共用地，提供1万居民的住所和16000个工作岗位供企业使用。

三一河项目继续朝着实现两个缓慢前进（在沃斯堡更顺利）。在达拉斯，项目的造价已经上升到超过20亿美元，慧锐通科技公司和西图集团（CH2M HILL）还有其他人继续指导实施计划，现在工程已经完成20

英里（32.2公里）的三一河，大约1万英亩（4047公顷）。最终由美国陆军工程兵团批准的在行洪堤坝内的收费公路放缓了进程。同时，慧锐通科技公司为深化三一河公园设计和提出了一个新的想法——沿着堤坝的风力涡轮机产生能量。WRT的工作有本斯特·奥萨（Ignacio Bunster-Ossa）领导，他以顾问的身份参与了前期失败的规划工作。他罕见的重返计划并且利用二次机会，给它新的生命。奥萨指出，三一河的项目提供了创造城市"绿色基础设施"的机会，并连接了城市自然到更大的区域自然系统，特别是滨河廊道（图8.9）。

达拉斯和沃斯堡的三一河项目所呈现的良好模范作用被人们所关注：一个区域如果面临洪灾，可以用改换环境状况来创造新的游憩、交通和社区发展机遇。而达拉斯项目则很好展现出了这种模式所面临的挑战。

第9章
"羊毛"出在"羊"身上：布兰顿艺术博物馆广场设计

我是因"布兰顿争论"而获得的在奥斯汀的职务。1999年，著名瑞士建筑师赫尔佐格和德梅隆（Herzog & de Meuron）设计了布兰顿艺术博物馆的初稿，这一方案冒犯了两位得克萨斯州大学的校董事会成员（图9.1）。这些校董事们想要红瓦顶，他们想要寻找那种二战前保罗·克瑞（Paul Cret）对校园规划的设计风格。当董事会解雇了这两位建筑师时，建筑学院院长劳伦斯·史派克（Lawrence Speck）递上了辞呈。除了是一位出色的教师和学识丰富的学者，史派克还是得克萨斯州一个大事务所奥斯汀工作室的负责人。他认为建筑是一个公共事业，并评论说："这是每个人的事。"

劳伦斯·史派克（Lawrence Speck）特别关注于建筑表皮领域，这个第6代的得克萨斯州人，为外界结构与可持续设计提出了10个相关因素：

太阳隔热
自然通风
自然光照
与户外的联系
保温和湿度控制
小气候圈
结构效能
材料选择
能源

他的作品中能明确地看出对于这些因素的权衡，例如奥斯汀市政厅两侧的行政委员会（CSC）大楼，都有彩色的石灰石外饰和遮阳棚（图9.2）。这是我在奥斯汀最喜欢的建筑，它们无论是在尺度、材料和对光影的捕捉上都有完美的效果。每当我驾车驶入市中心时，这两座建筑总能给我带来愉快，无论白天还是夜晚。它们十分低调，但却成功地诠释了一个设计师是如何为城市肌理做出贡献的。劳伦斯·史派克的区域现代主义表现出了对得克萨斯州的深刻理解和现代主义的设计方法。

史派克倡导和设计的校园规划影响了赫尔佐格和德梅隆的设计。得克萨斯州大学校友弗雷德·克拉克（Fred Clarke）负责的西萨·佩里（Cesar Pelli）设计事务所以及巴尔莫利（Balmori）设计事务所提供的总设计方案在1999年被校董事会采纳。该方案由对二战后的校园建筑做了广泛参考而得出的。同时，克瑞主要参与设计的战前校园规划也颇受这位老校友和公众的青睐，同时作为布兰顿争论的明显因素——也受到了校董事会的好评。佩里的设计试图营造出一个建筑框架使其更像克瑞风格的建筑，而非20世纪的现代主义。就这一点而言，得克萨斯州的校园也能代表了全国大学建筑的现状。

反对赫尔佐格和德梅隆方案的校董事会用佩里的方案来证明他们的立场。但是包括史派克在内的拥护瑞典设计师方案的人提出这是对佩里方案的误读。设计师并没有摒弃创新的设计，而仅仅是将建筑以更合适的尺度和规格融入到了校园中。赫尔佐格和德梅隆也没有获得改善他们方案以适应佩里方案尺度的机会。

景观设计的营救

布兰顿艺术博物馆在2002年时仍处于设计阶段，这为一些创新性的介入带来了希望。在与赫尔佐格和德梅隆的混战之后，布兰顿的总负责杰西·海特（Jessie Hite）找到了一些艺术设计团体的成员。一位前建筑院院长，哈尔·博克斯（Hal Box）作为克瑞派提供了几条建议，卡尔曼·麦肯奈尔与伍德（Kallmann McKinnell & Wood）事务所的迈克·麦肯奈尔来设计红色瓦顶。我与另外3位建筑院同事与海特讨论了3个小时。基本设计法则很简单——即给予建筑外表一定的敏感度，但我们更关注于功能性的考虑而非建筑的外立面美感。我的同时在内部空间以及展览空间的重要性上都提出了几条有建设性的意见。海特认真的听取了我们的想法并且雇用了五角星事务所（Pentagram）设计展览空间。

卡尔曼·麦肯奈尔与伍德事务所设计了明显优于赫尔佐格和德梅隆的方案。瑞士事务所的方案是一个光滑的、细长的一层建筑。

麦肯奈尔将其方案分开，设计了由两个更高的两层坡屋顶建筑组成的建筑群。两座建筑之间的空间正好为位于南侧的州议会大厦做了景框。这一区域既成为南侧进入校园的重要入口节点，同时又为这一缺少城市化设计的城市增添一个重要的城市空间。

我建议学校雇用一名风景园林设计师来完成（周围）空间的设计，也可以是与一名大地艺术家合作。海特（Hite）立即采用了我的想法，因为除去诸多其他因素，邀请风景园林师或者艺术家参与或许能够为缺少资金筹备的博物馆建设带来一线生机。

机构的副主席帕特·克拉布（Pat Clubb）让我准备一份10个顶级风景园林设计师的名单。布兰顿博物馆馆长安妮特·卡洛兹（Annette Carlozzi）推荐了4位著名的大地艺术家。学校的规划组联系我名单上的10个事务所并要求他们出示一份资格证明。4个事务所被要求进行面谈——哈格里夫斯设计事务所、里德-希尔德布兰德（Reed Hilderbrand），罗伯特·穆拉色（Robert Murase）以及彼得·沃克设计事务所。

我约见了迈克·麦肯奈尔，他也是波士顿野兽派市政厅的联合设计者之一，我们在2003年第一次一起讨论了4个最终选定的设计单位。他用他谦逊和诚恳的态度给我留下了印象。他能理解赫尔佐格和德梅隆设计事务所被解雇之后博物馆设计存在的争议，作为一个有经验的建筑设计师，他也希望能最好的为客户服务。他也能明确的解读出通过建筑广场的城市空间和景观设计可以为整个项目带来整体的提升。

庞大的学校决策者委员会、布兰登的员工以及建筑设计师都来参与风景园林设计师的选择。乔治·哈格里夫斯（George Hargreaves）和玛丽·玛格丽特·琼斯（Mary Margaret Jones）首先被面谈，向大家展示了令人震撼的作品以及丰富的与学校、艺术家和建筑师合作的经验。琼斯毕业于得克萨斯州农工大学（Texas A&M University），但是曾经在得克萨斯州大学杰斯特楼（Jester Hall）中度过了她的第一学年——就在布兰顿建设场地的对面。她以学生时代周全的视角获得相当一部分委员会成员的支持。哈格里夫斯为辛辛那提大学（the University of the Cincinnati）做的校园设计曾经轰动一时（图9.3）。他强

图9.3 辛辛那提大学校园景观一角，哈格里夫斯设计事务所设计。约翰·格林斯（John Gollings）及哈格里夫斯设计事务所拍摄。哈格里夫斯设计事务所提供

调在校园规划中，"大学的领导力是十分必要的"，同时将学校设计成为十分引人注目的环境是一个风景园林师应尽的责任。

道格·里德和盖瑞·希尔德布兰德的方案同样打动了委员会。他们坦白地承认被"这样的尺度所震惊"。迈克·麦肯奈尔（Michael McKinnell）十分喜欢他们的方案，并且宣称如果他们这次没有合作完成布兰顿这个项目，卡尔曼·麦肯奈尔与伍德事务所一定会在最近的项目中与他们合作的。

里德-希尔德布兰德的主要作品集中在东北部，罗伯特·穆拉色（Robert Murase）则主要集中在太平洋西北地区。作为风景园林设计师及雕塑师，他为布兰顿工作人员带来一个挑战——当他们已经有维托·阿肯锡（Vito Acconci）、杰克·弗雷拉（Jackie Ferrara）、陈貌仁（Mel Chin）以及瓦勒斯卡·苏亚雷斯（Valeska Soares）这4个艺术家入选时，他们担心穆拉色可能会和这些艺术家竞争这个项目。

另一方面，彼得·沃克设计事务所十分彻底地研究了4位入选的艺术家并且对于每一位的适用性都做了深刻的评论。沃克在瑞士有个客户并且无法重新安排见面，所以他巧妙地让道格·芬德利（Doug Findlay，事务所的负责人）和莎拉·屈尔（Sarah Kuehl）来代表他进行面谈。布兰顿方面对沃克的达拉斯纳西尔雕塑中心项目十分青睐，然而建筑设计师迈克·麦肯奈尔和马克·德修（Mark DeShong）却因为与沃克曾经的合作经历而对他没有正面的评价。

我认为这对于风景园林师来说是胜利的一天。道格·芬德利提到："一个校园永远都是未完成的。"无论谁获得了布兰顿项目，我认为4家事务所都让学校领导层认识到风景园林设计的重要性，并且在未来还有很多这样的项目需要做。

委员会推举了彼得·沃克设计事务所，他们又转而选择了陈貌仁作为环境艺术师。

在接下来的一个月里，学校正准备为沃克的加入大肆宣传一番，却得知被沃克被选为一个纽约市的项目的中标者这一新闻抢了风头。不得已，学校报社只得推迟了聘用沃克事务所设计布兰顿广场的新闻——因为在2004年的第一周，他和建筑师迈克·艾拉德（Michael Arad）被选为完成设计建造纽约世贸中心纪念遗址公园。

一月下旬，沃克和陈貌仁，以及沃克事务所的道格·芬德利和莎拉·屈尔开始着手于布兰顿广场的设计。约翰逊公共事务学院（LBJ School of Public Affairs）的地下室内挤满了建筑师、博物馆工作人员和学校官员。

迈克·麦肯奈尔指出："是周围的建筑创造了广场空间。"

我提出广场应该成为步行进入校园的一个重要入口。

"入口应该是富于戏剧性的，"沃克复议道，"广场应给予逐渐随性的学生团体对正式、正规的认识。"

总体上，沃克鼓励这只复合的队伍并且为他们指明了广场的一个雄心勃勃设计方向。2004年2月10日，他和陈貌仁为项目设计师和学校管理者陈述了对于布兰顿广场项目的设计意向。沃克设计了一个公园一样的空间，这与麦肯奈尔最初的单纯广场空间设计不同。他提出用100棵成熟厚叶榆排成20英尺（6米）行列，为南侧的州议会大厦营造一个戏剧性的视角。陈貌仁则提出这个公园空间应该注重与该区域内自然和社会的呼应。沃克还提出，校园应该是"学生们生活的最后理想园地。"所以，校园应该为人们创造深刻的记忆。

"我一直喜欢运用大地和土的元素，"陈貌仁说，"因为我就来自得克萨斯州，与一个场所产生联系可以借用艺术的手法。"

沃克和陈貌仁向大家阐述了得克萨斯州中部地区的人文和自然风貌是如何展现在他们的设计之中。帕特·克拉布则表达了他的

图9.4 拉里—玛丽安·福克纳广场，布兰顿艺术博物馆。彼得·沃克景观设计事务所设计。弗雷德里克·斯坦纳拍摄

几个关注点。首先，得克萨斯大学奥斯汀校区是一个国际化的教育机构。因此，区域性的设计机构可能会被认为过于当地化。另外，陈貌仁的方案将公园中找到的天然艺术元素融入，创造出的艺术基底的做法是一种思维的延伸。她认为陈方案中"会说话的石头"这一设计理念表达了天然的艺术品这一象征。

我反对与地域相脱离的观点，并阐明风景园林艺术应该是依靠地域自然条件的限定而存在的。况且，学校也属于这里。天然的艺术品和会说话的石头也没能说服我，校领导则决定不采纳陈貌仁的设计方案，但是决定实施沃克的方案（图9.4）。

平衡的举措

作为院长，我经常同时参与诸多个项目。在沃克和陈貌仁陈述方案的第二天，我

和迈克·加里森（Michael Garrison）与一些社区活跃分子参与到由迈克·麦卡特（Mack McCarter）组织的什里夫波特—博西尔（Shreveport-Bossier）社区重建项目中。像布兰顿项目一样，什里夫波特当地组织参与并将项目变成了一项巨大的挑战。什里夫波特的领导们制定了一套理想化的议程表，以期通过他们的关怀努力从而塑造出强大的社区。他们保留了市区16层高的什里夫波特石油大厦，并希望将它转化成一个石油工业的历史标志物，成为社区重建项目中的国际中心。迈克·加里森开设了一个研究课程，探究如何将汽油塔改造成一个绿色设计的典范——例如如何利用太阳能板、如何有效利用其外部照明以及塔内废水的循环利用等（图9.5）。麦卡特计划将塔改造成一个26万平方英尺的大楼（约24155平方米），一旦完成后它将成为西部最大的零耗能源建筑。

迈克·麦卡特授任担当牧师职位，当他望向他那群白人同事时他意识到应该摒弃传统的布道，他说："为了改变这个世界我做得还不够。"麦卡特回到了他的故乡什里夫波特，加入了美国非裔圣团，并且着手于改变这个受到严重经济下滑影响的城市。什里夫波特建立于1836年，位于红河岸边，是进入得克萨斯州中部及墨西哥的要道所在之处。1906年，什里夫波特发现石油，这里很快就成为标准石油公司总部。自20世纪40年后期至50年代，路易斯安那大篷车广播节目播出——创始于什里夫波特市政礼堂——帮助推动了一些音乐方面的就业。20世纪80年代，随着石油天然气市场的不断下滑，什里夫波特市依次经历了经济衰退和人口流失。麦卡特吸引了一批富有理想主义的律师、牙医、职业高尔夫球手、建筑师以及其他各行各业的人，来帮助他完成改进什里夫波特和临近的博西尔地区贫困社区的计划。2001～2007年，在罗伯特·伍德·强森基金会260万美元的资助下，他们开展了什里夫波特—博西尔社区重建项目。随后，麦卡特说服前总统比尔·克林顿加入这一项目，并将组织的名称改为国际社区重建项目。

麦卡特发起了3项倡导举措。第一项是通过关爱和可见度来建立社区的联系。他的"我们在关爱小队"实施了"随机关爱行动"。1万多居住在什里夫波特和临近的博西尔地区的人都自豪地带上了"我们在关爱"的徽章。

第二，麦卡特在贫困的社区内建立了避风港中心，其目的是在街区之间建立友谊和安全的避难所。第三项举措是建立了一系列的友谊家庭，麦卡特将其称为"ICUS"或者是内部互助团体。麦卡特希望这些避风港和友谊之家能够在他的管辖区域内重塑社会资本。

布兰顿广场的延伸

2004年3月，几位学校领导和我一起会见

了彼得·沃克和他的两位同事，探讨关于重新设计"速度"林荫大道——一条横穿校园的南北向主路的事宜。布兰顿博物馆正好位于大道的南端，这使得将大道转换为横穿校园的林荫步行大道成为可能。因而，校园东侧的林荫道部分也能得以更新。

沃克，道格·芬德利和莎拉·屈尔阐述了现状的铺装、树木、坡地及行人的行为活动（图9.6）。当时，大道2/3的部分是铺装，剩余的1/3是植物。沃克则建议将这一比例反过来，他提出了一个新的校园景观语汇的想法。沃克提到，因为校园内的建筑物的风格、尺度各不相同，那么就应该运用景观将其融合成一体。林荫道沿线的几个小型广场则被

图9.5 石油大厦，什里夫波特，路易斯安那州，设计目标是成为路易斯安那州第一个铂金奖绿色认证的建筑，模型制作由乔尔·诺兰和约翰保罗·迈克戴维斯提供

图9.6 速度大道和东林荫大道设计项目，由彼得·沃克设计事务所设计，感谢彼得·沃克设计事务所设计提供的图片

设计成露天聚会和用餐的场所。

设计中最富有挑战性的一项是在大道中设计可以贯穿学校的货车及自行车道。沃克着重强调了这些问题，同时也强调了维护性、照明及植物配置。这条林荫大道未来将成为横穿校园的步行脊柱和绿色新干线。

他为充满热情的学校领导们介绍了布兰顿广场、速度大道及东林荫大道的设计方案。校长拉里·福克纳（Larry Faulkner）和副校长帕特·克拉布（Pat Clubb）都对将校园转化成一个更加绿色的避风港这一想法表示了强烈的支持。来自纽黑文的弗雷德·克拉克（Fred Clarke）也对这一想法表示赞成，并将其视为对于佩里规划方案的一个积极的实施。

在奥斯汀校区进行"速度"林荫道项目的同时，沃克为学院的学生做了一次演讲，演讲题目是关于极简主义在风景园林设计中的运用。他总结了他年轻时期与佐佐木英夫合作的早期作品以及他长期对于现代艺术的热爱。在20世纪70年代中期，沃克开始坐立于拓展极简主义以及后极简主义在风景园林设计中应用之道。在随后的20年中，这一研究工作逐渐扩大规模并形成系统。他发现他的工作是"与自然秩序的东西相对抗的"，并且他认为应该"以最简单的方式来界定空间。"

"你们如何表达平淡？"沃克问学生。"平淡在室外空间内是很难达到的效果，但是确实对于塑造'抽象的自然性是'不可或缺的元素"，沃克谈到。他借用之前对于极简主义的探索来解释他与迈克·艾拉德在世界贸易中心遗址纪念公园项目的合作——"对于缺失的反映"。沃克在演讲中时常提到他在日本的项目，在日本文化中特别注意庭院的设计以及极简主义的设计手法。

沃克为新布兰顿艺术博物馆设计的广场方案被欣然接受。快速大道和东林荫道在彼得·沃克和他同事们的设计下也蜕变成了学校重要的步行走廊。在布兰顿开幕后不久，我与沃克及上任法律系主任现任校长比尔·鲍尔斯（Bill Powers）一同参观广场。从这里通过沃克创造的树阵回望至州议会大厦，我向比尔·鲍尔斯介绍了奥斯汀的路网从这里开始转化成了正南正北方向，并且介绍了布兰顿广场是如何建立在这样的布局之上的。

"所以这就是你们景观设计师所做的事"，鲍尔斯校长说到。

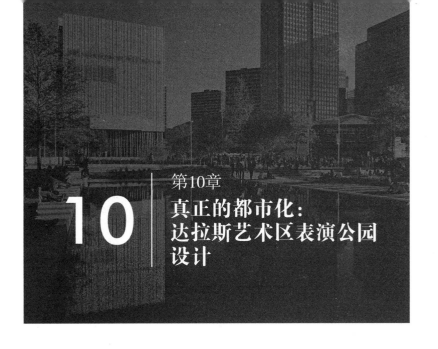

第10章
真正的都市化：
达拉斯艺术区表演公园
设计

10

达拉斯艺术区中心计划是我在2004年到2007年期间从事参与的，它提出了一个挑战，即平衡两位强大的建筑师——罗德·诺曼·福斯特与雷姆·库哈斯——自我与愿景。在设计过程的早期，达拉斯的公民领袖狄笛·罗斯建议让一个场地设计师参与设计。他说建筑师对于这个想法表示很吃惊并自愿承担场地设计的工作。他们的确确定了建筑的位置，但罗斯和其他人继续为了风景园林师加入工作团队而施压。每位建筑师各推荐了一位美国风景园林师，并进行了面试。但是两个建筑师都不同意另一个的选择。因此场地设计委员会要求他们共同选择一个他们都可以认可的人选，他们选择了法国风景园林师迈克·德维涅。对于非常重视并完成达拉斯项目的彼得·沃克和哈格里夫斯事务所显然是个不幸的选择，当然也包括SWA在的当地办公室、本土公司MESA。幸运的是，达拉斯表演艺术中心聘用一位有能力并非常了解达拉斯的设计师，JJR负责人德布·米歇尔（Deb Mitchell）作为风景园林师与德维涅共同工作。

福斯特与库哈斯的大都市建筑事务所（OMA）在高调地搜索来建造一个新的达拉斯表演艺术中心之后，接到了他们的任务。中心位于艺术区内，它的总平面图是中田秀夫佐佐木（Hideo Sasaki）在1982年规划的。达拉斯建筑师邓肯·富尔顿（Duncan Fulton）说："佐佐木规划方案的天才之处在于它愿景的明晰"，同时把焦点放在将弗洛拉街作为"首要的组织要素"。以在西部的由伦左·皮艾诺（Renzo Piano）和沃克设计的达拉斯艺术博物馆及纳什雕塑家中心和由贝聿铭1989年在本区域主街——弗洛拉街旁设计莫顿梅尔森交响乐中心为例（图10.1）。纳什无论从建筑或是风景园林的角度来评价都是杰作（图10.2）。另一方面，梅尔森被达拉斯早报建筑评论家大卫·狄龙（David Dillon）称为是一个"混合体，一件不仅仅被接受更应被欣赏的雕塑"在东部，一座新的表演与视觉艺术磁铁学校建立了起来，作为历史上著名的布克-T-华盛顿中学的补充。来着俄勒冈州波特兰的Allied Works建筑事务所的建筑师布拉德·克洛普菲尔（Brad Cloepfil），创造出了既能营造生动的新空间又能修复雄伟的旧建筑能够启发灵感的艺术学校。最后的建筑物，被非正式地称为"第三大道"，官方称之为达拉斯城市表演厅，就建造在这个区域，为了设计表演厅，达拉斯市挑选了SOM事务所，相比福斯特和OMA是不太冒险的选择，但也失去了一个能够雇佣重要得克萨斯州建筑师的机会。达拉斯城市表演厅通过2006年的债权计划集资。

图10.1 纳什雕塑家中心，达拉斯，设计：伦左·皮艾诺设计工作室、彼得·沃克及其合伙人景观事务所，彼得·沃克及其合伙人景观事务所提供

图10.2 达拉斯艺术区鸟瞰，摄影：Lwan Baan，达拉斯表演艺术中心提供

图10.3 温斯皮尔歌剧院，设计：福斯特及其合伙人，拍摄：Nigel Young/福斯特及其合伙人

位于750个座位的表演厅下面的停车场结构于2008年开始建设。表演厅计划于2012年对公众开放。

罗德·诺曼·福斯特设计的温斯皮尔歌剧院提供了欣赏达拉斯歌剧院、得克萨斯州芭蕾舞剧院、百老汇作品巡回演出的2200个座位。外观看来，剧院建筑是一个有着超大外壳的红鼓，为了所谓的环境效益。福斯特的团队曾经在香港的一个项目中提出类似的外观设计的想法，但是没有得到充满热情的反响。香港和达拉斯的气候差别印证了关于外壳所在环境的怀疑论，这更像是不考虑气候和文化的从一个大洲搬到另一个大洲的行为。我喜欢红色大鼓的设计，张扬的表现力非常适合达拉斯。

雷姆·库哈斯和他在OMA的同事设计了威利剧院，位于弗洛拉街与温斯皮尔歌剧院相对。设计由OMA的书亚·普林斯·雷默思（Joshua Prince-Ramus）而不是库哈斯进行主导。至少普林斯·雷默思（Prince-Ramus）在达拉斯出现的频率比库哈斯要高。此后，斯宾塞·德·格雷（Spencer de Grey）也代替福斯特接管了温斯皮尔歌剧院的设计工作。然而他与福斯特仍然保持合作但是普林斯·雷默思在设计程序中途脱离了OMA，导致了达拉斯赞助方出现恐慌。

OMA设计的威利剧院有600个座位。12层的立方体建筑承载了不同的表演艺术团体，如达拉斯歌剧中心、达拉斯黑人舞蹈中心、安妮塔·N·马丁内兹民俗芭蕾舞团。雷姆·库哈斯和普林斯·雷默思在建筑设计时强调垂直性和透明度，他们将具有表演空间的大厅置于地坪高度的第四层，这样在街道上就可以看到。狄笛·罗斯和其他人发现这种大厅布局方式很尴尬。OMA事务所通过创造两个地平面作为回应，表演空降置于街道高程，大厅通过广场塑造连接到地面。凹陷的广场对于场地设计来说是个很大的挑战，包括无障碍设施和消防通道设计、微气候改良以及植物生长。最终，令人印象深刻并有点不可思议的户外空间被创造出来。

图10.4 威利剧院，设计：REX/OMA，摄影：by Ken Cobb，JJR, LLC提供

图10.5 伊莲D.和查尔斯A.的萨蒙斯公园，设计：米歇尔·德维涅和JJR，JJR、LLC以及AT&T演艺中心提供

福斯特和OMA的建筑成为2.75亿美元的达拉斯表演艺术中心的"浮华的核心"（图10.3与图10.4）。温斯皮尔歌剧院和威利剧院遵循了梅尔森交响乐中心建立的模式，不仅仅是像纳什雕塑家中心那样作为建筑风格与风景园林之间完美的连接，更是被仰慕的艺术品。不过它们都是富于创造力的艺术品。相反，景观的设计显得更加模糊不清。德维涅按照自己的意图提出设计概念来解构美国的网格布局（图10.5）。

很清楚的是，这个场地的规划方案构成了挑战，同时德维涅对这个地块的特殊性不感兴趣，2004年达拉斯两个主要的艺术赞助人，狄笛·罗斯和霍华德·雅科夫斯基（Howard Rachofsky），邀请我参与到这个项目中。

2005年10月，我与霍华德·雅科夫斯基，道格柯蒂斯的达拉斯表演艺术中心的德布·米歇尔，和巴黎德维涅景观的巴斯·斯梅茨碰面。前对冲基金经理雅科夫斯基穿着意大利石灰绿西装和亮白色的设计师T恤。我们回顾了达拉斯表演艺术主要方案设计。我对仍未解决的排水，物料和植物的细节表示关心。项目进展缓慢，但斯梅茨已经开放征集建议并对项目做出承诺。更多的进展是必要的，因为项目的突破性进展仅出现在早期的几个月。

我乘坐了2006年1月某个早上6：30的航班前往达拉斯，参加达拉斯表演艺术中心的设计工作室。这次研讨会在Good Fulton &Farrell事务所的办公室举办，罗斯、雅科夫斯基和达拉斯多人参加。此次研讨会的重点是迈克·德维涅最新的设计方案，由巴黎的贾斯汀·米尔森（Justin Miething）作为代表。其他一些参与设计师包括：JJR事务所的德布·米切尔（记录的风景园林师），诺尔福斯特及其合伙人事务所的斯宾塞·德·格雷（温斯皮尔歌剧院的建筑师），OMA事务所的书亚·普林斯·雷默思（威利剧院的建筑师），水景设计公司的克莱尔·卡恩（喷泉设计师），和谷德富尔顿事务所的邓肯富尔顿（为地下车库和记录安妮特施特劳斯艺术广场的建筑师）。虽然灯光和喷泉的设计是富有想象力的，但是由米歇尔·德维涅主创的景观设计，似乎已经消退。年轻有魅力的米切尔是小组的新成员，不太讲英文。巴斯·斯梅茨的能量与乐观消失了。德维涅解构美国网格布局的设计显得肤现浅和可悲的模糊，然而，OMA和福斯特的建筑概念的深度和细节更加超前。

施工已经开始。理想的情况下，场地的设计应该适应于其他元素。在这种情况下，方案将在最后产生，这就限制了它的可能性。

虽然达拉斯表演艺术中心方案到2006年4月终于有了一些进展，但我感觉相当多的问题仍然没有被解决。我敦促我达拉斯的朋友们要求巴黎咨询公司提供更多的具体设计方案和对场地设计有用的单独的内容。

评论家大卫·狄龙（David Dillon）以相当的洞察力和详细内容为达拉斯日报道了艺术区设计过程。在2005年，他注意到演艺公园，作为被命名开放的地区，是"将各种建筑碎片拼在一起的粘合剂。"但是，他继续说，"德维涅的梦幻想法……几乎和得克萨斯州达拉斯市没有关系。"

2006年9月14日，星期四，狄龙发表了介绍艺术区公园设计的一篇文章。他写道："为了这个市中心的艺术区的新公园，达拉斯已经等了近3年……然而，公园更像有着水障碍，微小的球道的一个小型高尔夫球场而不是大的城市空间，除了没有放置旗帜的引脚。"狄龙抨击法国景观设计师米歇尔·德维涅缺乏对达拉斯的尊重，景观设计没有达到诺曼·福斯特和OMA设计的表演艺术建筑中心的景观的水平。他称赞说场地设计的一些功能方面和正确地将"几乎所有重大的生产工作"归功于JJR。

2006年11月，场地规划委员会举行了一天的概念反思并探讨狄龙的建议（在他的严厉的"迷你高尔夫"的批判被邀请加入）和建筑师/风景园林师凯文·斯隆。我们特别关注如何将景观与建筑元素如在歌剧院旁福斯特的巨大的树冠和OMA的剧院前的勺相关。在后来的过程中，我们建立了一套九条指导原则指导场地的修改和设计完成：

1．创建地平面与冠层的空间关系。
2．建立强大的空间的边缘和连接。
3．简化地平面，来创造设计的一致性。
4．安排元素以呼应三个主要冠层。
5．在顶盖以外的区域安置比较大的树。
6．增加绿色覆盖面。
7．使用水作为贯穿弗洛拉街的连接。
8．不断明确和细化网格。
9．减少与建筑的竞争。

本章是我写的最困难的，甚至是痛苦的。在显著的情况下，慷慨的人把他们的时间财富去做对的事情。然而，我们失败了。进入设计的过程中，我不是福斯特和OMA的崇拜者。然而，这些建筑都是热情甚至是辉煌的。我开始欣赏甚至喜欢他们的设计。拉里·斯佩克是福斯特的大篷爱好者，也许拉里用他关于本建筑优点的想法说服了我。也许我只是一个酷爱红色的人。虽然"明星建筑师"没有出现在我参加的任何会议中，但是他们的代表在最好的意义上是聪明和专业的。

令人遗憾的是，德维涅似乎从来没有把握美国人概念中的景观，尤其是在城市层面中。当然，目前已在欧洲城市景观设计的令人惊叹的近期的例子，包括法国。例如，巴黎的安德烈雪铁龙公园，由阿兰·普罗沃斯特（Alain Provost）和吉尔斯·克莱门（Gilles Clement）特设计；在杜巴黎盖·布朗利博物馆展出的帕特里克·布兰科（Patrick Blanc）的Le Mur植物墙显示了其惊人的想象（图10.6和图10.7）。然而，没有这样的天才出现在达拉斯。一个灵活的空间完成，结果实为未来的创新的开放的帆布。虽然灵活，演艺公园适应由新建筑创造的周围环境同时有助于连接起他们。

同时，一个包括卡特（Cater）和伯吉斯（Burgess），哈格里夫斯事务所，Chan Krieger & Associates，古德·富尔顿（Good Fulton）和法瑞尔（Farrell）的团队完成了对达拉斯市区公园一个深思熟虑的总体规划。这项计划开始在市中心的公园和公共空间快速开动起来。计划小组还提出了停车和综合运输系统的新策略。该计划是务实且雄心勃勃的，这些特点是德维涅（Desvigne）的方案设计所不具备的。

如果将艺术区连接到其他运输和开放空间系统的前景会增强，如那些在市区公园的计划中提到的那样。达拉斯就这个计划迅速采取行动，委托杰出的景观设计师设计一系列的市区公园。例如，休斯敦的詹姆斯·斯伯内特（James Burnett）设计了一个毗邻艺术区覆盖在罗杰斯高速公路的新甲板上5.2英亩（2.1公顷）的公园。这个公园将有助于连接新的艺术场馆改造高速公路以北区域。

通过艺术区的设计过程，我再一次意识到，城市景观设计是多么不同。景观设计师的角色频繁地边缘化并在场地设计和施工进程中预算不断减少。与其他设计学科相比，由于景观设计师一直和随时间变化的材料打交道，所以他们对自己设计成果的控制力特别小。例如，工业设计师控制特定产品的外形，如钢笔和椅子。但当设计规模从具体的工程项目，增加到更大的建筑甚至拥有开放空间运输系统的建筑群，设计的复杂性就增加了。建筑师试图保持控制建筑的设计，但不得不承认通过建筑居住行为的变化也产生了。

图10.6 安德烈-雪铁龙公园，巴黎，摄影：弗雷德里克·斯坦纳

图10.7 Le Mur植物墙，杜巴黎盖·布朗利博物馆，巴黎，摄影：弗雷德里克·斯坦纳

图10.8 布克-T-华盛顿中学的表演和视觉艺术部分鸟瞰，设计：Allied Works Architecture，达拉斯独立学校区提供

图10.9 布克华盛顿高中表演和视觉艺术部分的室内设计，设计：Allied Works Architecture，摄像：杰瑞米·比特曼

建筑适应气候和创造微气候：景观形态和模式的演变进化取决于气候的时间变化。景观设计需要对环境过程的理解力和变化的欣赏力。风景体现了复杂性。它们有许多随着时间的推移日复一日或季节性变化的活动部件。作为结果，景观设计需要平衡的因素很多。执行这样的平衡，设计师不能固定在一个单一的预定的解决方案上。相反，他们必须具备考虑很多可能的技能和创造力。他们必须能够连接生物与他们的建筑和自然环境来创造再生城市系统。

"自然是创造的题材和我们的日常工作中的媒介，"甘特·沃格特（Gunter Vogt）评论了景观学的实践。演艺中心的设计师将自然流放到边缘，尤其是达拉斯的自然性质。他们呼吁反达拉斯的人性来建造巨大的纪念碑。例外的，也是这一区域真正的宝石是布拉德·克洛普菲尔（Brad Cloepfil）设计的布克华盛顿艺术磁体学校（图10.8和图10.9）。旧的部分被维护和增强，而新加入的部分，既恰当又新颖。

几代人挖掘和解释在罗马外的哈德良别墅。虽然我们没有哈德良意图的书面纪录，他所设想的物理结构的残余仍然存在。当我走在这片废墟，我漫步在他企图表现的景观中。至少，由于凯文·斯隆，德布·米切尔，大卫·狄龙，和霍华德·乔夫斯基（Howard Rachofsky）

和狄笛·罗斯惊人的耐心和慷慨，我们保存了达拉斯艺术区很好的结构。他们均具有相当的经验来对待这些有时顽固的著名的艺术家、建筑师、风景园林师。他们的耐力经常产生辉煌的成果。在这种情况下，他们与其他人的努力促成了萨蒙斯企业在2008年9月资助了1500万美元作为送给演艺公园礼物（即后来的伊莲D.和查尔斯A.的萨蒙斯公园）。萨蒙斯的礼物将帮助实现在温斯皮尔歌剧院的和威利剧院的相关的结构和室外空间。我希望未来的几代人能够改善并提升这种结构来到达诺曼·福斯特和OMA的为建筑营造的气势。

第11章
遗产

作为约翰逊夫人野生花卉中心（Lady Bird Johnson Wild-flower Center）规划委员会主席，2002年我参与了开发商斯特拉托斯房地产公司（Stratus Properties）与保护泉水（SOS）联盟（Save Our Springs Alliance）之间进行的一场棘手的规划之争。SOS联盟通过积极努力出台条例，在新开发的项目中将不透水面限制在爱德华兹含水层（Edwards Aquifer）之上。然而，开发商们说服国家立法机构准许房地产拥有预先核准权，从而不受此规范的约束。这削弱了SOS条例的约束力，并且在奥斯汀市议会及法庭引发了一系列的论战。斯特拉托斯房地产公司此前一直与SOS争论不休，但是该公司的新任总裁，一位叫博·阿姆斯特朗（Beau Armstrong）的年轻人，宣称在环境方面已采取新的举措。虽然房地产开发已经获得了SOS条例的豁免权，但博·阿姆斯特朗仍与奥斯汀市达成协议，承诺其公司在房地产开发中不透水面达到SOS条例中规定的最大量的15%。

约翰逊夫人野生花卉中心与斯特拉托斯地产搭界。阿姆斯特朗提出向野生花卉中心捐赠105英亩（42公顷）土地来换取野生花卉中心的支持。他无疑将野生花卉中心视为极具价值的娱乐场所。而野生花卉中心的董事鲍伯·布勒宁（Bob Breuning）则向董事会提

出，除了将不透水面控制在15%以下，斯特拉托斯房地产公司还必须使用原生植被，采用环保建筑技术并遵守相关环保规定。该提议得到了阿姆斯特朗和董事会的认可。

斯特拉托斯房地产公司的那处地产占地1253英亩（507公顷），位于奥斯汀市西南部巴顿泉容易受到破坏的蓄水区域。尽管低于15%的不透水面是SOS联盟提出的标准，但是其领导阶层却依然反对奥斯汀市、斯特拉托斯公司以及野生花卉中心三者之间达成的协议。放弃协商和长远规划的路不走，SOS更倾向于采用对抗和法律手段。他们曾是奥斯汀市政治核心，而现在却处于边缘地带。然而，SOS仍然具有激起大规模群众愤怒情绪的能力。讨论斯特拉托斯公司提议的时候，成百上千人聚集在市议会听证会现场，会议持续到凌晨3点才结束。

最终，基于6：1的投票结果市议会必然会同意斯特拉托斯公司的协议。然而在这之前，一次深夜听证会之后，几位主要与会人员认为不必再召开这样的会议，应该致力于求同存异。双方都认为有必要保护爱德华兹含水层，但在具体保护措施上存在分歧。SOS联盟的比尔·邦驰（Bill Bunch）和野生花卉中心的鲍勃·布勒宁让我和学院召集一个非正式群体，该群体被我们称为得克萨斯护泉

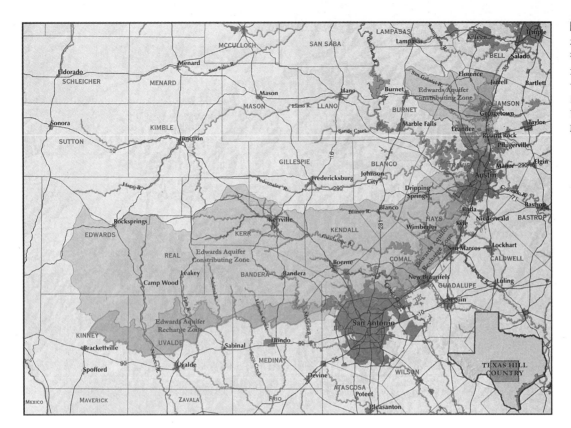

图11.1 得克萨斯中部丘陵地带，以独特的地貌特征、波状丘陵地、优美的景色、天然泉水、喀斯特含水层、牧场式住宅遗址以及易受破坏的生态系统而著称。该图片由丘陵地联盟友情提供

小组（Great Springs of Texas Partnership）。

该小组致力于开发策略，用以保护、维持以及保存这种特殊地貌。在其他任何一州（或世界上的绝大部分地区），这种地方早就被作为州或国家公园保护起来了。新泽西州（New Jersey）虽不比其他州强大，但是却很好地保护着其特有的松林泥炭地。但是，相对强大的得克萨斯州却没有为保护同样珍贵的地貌付出足够的努力。另外一个开发商和环境保护者组成的合作小组——丘陵地保护小组（Hill Country Conservancy）的做法是，对于那些环境极易受到破坏的地区，他们会购买其保护地役权及绝对保有权。该小组也加入到了我们的非正式群体当中。

考虑到得克萨斯州的文化和传统，保护爱德华兹高原的唯一途径就是通过获取绝对保有权或保护地役权来买下它的一大部分。2002年秋季那次会议的主要议题，就是如何为此进行更大范围的努力。我们尝试组织兴趣相投的群体开展讨论会，但往往在具体策略上无法达成一致见解。我们的方法是见面讨论彼此认同的方面，然后再力图解决意见相左的方面。

公立大学的设计规划院应扮演不同的角色，许多人都把我们看成是可靠的信息代理人。因此我们能够收集、分析并发布得克萨斯州泉区的相关信息（图11.1），我们也可以召集非党派会议。并且，我们可以研究大规模保护的最优方法并对其在得克萨斯州泉区的适用范围给出建议。我们小组的几个成员还参与了"得克萨斯州中部计划"项目（参见第13章），最终，我们将团结一致，精诚合作。之前，得克萨斯护泉小组认为我们应该利用地理信息系统（GIS）把该地区极易受到环境破坏的地区在地图上标示出来并寻求购买重点保护地的资金。国家非营利性信托组织"公共土地及得克萨斯州中部规划信托"为制图工作提供绿色印刷，建筑学院的师生帮我们绘制得克萨斯中部地图。在县市两级发起的倡议活动以及许多非营利组织尤其是丘陵地保护小组的帮助下，购买绝对保有权和保护地役权的资金也筹措完毕。此外，还有一个名为"丘陵地联盟（Hill Country Alliance）"的组织，也在不断努力，为遍及约17个县的丘陵地寻求更好的保护方式。

财政制约

2002～2003学年接近尾声时，我忙于解决我们所面临的一些预算问题。10年前，乔治·布什（George W. Bush）担任州长，得克萨斯州给学院提供50%的经费。这项资助到2003年降到18%以下。随着州财政的进一步削减，我不得不在接下来的2年（2003～2004，2004～2005）减少5%的经费支出，对于建筑学院来说就意味着减少30万美元的经费。得克萨斯州为教师提供的旅行资助也不得不暂停发放，每一个空岗都得进行数周的详细审查。虽然困难重重，但我努力对人员和项目加以保护。2003年我们提供的夏季课程减少了很多，2003～2004学年的课程数量也略有减少。

并不是只有我们存在预算问题。2003年5月9日，在约翰逊夫人野生花卉中心的董事会上，布勒宁博士列举了因参观人数和会员的减少所导致的财政难题。解决这一切的关键就是把野生花卉中心园区打造成更具吸引力的地方。

"举步维艰的时候，唯有坚持前行。"董事会一位成员用典型的得克萨斯风格总结道。

约翰逊夫人在一次中风之后只能坐轮椅，虽然如此，她仍然保持她的理想主义作风，正是这种理想主义使得她成为乐观主义的代言人。她强调野生花卉中心的国家议程时说了这样一句话，"无论我到美国的哪个地方，那里的土地都以其地区口音，说着自己的语言"。

后来，我们收到一则不好的消息，布勒宁博士辞去了野生花卉中心常务董事的职务，到北亚利桑那州博物馆担任一个类似的职务。

对于自己的离职，布勒宁也感到很难过，但是他和亚利桑那州有着千丝万缕的联系，无法割舍。我们不会忘记他在野生花卉中心的日子，更不会忘记他跟"得克萨斯州中部计划"项目以及"得克萨斯护泉小组"合作的日子。尽管全美公共组织和非营利性组织在21世纪头十年里都面临财政和领导问题，但在其他领域，钱并非是一个限制因素。然而，即使在富裕地区，也不可能一成不变。

另一个世界

布勒宁辞职后的一个月里，我飞到沙特阿拉伯（Saudi Arabia），在达兰（Dhahran）的法赫德国王石油矿产大学（King Fahd University of Petroleum and Minerals）做了一场讲座。在从达拉斯（Dallas）到拉瓜迪亚（La Guardia）的飞机上，邻座乘客告诉我摩洛哥（Morocco）的皇室成员是得克萨斯大学的校友。

我在飞机上睡着了，醒来时飞机正飞在撒哈拉沙漠（Sahara Desert）上方，大概位于埃及（Egypt）西部的某处。当时正好是正午，目光所到之处，到处飘着小片白云，在沙漠上留下斑驳的影子。同行的乘客们都把窗帘拉下来，在小小的电视屏幕上观看那些关于酒、宗教和美女的视频，而我则被窗外的风景惊呆了。

风景随着河流的改变而改变。一开始看上去跟亚利桑那州（Arizona）的景色没有差别，可是当飞到尼罗河（Nile）附近的古建筑群时，景色就大不一样了。在峰回路转的群山环绕中一条墨绿色的河道穿梭其间，形成了各种线型几何图案。那时飞机正飞在路克索（Luxor）上空，然后就到了红海（Red Sea）。

傍晚时分，过了海关，沙特宗教警察检查了护照之后，我从吉达（Jedda）飞往达曼（Damman），看到很多植被茂密的小山丘，就像散落在沙漠里的小岛。

在法赫德国王大学（King Fahd University），

"沙特阿拉伯第一届城市规划项目与专业实践发展学术研讨会（First Symposium on the Development of Academic City Planning Programs and Professional Practice）"在祷告之后正式开始。6位摄影师记录下了开幕式上的每一个细节。研讨会重点讨论了该国的规划前景，以及学科与相关行业的关系问题，尤其是建筑学与土木工程。

法赫德国王大学的校园是由得克萨斯州考迪尔·娄来特·司各特（Caudill Rowlett Scott）（之后被称为CRS）的建筑设计师于1965年设计的（图11.2）。CRS成立于二战后的大学城（College Station），以精明的商业经营模式和编程技术著称。法赫德国王大学的校园宏伟壮丽，但是大量的混凝土建筑又让它看上去不那么精致柔和，有些野兽派风格。这里的同行们大都获得了美国大学的学位。我和对方接待人员多次讨论有关城市规划和建筑等话题，当然也会谈及当时的足球赛和美国政治。我见到了塞勒·艾尔·海斯卢尔（Saleh Al Hathloul）博士，他是沙特阿拉伯城市规划和建筑界的教父级人物，还接受了《沙特大公报》的访问。伦敦大学学院巴特莱建筑学院教授迈克尔·贝迪（Michael Batty）宣读了一篇具有先见性观点的论文，探讨了以IT/GIS为核心的城市规划教育。他强调了网络、数据和公众参与度等方面，指出借助电子民主进行城市重建的过程中IT和GIS的重要价值。

作为西方人，我和迈克尔·贝迪都无法到宗教圣城去参观。然而，关于麦加（Mecca）和麦地那（Medina）的介绍和讲解有很多，所以我感觉自己好像已经去过这两个地方。其中一个演讲者讲道：麦加的居民和居住在罗马的人一样，已经习惯了城市里到处都是朝圣者。在发现石油之前，朝圣者们是当地居民收入的主要来源。斋月期间，本地人会全家人挤进一间房里然后把其他的房间都用来出租。而现在，朝圣者们似乎还不如当地人富有。

对于作为两座圣城管理者的沙特国王来说，这似乎意味着城市规划方面的挑战。研讨会上，演讲者、学者和从业者们基于这个沙漠国家人口增加的现状，就解决朝圣者食宿问题提出了很多建议。

研讨会和访问期间最引人关注的一点就是没有女性的参与。我在1999年参加过阿拉伯联合酋长国的一次研讨会，当时有女性参加，虽然正式场合她们都会被暂时隔离，但是却可以自由参与交流活动。我还记得当时有一位戴着面纱的女士用PPT给我们做了一场报告。刚开始的时候，她和其他一些与会者一样，操作电脑还有些困难，但是很快她就信心十足。遮盖全身的黑色长袍和面纱之间

图11.2 法赫德国王石油矿产大学的高塔。该大学的建筑规划是由得克萨斯州休斯敦的考迪尔·娄来特.司各特（Caudill Rowlett Scott）（也被称为哈萨努尔·伊阿·沙（Hasanullah Shah））做的。CRS是由得克萨斯州农工大学建筑系教授威廉姆·考迪尔（William Caudill）和约翰·娄来特（John Rowlett）于1946成立的，后来他们的学生沃利.司各特（Wallie Scott）于1948年加入。照片由哈萨努尔·伊阿·沙拍摄并提供

露出她那双深蓝色的眼睛。她用戴着黑色手套的手操作鼠标。她看上去很年轻，但是讲起话来却掷地有声，认真专注地讲解她的报告内容——基于用户响应的环保型住房。她跟其他阿拉伯演讲者一样宣读论文。他们把脱稿演讲叫作"美国式演讲"。

访问土耳其的时候，我发现伊斯坦布尔科技大学（Istanbul Technical University）里女性占据着主导地位。但是在沙特阿拉伯，先知穆罕默德（Prophet Mohammed）的话仍被严格恪守："一个男人和一个女人独处一处，如果还有另一个人在场，那个人必是恶魔。"

我看到女人们都穿着那种传统的黑色宽松长袍，头戴头巾，出现在街头或宾馆，但是却从未出现在法赫德国王大学。在那里，教授们谈起他们在美国的女同行们都称赞有加。

接待我们的人都非常热情好客。一天下午，他们安排我和迈克尔·贝迪到城市的一些地方参观。我们的向导是奥马尔·阿舒尔（Omar Ashoor）。他出生在佛罗里达，是建筑系学生。他的父亲曾在佛罗里达学习计算机科学。奥马尔想去美国实习。虽然他是美国公民，但是由于"9·11"恐怖袭击之后政治局势紧张，他的实习前景并不乐观。

他问我们想看什么。我们回答说想看有历史意义的传统的东西。"这不可能，"奥马尔回答道。"20世纪30年代之前石油还没有被发现的时候，达曼和科巴尔都是小渔村。那时候还没有达兰呢。要想看发现石油之前的地方还真得花上几个小时。"

我们改变计划去了购物中心。购物中心的实体结构完全就是当时美国郊区民居风格的体现。其建筑风格有一半是我们所熟悉的，而另一半则完全是异域风格。

"年轻人都喜欢这个购物中心，"奥马尔说道。

"为什么？"我问。

"我们可以来这里看美女啊！"他回答。

我看了看四周头戴面纱身穿长袍的"美女"，提出了我的疑问，"怎么看？"

奥马尔沉默了一会儿没有说话，然后咯咯地笑了几声，说，"我们有我们的法子。"

我在乘飞机从达曼飞回到吉大时候，邻座是一位沙特人。他去过美国2次，到了3个不同的城市，奥兰多（和家人去游玩）、洛杉矶（和中韩童装制造商一起出差）、拉斯维加斯（应美籍华人同行邀请去洛杉矶的时候顺便去的）。在拉斯维加斯的时候，他住在路克索（Luxor）。我在想，他住在那里的时候是否也和现在飞机上一样，身穿白色及踝的阿拉伯长袍，头戴传统的阿拉伯头巾，上面缠着两根黑色发带。飞机上很热，很多男士都脱掉了长袍，只穿白色贴身短裤，用毛巾遮盖一下身体。而女士们则一直穿着身上的黑袍。

我们乘坐从吉达（Jeddah）飞往纽约的飞机飞离沙特的时候，那些沙特女人们，一个接一个地站起身来去了卫生间。等她们再出来的时候，已经换上了西式裙装，胳膊下夹着被叠得整整齐齐的长袍。

希望之花

回到得克萨斯后，我参加过很多约翰逊夫人野生花卉中心的董事会活动，包括寻找经理、主任及规划委员会委员。景观设计师加里·史密斯（Gary Smith）是数一数二的植物园设计师，他正在进行一项新的景观大师计划，带领规划委员会召开头脑风暴会议。加里问："得克萨斯中部生态园区什么样子？"

约翰逊夫人曾经说"哪里鲜花盛开，哪里就充满希望。"这一观点有助于激发我们对于野生花卉中心公园新规划的讨论（见图11.3）。

为了提高野生花卉中心园区设计的可能性，我们招募安德鲁波根事务所（Dndropogon Associates）的卡罗尔.富兰克林（Carol Franklin）为我们做了生态美学方面的讲座。她指出应该将植物园设计成一个"旅行系列"，能够"为这个地区带来戏剧性变化"。她还说，大自然是很勇敢的，我们的生态设计理应同样勇敢。

寻找接替布勒宁的人时，最后进入面试的人和约翰逊夫人一起多次共进晚餐。由于中风，她不能走路，对要不要公开发表讲话表示犹豫。然而，她能听懂所有谈话的细节。想提问题的时候，她总能找到办法。特工们站岗时十分警惕。历任总统和他们的夫人们生活中都有特工跟随。约翰逊夫人像其他人一样，将特工视为家庭的延伸。很明显，特工们都喜欢她。

我第一次邂逅她是在加入野生花卉中心董事会后，她中风以前。约翰逊夫人拥抱了我，说"你现在是我们大家庭的一分子了。"猎头委员会在芳达·圣·米格尔酒店（Fonda San Miguel）或其他备受欢迎的餐馆或酒店挨个向候选人提问，观察那些表情坦然的特工时，我能看出他们也是大家庭的一分子。

秋天是一个能看出花园框架的好时节。2004年10月，中心董事会迎来了新的执行董事苏珊·里夫（Susan Rieff）召开的第一次董事会，加里·史密斯将其描述为野生花卉中心园区新的大师计划。尽管该计划是个良好的开端，加里却引用景观设计师纳仁德拉·朱内哈（Narendra Juneja）的话说"布丁的关键在于吃的过程，而不在于配方。"

继续前行

2004年10月下旬，美国景观设计师协会（ASLA）大会在盐湖城召开。在麦克奎恩大厦（McCune Mansion）举行的景观设计基金会的年度筹资大会上，我见到了光彩照人的特里·苔母佩斯特·威廉姆斯（Terry Tempest Williams）。我们跟彼得·沃克和他的妻子以及同事珍妮·吉列特（Jane Gillette）一起谈论了景观设计在建设更加美好的世界中所起

图11.3 约翰逊夫人野生花卉中心花园大师计划，设计者：加里·史密斯

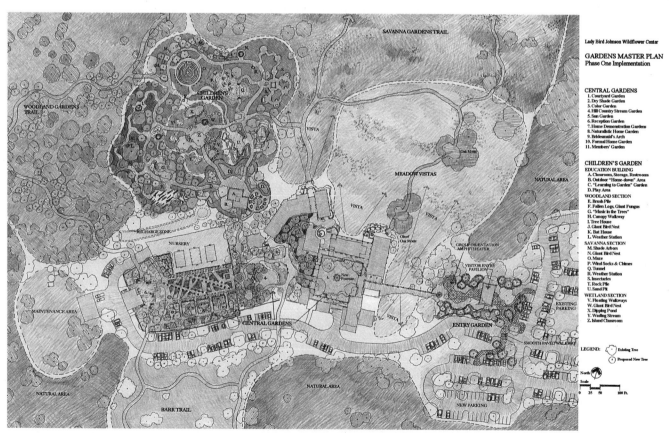

图11.4 约翰逊夫人野生花卉中心 设计：欧弗兰联合建筑师事务所，摄影：布鲁斯·利恩德尔

的作用。威廉姆斯满怀着激情与政治理想，亲密甚至使用色情语言描述了各地的细节特点。威廉姆斯还向我们问起景观设计师的贡献以及对于未来的展望。第二天上午在她激动人心的主题讲话中，威廉姆斯说景观设计师"不只是地点建设师，还是桥梁建筑师"，而且"如果我们有空地，有空闲时间，"那么"大自然就会活得像我们一样优雅。"

在盐湖城参加完ASLA会议之后，我又飞到纽约，参加城市土地研究所大会（Urban Land Institute, ULI）及可持续发展委员会（Sustainable Development Council）举办的活动。ULI是围绕兴趣区域委员组织起来的。作为学术人员，我选择参加了可持续发展委员会。

ULI大会期间恰逢2004总统大选。我在洛克菲勒中心（Rockefeller Center）的NBC新闻演播室外观看大选结果，直到结果明确。之后，前总统比尔·克林顿（Bill Clinton）像摇滚歌星一样走进希尔顿宴会厅，面对ULI大会发表了当选感言。大部分成员由开发商、银行家、律师及其他倾向于保守党的房地产商组成，我对大家向前总统表示出的热情接待大为吃惊。穿着商务套装，有备而来的女士们脱下外套，站在折叠椅上，大喊大叫声嘶力竭。克林顿发表了很多颇有见解的看法，但是他特别

指出支持凯利/爱德华（Kerry/Edwards），他的票自从2000年大选以来大大增加，选民大多是受过良好教育、年龄在50~60之间的年长的男性白人。大选后第一次发表非竞选演说时，克林顿总统由于刚刚接受过手术治疗，显得憔悴而瘦削。然而，他的智慧和领袖风范、机智和魅力都丝毫未减。

约翰逊夫人野生花卉中心：为大自然贡献一份力量

第二年秋天，我再次出席了约翰逊夫人野生花卉中心董事会。我们讨论了战略规划及预算问题。苏珊·里夫提出董事会"需要抓住约翰逊夫人梦想的颜色"，这已在全国范围内激起了环境意识。为此，董事会开始讨论与得克萨斯大学合并的可能性，这一想法得到了约翰逊夫人全心全意的支持。我们同意对这些讨论进行保密，按照法律程序进行的这整个过程中，我们一直都对讨论进行保密。

2006年5月和6月，野生花卉中心董事会和得克萨斯大学行为代表董事会就合并达成了一致意见，279英亩（113公顷）野生花卉中心变成建筑学院和自然科学院的一部分（见图11.4）。

我们对作为伯德夫人的克罗地亚·艾尔塔·泰勒·约翰逊（Claudia Alta Taylor Johnson）了解得更多。她是美国环境运动中默默无闻的女英雄（图11.5）。2007年7月11日，她在奥斯汀市的家中与世长辞，她的逝世使得人们对她的重要贡献进行了重新认识。"就像地里那些她喜爱的花，"比尔·摩尔耶（Bill Moyers）在其葬礼上说，"伯德夫人是一位多色调的女人。"她帮忙燃起了我们对于周边环境质量的兴趣，促成很多清新的空气和水方面的立法，不过我们现在对此已不以为然。她还将环境运动带回了家乡得克萨斯。

1965年5月，伯德·约翰逊夫人说服其丈夫召开了影响深远的自然美方面的白宫会议。这次会议汇集了当时的环境领导人，包括劳伦斯·洛克菲勒（Laurance Rockfeller）、司徒沃特·乌达尔（Stewart Udall）和伊恩·迈克哈格。这次大会上，政策制定者与首席科学家们、景观设计师及规划师们相互交流，在此过程中将环境问题上升到国家级的重要位置。环保主义者、商人、公民专家组和当选的官员就一系列问题进行辩论，如能够鼓励保护的税收政策，以及联邦政府帮助社区保护景观的办法。会议上，约翰逊夫人问了这样一个问题："一个伟大的民主社会能否催生出要规划或已经规划的动力，来执行伟大的自然美工程？"

约翰逊夫人对"美"的理解很广。对她而言，美不仅仅是装饰，而是来自于对土地和水、植物和土壤的明智利用。污染不美。她参与酝酿召集并满怀热情地参加的这次大会，传达了一种信号，那就是我们与自然之间联系的新认识。白宫的领导以及会议之后的一系列事件为接下来的10年环保提供了框架。受约翰逊夫人的影响，约翰逊执政期间，有200多项与环境相关的法律得到实施。理查德·尼克松（Richard Nixon）执政后实施的相关法律则更多。

伯德·约翰逊夫人因倡导公路美化和野花而闻名。作为第一夫人，她游说国会提高国家道路的景色质量，保护红木，阻止大峡谷的筑坝。她回到得克萨斯后，为提高她深爱的奥斯汀市的环境质量做了很多。比如，她帮忙在奥斯汀中部建起了镇湖公园（Town Lake Park），而且反对市领导人将公园以她的名字命名。约翰逊夫人94岁生日后的两周零一天逝世，在约翰逊家族的支持下，奥斯汀市议会将镇湖改为伯德夫人湖。每天，数百名慢跑者、步行者、骑行者、轮滑者、垂钓者、划船者及打球者都享受着奥斯汀的绿植中心。北美最大的城市棒球聚集地将横跨伯德湖的安妮·理查德国会大道桥（Anne W.Richard Congress Avenue Bridge）称之为家。附近，巴顿泉里濒临灭绝的蝾螈在普通的栖息地里与奥斯汀人一起生存在一起。

唯一一个她同意以她的名字命名的是约翰逊夫人野生花卉中心，1982年她与女演员海伦·海丝（Helen Hayes）共同创建。野生花卉中心致力于原生植物研究和教育。约翰逊夫人

图11.5 伯德·约翰逊夫人在野花丛中。摄影：弗兰克·沃尔夫，林顿巴恩斯约翰逊图书馆和博物馆赠

图11.6 约翰逊夫人野生花
卉中心瞭望塔及雨水收集
蓄水池 设计：欧弗兰联合
建筑师事务所，摄影：布
鲁斯·林德尔

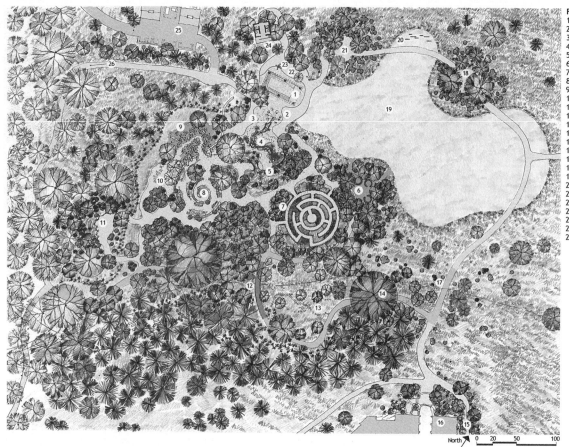

FEATURES:
1. Pavilion
2. The Earth Is a Sieve
3. Dinosaur Tracks
4. Central Texas Stream
5. Hill Country Grotto
6. Giant Bird Nests
7. Metamorphosis Maze
8. Fibonacci Spiral
9. Texas Stumpery
10. Hopskotch
11. Wildlife Blind
12. Bridge
13. Stepping Stones
14. Treetop Wind Chimes
15. Entrance Ramp
16. Library Building
17. The Ford
18. Cedar Elm Classroom
19. Play Lawn
20. Buffalo Sculpture
21. Classroom
22. Cistern
23. Hoerster Windmill
24. Restroom
25. Storage/Maintenance
26. Woodland Trail

North   0   20   50   100

说原生植物提供了该地区的"签名"。原生野花在属于某一个地方的特别的气候和土壤中繁衍生息。野生动物需要这些植物来生存。

野生花卉中心既是展示园又是研究机构，各个园区展示了野花是如何提高我们日常生活质量的，研究计划增加了我们对于生态修复、绿房顶、可持续选址设计的理解。野生花卉中心的建筑物是可持续建筑的先锋示例（见图11.6）。约翰逊夫人指导欧弗兰联合建筑师事务所（Overland Partners）的建筑师将建筑恰如其分地融入景观，使其看起来像上帝安放在那里的一样。

或许由于她是个女人，也或许是她不愿自我宣传，约翰逊夫人作为主要的环保人物至今未获得应有的承认。或许是因为她的热情在于美和野花，而这被认为是"软"的，不像对于水污染或空气污染或全球气候变化的关注那么迫切。我们应该停下来，更好地理解她所传达的信息。

她的计划本来还得大得多，比起初乍一看起来深远得多。美丽的世界不容污染，也不容不公正。作为一名南方女人，约翰逊夫人支持其丈夫领导的民权，她对野生花卉中心对少数民族孩子的教育影响计划尤其关注。根据约翰逊夫人描述的样子，加里·史密斯在野生花卉中心内部设计了一个新的儿童乐园。（见图11.7）

原生野花是一个地区自然进程的可视化表现，是地理时间和自然选择的结果。在这个世界上，我们面临着太多自然景观的消失。不幸的是，尽管约翰逊夫人做出了种种高尚的努力，美国的公路一天天变得越来越难看。伯德·约翰逊夫人的生活应该让我们想到通往未来的另一种途径—美丽景观的一种途径，原生植物群和动物群能繁衍生息的地方。约翰逊夫人从得克萨斯中部开始进行绿化。我们需要刷新她的想法，将自然美作为更文明的社会框架。

图11.7 约翰逊夫人野生花卉中心的儿童乐园，设计：加里·史密斯

IV | 第四部分
得克萨斯州或更大范围的新型区域主义

本节以得克萨斯为例介绍区域景观规划。

虽说以得克萨斯为基础，但这些景观规划与区域主义中更广泛的复兴利益相关，就像约翰逊夫人说的那样，每个区域都具有自己的特征，主要表现在植物群落和动物群落上，这使得它区别于其他区域。理解那些特征是开始欣赏我们所在区域的第一步。归根结底，区域主义面临的最大挑战是要学习如何在大层面上思考问题并做出行动。

得克萨斯人对他们的遗产保有相当大的自豪感，他们也对他们长大的地方或者生活的国家存在认同感。然而，他们需要把生活的选择同理应需要珍惜却逐渐遭到破坏的景观遗产联系起来，这是他们最大的挑战。

在这个章节，我花了大段的篇幅给得克萨斯中部，这个我工作生活的地方。就像我在前一章所指出的，这一地区的山地部分如果在大多数国家会是一个国家或州立公园，但是这是在得克萨斯，这样就会使得故事变得很有戏。

奥斯汀地区作为美国11个增长最快的巨型区域之一，是被称作得克萨斯州三角的更大城市群的一部分。虽然每个巨型区域都具有自己独特的生态环境，文化和政治，他们还是可以互相学习。这些巨型区域以及他们所包含的都市区，点燃了美国繁荣前景的希望。

12

第12章
得克萨斯州绿心

爱德华兹高原（The Edwards Plateau）在得克萨斯州中部形成了一个明亮的绿色新月，这在太空中能明显看到。石灰岩地层提供了丰富的地下水，被称作"山地"是因其地势起伏，这里的山林区域风景也是非常优美。高产的黑湿草原土位于高原东部，靠近墨西哥湾。在高原和草原相接的地带，存在着许多泉眼。自从印第安人主导风景园林，这些泉眼就开始吸引移民者。西班牙裔神父在这些泉眼附近建造了一些步道所，努力使当地人皈依基督教。来自西班牙、德国及美国南部的移民潮发现那些泉眼对于移民很有益，因此在高原草原交界沿线建立了很多城镇。这些泉眼也注入几条非常重要的河流，从横跨滨海平原的山地流向海湾。这个地区包括两个增长最快的美国大都市地区：圣安东尼奥和奥斯汀。

奥斯汀是当今美国最流行的居住和工作地之一（图12.1）。福布斯杂志把奥斯汀评为全国239个大都市区中在就业、收入和事业发展等方面的第一名。作为一个在生活和创业方面受欢迎的城市，奥斯汀吸引具备高技能的和受过良好教育的年轻人来到这里。在他那本定义"创造力等级"的书中，理查德·佛罗里达（Richard Florida）把奥斯汀评定为美国49个最具创意大都市区中的第二名。后来，

佛罗里达又把奥斯汀评为美国人口规模大于100万的最具创意大都市区中的第一名。

得克萨斯中部山区小镇的生态和自然资源很大程度上增大了这个地区的吸引力（图12.2）。至于很多其他地方，原本有吸引力的环境因为快速发展而面临大规模退化的危险，尤其是有意义的地区管理和发展管理机制还没有建立的地区。在区域内，人和市场活动的区位选择有明确的特点，但是得克萨斯州的政府部门，对于指导这种选择具有有限的权威和影响力。

有趣的地质力量为创意阶级的人们创造了理查德和佛罗里达生境模型的物理环境。在大城市地区的西部，爱德华兹和格伦·罗斯的石灰岩构造突兀地出现在地表景观中，饱受来自巴尔科内斯（Balcones）峡谷地中溪流和山谷的下切侵蚀（图12.3）。这里岩石不宜居住，但具有很高的观赏价值和栖息地价值。绵延起伏的黑土地大草原始于峡谷地的东侧，造就了这里高产的农业和森林土地景观。大草原的环境也为郊区的快速发展吸引了很多外来力量。

西部峡谷地最明显的地区特色就是卡斯特（karstic）洞穴状的爱德华含水层（Edwards Aquifer）和受其影响的流域。巴顿春池是得克萨斯州众多著名的温泉之一，是含水层主

图12.1 从后面俯视奥斯汀市中心的巴顿春池景象。摄影：詹姆斯·M·英尼斯

要的水文排放点。巴顿春池位于巴尔科内斯Balcones悬崖（或者断层区）边上，沿着东部边缘伸展，巴尔科内斯悬崖将爱德华兹石灰岩和黑土地大草原分隔开。巴顿春池马上就会成为濒临灭绝物种（两类水栖蝾螈）的关键栖息地，还是有着传奇般优良水质和规模的休闲游泳设施。春池有984英尺（300米）长，水温常年保持68华氏度（20℃），排水量保持在每秒396加仑（1500升），也就是每天3200万加仑（120万升）。巴顿春池是奥斯汀文化发源地的代表（图12.4）。它是得克萨斯州中部生活质量和环境质量的虚拟指示计，因为大型的含水层对泄漏的有害物质和一般的城市径流污染都高度敏感。在得克萨斯州东部，圣安东尼奥市只靠地下水（爱德华兹含水层的另一个组成单元）作为引用水源养育了世界上最多的城市人口（130万人）。

在这片区域，瀑布资源很丰富，而卡斯特含水层则通过回灌很好地提供了清洁水。土壤覆盖了石灰岩，是在雷暴雨的时候，雨水快速流动冲刷，骤发洪水造成的。

图12.2 班德拉（Bandera）附近的得克萨斯丘陵地的秋天景象。摄影：拉里·迪托

爱德华兹含水层

爱德华兹含水层（图12.5）是美国含水量最丰富的碳酸盐含水层之一，支持着得克萨斯州中部地区多样化强有力经济的发展。含水层长达261英里（420公里），位于圣安东尼奥和奥斯汀这两个发展中城市地区的下方。从1960年到1980年，奥斯汀–圣安东尼奥走廊地带的人口增长了53%，是全国平均人口增长

的2倍多，人口的快速发展持续至今。从1985年开始，奥斯汀的人口每20年就翻一番，年增长率稳定保持在3.47%。和其他大多数阳光地带区域一样，得克萨斯州中部的经济繁荣依靠价廉易得的水资源供给，也以此为代价。山地水利（Hill Country）证明，在美国南部和西南部的很多地方资源管理者和规划者通过努力提供充足的优质水源，可以满足难以抑制的经济需求。

如果要为关于爱德华兹含水层的讨论加引言，就要先阐明其横向伸展性质及其独特的水文性质。含水层途径得克萨斯州中部南边的10个县，分为3个相对独立的水文部分：圣安东尼奥、巴顿春泉和北爱德华兹部分。圣安东尼奥部分全长175英里（282公里），连同其相关联的汇水盆地，占地超过7997平方英里（20712平方公里）。实际上，作为接收到《安全饮用水法案修正案》指定的单一水源的首要地下储水，爱德华兹含水层向东北继续延伸75英里（121公里），因此这部分含水层通常会被认为就是爱德华兹含水层。奥斯汀部分含水层随后会分开进入北爱德华兹和巴顿春泉部分，面临圣安东尼奥部分含水层相似的问题，但是没有那么紧迫。根据其《紧急条例》，奥斯汀需要限制在含水层影响区域和蓄水区域的发展。虽然该条例的执行情况一直是参差不齐的，相比之下，至少圣安东尼奥有一套独立举措的保护政策框架，但没有全面的政策框架。奥斯汀也领导购买了含水层土地，通过市债措施和

图12.3 从路边向东瞭望看到的，四周树木繁茂的群山围绕下的奥斯汀天际线全景图。这些森林的一部分组成了城市的绿鹃自然保护区，该保护区属于巴尔肯斯（Balcones）峡谷地保护区的一部分。摄影：马特·麦考（Matt McCaw），2005年。照片来源：奥斯汀市

图12.4 巴顿春泉池。摄影：弗雷德里克·斯坦纳

民间倡议，例如来自山地水利（Hill Country Conservancy，一个环境和商业税收的联盟）的倡导。2000年，圣安东尼奥也开始做类似的努力，他们增加了1/8美分的销售税，以0.45亿美元的价格收购爱德华兹含水层补给和贡献区土地，以及0.2亿美元的价格收购集水区土地。在2005年，在得到圣安东尼奥的选民的支持后，增税力度加强，他们增加了额外的1/8美分的销售税，收益0.9亿美元用来保护含水层。

丘陵地的景观展示了可见的含水层。含水层的主要蓄水区是巴尔科内斯断层区（Balcones Fault Zone），这是一个高度断裂的朝南悬崖，延伸长度达180英里（290公里）。巴尔科内斯悬崖（The Balcones Escarpment）是过渡地形，将西部和北部的爱德华兹高原以及南部和东部的黑土地大草原（Blackland Prairie）分隔开。丘陵地海拔大约有2297英尺

（700米），主要植被是橡树、杉木和豆科灌木林地，还有一些草地。

除了丰富的地下水，流过丘陵地的河流和溪水也蕴含了大量对人类和其他生物有价值的水资源。从奥斯汀中部到西部进入丘陵地，一系列人工建造的湖泊控制着洪水，为人类提供用水。这些湖泊为附近地区尤其是奥斯汀提供了大量水资源，而地球表面之下流淌的水对于圣安东尼奥来说格外重要。在高角度、与巴尔科内斯悬崖平行断层的地区，水源存在于狭隘或者广阔的地方。流向海湾的溪流与暴露在外的爱德华兹石灰岩相遇，就会被完全吸收，为含水层提供了最高达85%的蓄水。剩下的需水量来自露出地面岩层上沉淀物的直接渗透。联邦有一种共识认为通过抽送和泉水获得的蓄水量超过了圣安东尼奥部分含水层提供的蓄水量。

追溯到1982年，巴顿春泉部分含水层并

图12.5 汉密尔顿水潭（Hamilton Pool），是位于得克萨斯州丘陵地奥斯汀市西部30英里（48.3公里）处的喀斯特岩洞和可游泳的深水潭。这里曾经有一条地下河，是爱德华兹含水层的分支，四周的石灰岩壁成拱形悬于水潭之上，遮住了部分水潭。摄影：戴夫·威尔逊（Dave Wilson）

没有经历过和抽送量相关的地下水明显性减量。该区域大幅度的水位波动归因于回灌和排放的自然变化。1985年，在巴顿春泉部分含水层大概有3万人依靠其获得水供应，直到2004年，这里都是他们唯一的饮用水来源。

北爱德华兹部分含水层的可用水资源供应实际上"超过了本市和当地对于水资源的需求"，而大都市地区的人们则目睹着人口激增和地下水退减。地下水资源用量骤增的一个特例是奥斯汀市。奥斯汀市靠近科罗拉多河，建立了湖泊系统控制洪水，因此不再严重依赖地下水储备，保持着一个先进的含水层保护计划。然而，在北爱德华兹部分的大多数地区甚至整个地区，地下水使用量超过可用供应量这个问题始终存在。

爱德华兹含水层地下水质量的关键点如下：（1）保护含水层蓄水区域，使潜在污染最小化；（2）保护穿过蓄水区域溪流之中的地表水质量；（3）维持含水层淡水水位，平衡盐水的侵入量。

在20世纪60年代晚期和70年代初期，圣安东尼奥农场发展计划建议在圣安东尼奥北部的蓄水区设立一个新的城镇，有人认为这个计划会引起公众对蓄水区的担忧。问题逐渐显露在人们面前，公众回应这些令人不安的事实表示，现行的规定在蓄水区保护方面格外不足和低效，而他们认为含水层是多面性资源的这个理解也是受限的。尽管在1973年5月，一起试图阻止这项计划的起诉最终败诉，但是与其相关的争辩促进了关于水资源的改进分析，更严厉的蓄水区保护条例出台，以及公众对含水层易受污染的脆弱性的关注。正因为这些发展，爱德华兹含水层无疑达到了一个高度，既是宝贵的资源，又是极具说服力的政治题材。

人们认为如今爱德华兹含水层的抽吸率是在或者稍微高于可持续水平，这是在主要干旱时期测量得出的结果。由于得克萨斯州中部地区持续快速增长，依靠泉水的水源日益面临着断流和水质下降的危险。

巴尔科内斯峡谷地

西班牙探险家将如今奥斯汀东北部的阶地石灰岩山脉称为"巴尔科内斯"。巴尔科内斯峡谷地（The Balcones Canyonlands）为数十种地方或者是地方罕见的，或者是受威胁的，或者是位列联邦濒危物种名单上的物种提供栖息地，包括昆虫、植物、两栖动物和鸣禽（图12.6）。这些显著的物种多样性很大程度上促进了当地地质历史的形成，包括高度多孔渗水石灰岩岩床、薄薄的突然地幔、高度适应的植物种群和过去上百万年甚至更长时间里的温和湿润气候。

这样的生物多样性，还有濒危金颊黑背林莺（Golden-cheeked Warbler）和黑顶绿鹃（Black-capped Vireo）的筑巢栖息地促成了创新性的巴尔科内斯峡谷保护区计划的诞生（图12.7）。该计划被美国鱼类和野生动物服务局列为首要的区域多物种栖息地保护计划。美国内政部长布鲁斯·巴比特（Bruce Babbitt）倡议生境保护计划应该促进《濒危物种法案》目标的完成。该计划于1996年5月2日公布，由得克萨斯州社区与区域计划大学教授肯特·布特勒（Kent Butler）带领的多学科小组完善。计划包括了特拉维斯县和奥斯汀市公布的许可。它已经成为其他当地生境保护计划的范本。巴尔科内斯计划采用了全面的生物方法，除了联邦认可的濒危物种，还考虑了州内认可的濒危物种。蒂姆·比特利（Tim Beatley）表示，该计划表现了"发挥在那和环境利益之间薄弱的平衡。"这一联合进展得很顺利，比特利认为巴尔科内斯峡谷保护区计划"在多方面让人印象深刻，"包括对不同物种的关注以及区域地理规模。

根据计划，这里建立了巴尔科内斯峡谷保护区。生境保护区将由特拉维斯县西部面积最起码是3.2428英亩（1.2314公顷）的濒危物种栖息地组成。到2010年，这里的面积已经达到2.7906英亩（1.293公顷），是保护区土地的91.7%。

黑土地大草原

在奥斯汀大都市区的东部，黑土地大草原的深色土壤出现在这里，向巴尔科内斯峡谷地的东部延伸。在过去一个多世纪中，这片大草原景观为人们提供了大量农业和林业产品。浓密的森林在这里也很常见，流淌的溪水让这里成为人们十分渴望栖居的地方。在过去20年，农业经济，特别是大草原馈赠的农业用地面临郊区发展的严峻挑战。在20世纪某个10年里，有130万英亩（56.5万公顷）农田和牧场变成了得克萨斯州的城市-郊区发展用地，在接下来的5年里，这个速度一直保持并且增长，有33.3592万英亩（13.5公顷）

的优质农田流失。实际上，在这段时间里，得克萨斯州的农用土地流失量是美国所有州之中最高的。

这片地区如今面临的挑战是如何保持农耕用地保护和景观固有吸引力之间的平衡，以促进郊区住宅增长。人们提议为了发展目标挖掘大量的新水源供应，建议从奥斯汀和圣安东尼奥大都市区域之外引入该地区，以便应对下一波郊区发展的浪潮。

公民环境主义

奥斯汀地区发展了公园和绿化带拓展网络，保护了泉水和溪流，还提供了大量机会去徒步和研究自然，这样做的很大一部分原因是需要保护濒临灭绝物种的栖息地，还考虑到人们使用和娱乐的需求。从1997~2007年，奥斯汀市和该地区的相关政府部门回收了超过4.9万英亩（1.98万）的土地，用于生境保护和休闲需求。

图12.6 细看牛溪（Bull Creek）四周树木繁盛群山的景象，会发现这里有变成荒地的迹象。这片地区就是被称作荒地城市界面的地方。从城市中心延伸拓展出来的住宅、电力线、道路和商业给这里的环境带来了挑战，这片荒地上濒临灭绝物种的栖息地，以及水的质量和数量难以得到维护。摄影：美乐蒂·莱特尔（Melody Lytle），2003年。照片来源：奥斯汀市

图12.7 雄性金颊黑背林莺
（dendroica chrysoparia）刚
到达这里就圈占自己的领
地并且开始歌唱。他们用
歌声警示其他雄性同伴这
里是他们的领地边界，而
这往往会引起其他雄性同
伴反击式的对唱。他们还
会用歌声来吸引雌性同伴
以进行繁衍。林莺在1990
年被列为濒临灭绝物种。
生境丧失和破碎是他们存
活的最主要威胁。照片来
源：美国鱼类和野生动物
服务局

2006年，奥斯汀和特拉维斯都通过债券的方式
购买了更多土地。南部的海耶斯（Hays）紧随
着在2007年推出露天土地债券项目。

要衡量奥斯汀强有力的公民环境主义，
有一个方法就是看该地区南部大都市公用场
地数量的增长，这里远离主要的栖息地和温
泉，但是离传统意义上低收入和弱势人群居
住的街道和社区比较近。居民和商业者开始
认识到公用场地对所有人的健康、社区和生
活质量的好处。

奥斯汀大都市区一直面临的一个挑战，
通常也是一个城市主控了经济和政治基础的
情况，那就是未来如何平等地合作共享基础
设施投资，更好地为超过中央城市限制并且
日渐增长的郊区人口提供服务。这些问题还
有其他相关问题促进了重大区域计划项目的
进行：设想得克萨斯州中部。

2001年8月，我到达奥斯汀后最先遇到的人里面就有伯德·约翰逊夫人野花中心的执行理事鲍勃·贝宁格教授（Dr. Bob Breunig）。我们在亚利桑那相识。当时我们经常互相拜访讨论野花中心和快速发展区域的规划设计。城郊地区的扩张对约翰森女士梦想的完整性产生了巨大威胁。

野花中心的建筑应用了最先进的可持续设计。这座建筑的设计师是毕业于自得克萨斯州大学的年轻设计团队——圣安东尼建筑师及跨界合伙人，它从得克萨斯州中部的德裔、西班牙裔和英裔的传统中吸取灵感。贝宁格教授十分推崇这座建筑，但是它担心景观设计无法展现出如此的革新。他主张一个新的景观规划要对原有景观效果有所提升并能够缓解城郊扩张产生的影响。野花中心坐落于爱德华兹含水层之上，是城市中发展尤其饱受争议的地区之一。中心通过增加其花园和研究区域的面积和提供保护乡土植物和水资源的模型来帮助减轻城市的增长。

在2002年初，我和贝宁格加入了一个更大的致力于解决城郊扩张问题组织。两个杰出的公民——洛厄尔·利布曼（Lowell Lebermann）和尼尔·考科瑞克（Neal Kocurek）邀请我去一栋坐落于奥斯丁市中心银行大楼（现在是大通银行）顶层的头条新闻俱乐部（Headliners Club）吃午饭。头条新闻俱乐部是决策总部，他们的办公室内可以欣赏到城市的全景，也可以了解到当地报纸的头条——从野花中心的消息到小布什装饰他的走廊。我和当时奥斯汀的市长格斯·加西亚（Gus Garcia）、公民领袖鲍勃·罗德（Bobin Rather）、得克萨斯州月刊的出版商迈克·李维（Mike Levy）在头条新闻俱乐部一起主持了一个有关可持续的专家小组论坛。在李维开始了一个对前市长凯克·沃森政府的长篇谩骂之后，论坛沦为了一场群架。对我来说，李维的发言中唯一有意义的部分是"如果可以改变但是却没有付出行动，这是一种罪恶。"那个晚上建筑、发展、环境问题都在被积极辩论着，强调着理想主义和奥斯汀的选择。举个例子，在关于市政厅的设计的热烈讨论之后，市政厅的设计师——安东尼·普罗达克，发现奥斯汀是"终极民主"，我也了解到了在奥斯汀主持论坛有多具有挑战性，并感受到了头条新闻俱乐部的重要意义。

"我们最好共同行动"

积极的一面是，坦率的考科瑞克（工学博士、企业家、圣戴维健康护理系统的CEO）邀请我加入一个新的行动，"我们叫它'得克萨斯州中部愿景规划工程'。"

"我们要做点和过去不一样的事",利布曼补充道。曾是市议会成员的他在20世纪70年代活跃于奥斯汀明日规划（Austin Tomorrow Plan）。"那次实践的闪光点就是那个从费城来的苏格兰家伙说服了我们开始规划结合自然。"利布曼亲切地回忆着伊恩·麦克哈格。利布曼曾经因为他的环保激进主义而被叫作奥斯汀的"绿豹"。他是一个啤酒经销商，当他十二岁的时候因为枪击事故而致盲。身着运动外套领带来自托莱多大学卡帕·阿尔法联谊会的年轻助手充当了他的眼睛。

利布曼和考科瑞克解释说过去的规划努力主要关注于奥斯汀而忽视了边远地区。中部得克萨斯州愿景规划工程将会专注与城区的五个县（巴斯特罗普、考德威尔、海斯、特拉维斯，和威廉姆森）。

"无论奥斯汀和特拉维斯得出的结论是什么，其他四个先都会反对"考科瑞克解释道。

"州议会也会反对的。"利布曼补充道。

"为什么只包含这五个县？为什么不是公用相同的水文和运输系统的整个奥斯汀–圣安东尼奥走廊呢？"我问道。

"我们考虑过这个。但是又觉得我们应该把注意力更多地放在边远地区。"考科瑞克说。同时利布曼补充说："我们要让我们的人口在未来的20年内从现在125万增长一倍。所以我们最好齐心协力。"

我认为他们预计的理事会太大了。在离开菲尼克斯（Phoenix）之前，我参与了一个注定不幸的区域规划工作，因为它考虑到了每个可能会涉及的利益。这个规划的结局注定是一个无意义的和不断妥协的过程。

"我们会请全国最好的咨询顾问弗雷格内斯·卡斯普（Fregonese Calthorpe）来指导我们的工作，所以我们描绘的愿景是有依据的。"考科瑞克声明。一个区域规划的"八人领导小组"已经在组建中。考科瑞克和利布曼希望我能够加入这个小组。

"我们要为这个项目筹措2百万美元",利布曼补充道。

我回忆起我与学生共同完成的位于华盛顿州、爱达荷州、科罗拉多州和亚利桑那州的区域规划项目，便同意了加入中部得克萨斯州愿景规划工程。除了弗雷格内斯·卡斯普联合公司（Fregonese Calthorpe Associates），我们还保留了当地公民领袖贝弗利·西拉斯（Beverly Silas）作为执行理事和致力于环境和健康事业的环境传媒（EnviroMedia）去处理公共关系。环境传媒在早先的一个会议上说服了被召集而来的70人理事会，认为我们的名字很刻板。所以我们把项目重新命名为"中部得克萨斯州愿景"（Envision Central Texas）而不是弗雷格内斯·卡斯普之前所起的缺乏想象力的"展望犹他州"。

我们在这五个县的区域都召开了理事会。例如在圣马科斯（San Marcos），海斯县县政府所在地，也是那时候的西南得克萨斯州立大学（随后被重新命名为得克萨斯州州立大学）的所在地。为了打造一个坚实的基础和向公众们推广中部得克萨斯州愿景工程，我们付出了很多的努力。环境传媒进行了一次地域范围内的调查。调查结果显示交通运输问题是目前这个区域所面临的最大的问题。关注于不同方面的组织都强调了这个问题，但是他们把它归咎于人口的增长和生活质量问题。为了宣传我们组织了一条巴士游览线路，同时配合新闻稿和简报，一个吸引人的网站和报纸插页。

执行理事贝弗利·西拉和主席尼尔·考科瑞克（Neal Kocurek）开始经营公共形象并协调每月的理事会议。西拉和考科瑞克会见区域内所有被选举出来的官员（其中有些为中部得克萨斯州愿景工程理事会服务）筹集了2百万美元资金。他们也要求我们执行委员会举行电话会议。执行委员会代表了相同的甚至相异的利益关系并包含了地区的领袖例如前任市长、县法官（在得克萨斯州县委员法庭的长官叫做县法官），社区律师、环保主义者、商业领袖和那些会对像轻轨这种有争议的项目进行讨论的人。

亚利桑那州立大学政治理论家理查德·戴戈（Richard Dagger）提到："限制城镇扩张活动遇到了强烈的地和资金充足的反对。"一个有充足资金支持的强烈反对反对活动。得克萨斯州中部愿景展现的恰恰就是一个地区远景的案例，可以被视为一次用人类生态学观点影响公民环境主义设计的案例。

建立共同的愿景

在2002年奥斯汀的都市区，包括中心城区和周围五个县的人口已经超过125万（到2007年这个数字会超过150万）。这个区域的人口从1990年到2000年已经增长了47%预计在2030年增长到275万~300万人。这五个县的区域覆盖了3.980平方英里（10.308 km²）的面积，其中2000年增长了约有1157平方英里（2997 km²）的面积。按照区域来讲，人口密度是比较低的——每平方英里只有318人（113人/km²）——但是预计这个数据在接下来的20~30年被翻倍。2006年大休斯敦的相对人口密度是550人每平方英里（212人/km²）。如果只考虑奥斯汀城镇化的区域，那么2000年的人口密度是1080人每平方英里（417人/km²）。而2006年奥斯汀城内人口密度增长到2396人每平方英里（925人/km²）。这个增长数字少于像休斯敦或者菲尼克斯这样的城市，虽然我们并不清楚他们的具体人口密度，而更不用说像纽约（New York）这样的东海岸城市。这些城市2006年的人口密度是27083人每平方英里（10456人/km²）。

令人惊讶的是，奥斯汀区域缺乏一个增长计划。得克萨斯州中部愿景，一个私人的，非营利性组织，于2001年开始帮忙填补这项空白。虽然不是政府组织，ECT还是从一些地方政府得到了一些资助。委员会的组成力求包括

增长的问题，包括经济、政府、邻里社区、环境问题并聘请社会规划公司弗雷格内斯·卡斯普联合公司（Fregonese Calthorpe Associates）作为咨询顾问来指导这个项目。约翰·弗雷格内斯（John Fregonese）是俄勒冈州波特兰地铁（Portland Metro）的前规划总监。皮特·卡斯普（Peter Calthorpe）是一个杰出的新城市主义（New Urbanist）建筑师。弗雷格内斯·卡斯普联合公司和得克萨斯州中部愿景委员会认为师徒创造一个远景将奥斯汀城区及周边的常见策略统一起来，以确保区域的自然资源、经济活力、社会公平和整体生活质量都得到维护和增强，甚至快速增长。

为了实现这些目标，我们组织了一个广泛的公共流程，包括数百人参加的工作组，共同研究得克萨斯州中部地区未来的增长方案。每个工作组以小组的形式工作。他们用地图和游戏拼图代表不同的发展模式，分享关于土地利用、交通和环境问题的不同视角。约翰·弗雷格内斯和他的小组解释这些信息来构建一种方案来与保守方案进行对比。

随着发展方案的开展，得克萨斯州中部愿景请求了一个小型的实验场地（大约20~200英亩或者8~21公顷）用来作为当地规划的大背景下的范例，展现区域的远景（图13.1）。这个概念是用来说明该区域的一个典型情况。弗雷格内斯领导了这个方案的设计，他的合伙人皮特·卡斯普的建筑公司、卡斯普联合公司进一步发展了这些特定位置的设计。这些社区测试的地块的设计是为了辅助区域远景的最终实施。

工作组的工作中，弗雷格内斯·卡斯普联合公司编辑了数据并用GIS建立了一个小型群体地图（GIS数据来自于得克萨斯州大学奥斯汀建筑学院）。规划方案，这个用于在一个不确定的世界中评估发展和保护的结果的工具，是项目开展的理论基础。方案规划是"一个创造性的思考有关可能性、复杂性和不确定性元素的系统方法"。方案是"关于未来可能发展

Residential over Commercial

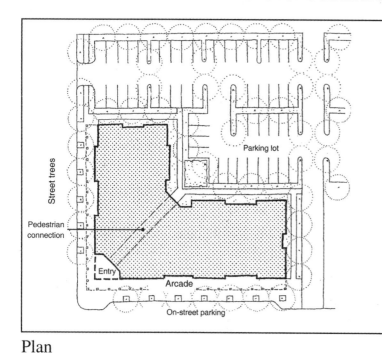

- 东方商业和居住整体面向公共街道和人行道

- 鼓励人行道连接从停车区域到建筑全部通过公共街道

- 在建筑的入口提供访问者下车区和地上停车场

- 将停车场放置在远离公共视线的建筑后面

- 在机动车道一侧和人行道提供行道树

- 最少每5个停车位提供一棵树

- 用篱笆和景观环绕屏蔽垃圾

Plan

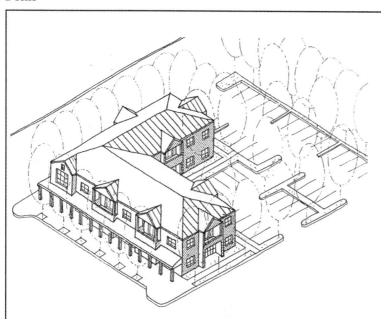

- 提供户外用餐区，附带桌椅和其他城市家具，使街区充满活力

- 鼓励建筑入口特征表达

- 提供屋顶的形式，例如屋脊、山墙和双坡屋顶

- 屏蔽机械设备

- 沿街建筑最低为两层

- 从公共街道进入居住区要有入口或门厅

Axonometric

图13.1 来自东奥斯汀（East Austin）羽量试验地点工作组（Featherlite Test Site Workshop）的由商业指导设计的居住区。由卡斯普联合公司（Calthorpe Associates）设计。图纸来源得克萨斯州中部愿景

的合理的故事"。弗雷格内斯认为这种规划方式区别于传统意义上的规划。他指出方案被用来发展远景，而不像一个静态的计划一样提供一系列可以回应变化形势的策略。

四个最初的方案得出了一系列有关未来可能的土地利用发展模式和不同形式和分类交通系统。经济、土地利用和交通模式被纳入方案之中。现有情况和发展趋势，例如现状和规划的交通交通走廊也被纳入考虑范围。类似的还有关键自然资源，例如在爱德华兹高原地下的

含水层补给区和黑土草原上的农业生产都在远景实施计划过程中被考虑进来。这四个方案提出展示了它们在增长政策、形成的发展模式、基于市民的指导和在区域合作层面表达观点这四方面上与传统方案的不同。

方案A是"常态"规划（图13.2）。这个方案通过可行的交通系统将新增的125万人口分散到了与现有的发展模式类似的地区。大部分居民将住在建造在以前未开发土地上的独栋房子里，同时他们大部分人在中心城区工作。这导致了人们要不断开车上下班。新增的125万人将需要在人口密度为1323人每平方英里（511人/km²）的城镇化区域开辟额外的732平方英里（1895 km²）的土地居住。

在方案B中，大部分新增人口将围绕着主要的道路，包括新建的和现有的（图13.3）。这五个县的住房和就业将会增长。一些现有的社区会开始重新开发。总体来说，大部分居民仍然会住在独栋房子里。区域交通会新增收费公路、新快速公交线路、通

勤轨道交通系统和中央轻轨系统。增长的125万人将会生活在额外的大约301平方英里（780 km²）的土地上。部分地区城镇化，人口密度将达到1714人每平方英里（超过662人/km²）。简单来说，这个方案反映了在进步的开发者的控制下区域是如何进化的。经济要素将会占主导地位，但是增长会依靠理性途径。

方案C中，在现有的社区和新兴城镇人口都会增长（图13.4）。现有城镇增加了居民和工作机会，但是混合发展将会导致很少有人可以住独栋房子。新兴城镇会在沿着主要道路、铁路、保存的开放空间或两个社区间未开发的土地上建立。新增的125万人将会住在新增的267平方英里（692 km²）的土地上。开发地区的人口密度会超过1756人每平方英里（692人/km²）。由于聚焦新城镇，这个方案反映了一个用建筑方法进行的城市发展。因此，经济要素和居住、生活质量被均衡考虑。

方案D中，大部分的人口增长会发生在现

图13.2 潜力规划方案A 图纸来源得克萨斯州中部愿景

图13.3 潜力规划方案B 图纸来源得克萨斯州中部愿景

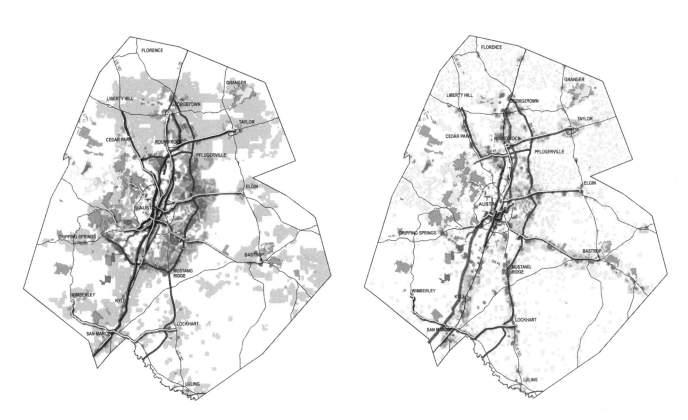

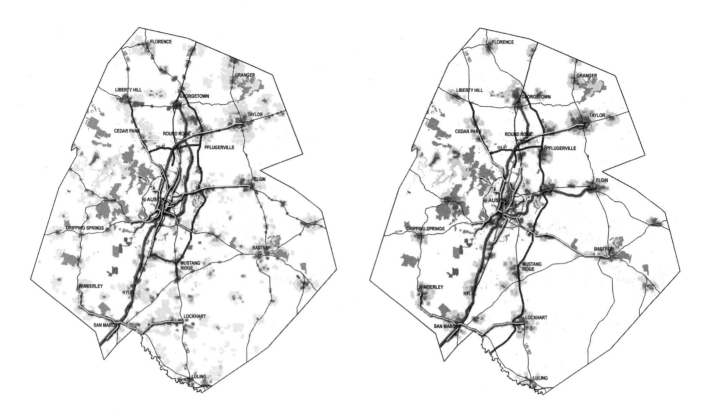

有的城镇和社区（图13.5）。这个方案保留的未开发的土地要比其他方案多。大约三分之一的新房子和三分之二的新工作都位于现有开发过的土地上。区域交通选择将包括收费公路、覆盖面广的通勤铁路交通、轻轨、和快速公交线路。新增的125万人将会住在大约132平方英里（342 km²）的新增土地上。城区的人口密度将会超过1939人每平方英里（749人/km²）。由于这个方案着重点在于填充式发展，所以这个方案体现了一个通过专业规划达到的精明的增长。与方案C相比，经济利益将会和社会要素均衡考虑，但是这个方案中只有很少土地城镇化，更多的土地被用于公共空间。

这四个方案分析出的规划结果考虑了土地开发、农业和牧业转化、含水层上空间的新开发利用、每人每年周末旅行的时间，住房选择（例如独立住房或者是集中住房）、新开发造成的基础设施费用和区域交通选择。为每个影响因素都建立了指标，这样市民、被推选的官员和规划者们可以对比每个

方案所追求的结果。与此同时，卡斯普联合公司发展了特定区域的设计，选址跨越了巴斯特罗普（Bastrop），东奥斯丁，洛克哈特（Lockhart），普夫卢格维尔，滴水泉和处于奥斯汀和朗德罗克（Round Rock）交界处的麦克尼尔（McNeil）（图13.6和图13.7）。这些区域设计帮助当地居民分析未来社区发展的不同可能性。

在2003年10月，这四个方案以一个广泛的区域性调查问卷的方式向大众公开。问卷调查被刊登在当地的报纸上，也可以在网上参与投票。我们收到了超过1万2千份调查问卷。调查的目的是评估大众对于这四个方案及对应结果的喜好。得克萨斯州中部愿景会将结果分析并制作一个大众的心中的远景，并在2004年初公开给社会大众。最受欢迎的方案是方案D，即大部分新的增长都集中在现有的城区和建成区（表13-1）。

当我们准备公开调查问卷选出的方案时，尼尔·考科瑞克（Neal Kocurek）突然在2004年3月29日星期一去世，享年67岁。作为得克

图13.4 潜力规划方案C 图纸来源得克萨斯州中部愿景

图13.5 潜力规划方案D 图纸来源得克萨斯州中部愿景

萨斯州中部愿景的领袖，考科瑞克展现了超人的智慧和耐心。他面对公共演讲时所展现出的优秀风范是我从未遇见过的。考科瑞克的视野和品德都使他去世后奥斯汀的领导曾留下了巨大的空缺。

当我们逐渐从考科瑞克的离世中恢复过来的时候，2004年的5月一个新的区域规划的愿景从调查结果中发展出来。它展现了一个介于方案C和D之间完全城镇化的远景（表13-2和图13.8）。

Garden Apartments

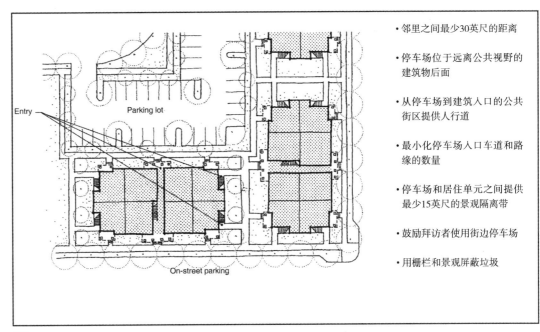

Plan

- 邻里之间最少30英尺的距离
- 停车场位于远离公共视野的建筑物后面
- 从停车场到建筑入口的公共街区提供人行道
- 最小化停车场入口车道和路缘的数量
- 停车场和居住单元之间提供最少15英尺的景观隔离带
- 鼓励拜访者使用街边停车场
- 用栅栏和景观屏蔽垃圾

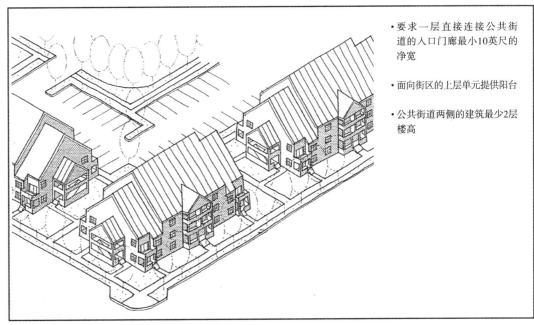

Axonometric

- 要求一层直接连接公共街道的入口门廊最小10英尺的净宽
- 面向街区的上层单元提供阳台
- 公共街道两侧的建筑最少2层楼高

图13.6 东奥斯汀羽量试验地点工作组（Featherlite Test Site Workshop）的花园公寓设计准则。由卡斯普联合公司设计。图纸来源得克萨斯州中部愿景

这个远景为得克萨斯州中部愿景展示了7个战略角色：

- 鼓励考虑土地利用规划作为未来交通规划的一个组成部分，不管是道路、换乘站、自行车道或人行道。
- 辅助社区发展，将区域经济发展目标整合进当地商业发展战略中去，并鼓励区域间的合作。
- 倡导在区域中建立一个均衡的工作和居住的地理分布。
- 塑造正面的人口密度增长和综合利用的例子，并通过一同思考当地规划问题而达成的公共——私人伙伴关系。
- 分析美国有关建立区域开放空间资金计划用以补偿土地所有人的优秀尝试案例。
- 辅助社区制定发展目标来解决贫富差距、弱势群体、特定地区的健康、教育、就业和交通等相关问题。
- 表彰和提倡那些最优秀的区域愿景实践项目。

为了实现这些角色，七个贯彻委员会成立了。这些委员会包括交通和土地整合利用、经济合作发展、住房和就业平衡发展、密度和综合利用、开放空间资金、社会公平和最佳实践的表彰。这些委员会于2004年的夏/冬季开始工作。举个例子，2004年9月，运输和土地整合利用委员会组织了一个运输导向发展（TOD）研讨会。这个运输导向发展研讨会参与者都是是由奥斯汀民众，他们要在会议上进行一个通勤铁路项目的投票。研讨会受到了广泛的参与，2004年12月，通勤铁路计划以62.2%的得票率获得通过。最初的32英里（51km）的铁路连接奥斯汀和利安德城区，包含了9站，是一个完美的运输导向的选址。

在2005年的1月，奥斯汀市长威尔·温（Will Wynn）提出了一次"得克萨斯州中部愿景"特别选举。市长的目标是通过开放基金的采集来实施得克萨斯州中部愿景工程和城市内部基础设施改善。威尔·温是当初考

STREET SECTIONS

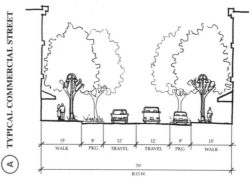

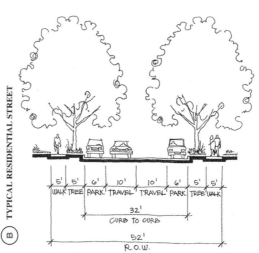

图13.7 洛克哈特试验地点工作组（Lockhart Test Site Workshop）的街道断面。由卡斯普联合公司设计。图纸来源得克萨斯州中部愿景

表13-1　市民调查问卷的结果

（12000份回执投票选出的最受欢迎的是方案D）

最佳土地利用	57%
最佳建筑用地	55%
最佳解决未来交通需求方案	67%
最佳整体生活质量方案	47%

来源: 得克萨斯州中部愿景

科瑞克和利布曼在头条新闻俱乐部介绍给我的八人领导小组成员之一。温市长认为应该通过特别选举来帮助得克萨斯州中部愿景的实施。作为债券咨询委员会的成员，我在整个2005年参加了许多次会议。举个例子，许多市民提出了一些社区的需求，包括开放空间、经济适用房、城市基础设施、更好的街道、一个新的图书馆和邻里中心。在另一个会议上，一个滑板联盟的成员们做了一次特别引人注目的展示。作为一个技术爱好者们

组成的组织，这些滑板爱好者们仅仅留着辫子，互相依靠着对方而不是掠夺。演讲之后，我们的委员会讨论了我们的关于市政府打包债券的建议。

得克萨斯州中部愿景的目标是通过债券举措在奥斯汀、特拉维斯县、海斯（Hays）县可以实现的区域内及在被山地水利（Hill Country Conservancy）保护的区域增加开放空间的数量。另外，得克萨斯州中部愿景致力于一个由公共土地信托（Trust for Public Land）与得克萨斯州大学及其他合作提出的区域绿色数据。就像我在第11章提到的，我们非正式的得克萨斯州大泉合伙人（Great Springs of Texas Partnership）为了这个GIS地图倡议铺平了道路。第一个绿色数据局是在2006年为特拉维斯县完成的（图13.9）。被设计来帮助政府和社区做有关土地保护非正式的决定，建立模型模拟来平衡水的质量和数量、娱乐机会、环境敏感地区的保护和文化资源的保护。甚至在特拉维斯县之前，这个绿色数据已经完成，得克萨斯州中部愿景筹集资金的时候应用了公共土地信托（Trust for Public Land）得模型与模拟其他三个县的区域。在2009年，巴斯特罗普、考德威尔和海斯县的绿色数据完成了。

在2005年11月19日，一个星期六，有五百多人参加了得克萨斯州中部愿景州际高速路130峰会。峰会是由奥斯汀－圣安东尼走廊理事会协助，在靠近克里德摩尔（Creedmoor）得克萨斯处置系统的异国情调的游戏牧场里举办。看着外来物种，例如鬣羊和斑马，生活在得克萨斯州的风景中，我穿过一个野牛群，到达了一个可以俯瞰垃圾场的亭子。东奥斯汀89英里（143km）州际高速路已经开始帮助缓解35号州际公路（Interstate 35）的交通压力，形成了非常好的发展机会。峰会的演讲人包括有奥斯汀市长威尔·温和州代表米勒·克鲁斯（Mile Kruse）。公共电视台KLRU的制片人和主持人汤姆·斯宾森（Tome Spencer）主持了会议，罗伯特·格鲁斯（Robert Grow）——犹他州愿景（Envision Utah）的奠基人——作为特别演讲人。格鲁

表13-2　与2000年对比可能的城镇化土地数量

指标	总城镇化量（英亩）	增量（英亩）
2000	740563	—
方案A	1208842	468278
方案B	932982	182418
方案C	911.340	170777
方案D	825346	84.783
建议的	863611	123048

来源：得克萨斯州中部愿景

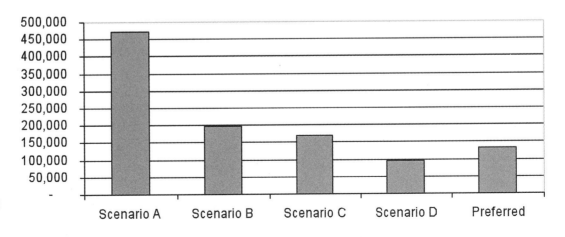

图13.8 土地消费数量 图纸来自得克萨斯州中部愿景

斯指出"我们面对的大部分问题都是因为我们过于短视和目光狭隘。"斯宾森讲温斯顿·丘吉尔的名言"我们塑造我们的房子，接下来它们塑造我们。"改编成"我们修路，接下来路是我们懒惰。"峰会上少数有潜力的后续讨论包括远景走廊的发展计划、当地政府的一个工具箱的创新设计概念和为发展建立一个管理方向。

后续计划

2006年新年，当奥斯汀沐浴在长焦玫瑰碗（Longhorn Rose Bowl）的胜利中的时候，我继续为得克萨斯州中部愿景和债券咨询委员会工作。由于即将就任得克萨斯州中部愿景的主席，我会见了很多委员会成员和当地的领袖，与他们讨论我们未来的议程。1月9日，债券咨询委员会不记名的推荐了一个6148万美元的特别选举方案，其中，包含1440万美元的公共设施，900万美元的新中心图书馆，923万美元增加开放空间，675万美元的经济适用房，1221万美元改善排水，989万美元改善交通。温市长任命咨询委员会推进得克萨斯州中部愿景的项目。开放空间和经济适用房部分会特别有利

图13.9 特拉维斯县绿色数据。由得克萨斯州中部愿景和公共土地信托绘制，2006年。图纸来源于特拉维斯县交通和自然资源部门

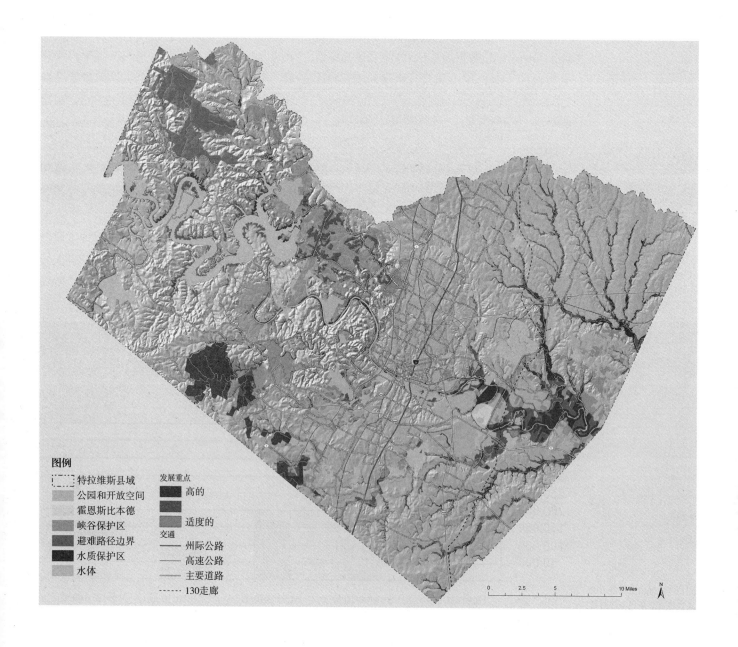

图例

特拉维斯县域
公园和开放空间
霍恩斯比本德
峡谷保护区
避难路径边界
水质保护区
水体

发展重点
高的
适度的

交通
—— 州际公路
—— 高速公路
—— 主要道路
----- 130走廊

0   2.5   5   10 Miles

N

于实现目标。在我们1月9日的会议中，我们建议五月选举。咨询委员会的推荐接下来被市议会商议，最后决定削减到5674万美元并将选举推迟到了11月，与此同时，我们的建议以压倒性优势多数通过。

得克萨斯州中部愿景继续举办围绕重要区域事务的会议，比如130号州际高速路走廊穿越的东侧区域。得克萨斯州中部愿景主持了一个年度社区管理奖项计划（Community Stewardship Awards Program），奖励最佳时间的地区。除了区域的绿色数据，得克萨斯州中部愿景联合得克萨斯州大学开展规划项目发展质量增长工具箱（Quality Growth Toolbox）。这个以网络为基础的工具箱为规划者提供超过一百种交互工具，最棒的实践、策略和技术对增长产生正面影响。城区规划机构，首都地区都市区规划组织（Capital Area Metropolitan Planning Organization）（CAMPO），将大部分得克萨斯州中部愿景的增长预测结合进他们的规划中。由于得克萨斯州中部愿景的促进，当地部门开始更新他们的官方规划结果。

2008年春天，得克萨斯州中部愿景委托一次对区域远景的评估。研究显示该区域确实有望在2000年到2020年人口翻番。首要考虑的问题包括：交通系统的改善，水资源的可用性和质量得保证和保持经济适用房。研究表明，区域经济和市民领袖对缺乏资源规划和没有确立更大的区域合作事务表示遗憾。报告的作者指出研究参与"相信区域已经逐步朝着得克萨斯州中部愿景制定的多个目标前进，但是仍有普遍感觉得克萨斯州中部仍面临很多和得克萨斯州中部愿景工程推出之时相同的问题。"为了打破传统权利的孤岛，参与者发现链接经济利益、土地使用和交通对未来区域的发展是必要的。

研究包括对主要商业公益领袖和公共官员的访谈。进行聚焦组织、社会工作组和线上问卷调查。自从得克萨斯州中部愿景开始发展，气候变化在区域中出现是最被关心的

问题。参与者们了解气候变化和能源使用之间的联系，参与者们指出碳中和与能源保护在奥斯汀已需领袖和创新者们采取行动了。

除了项目进度评估的过程中，咨询顾问（奥斯汀TIP策略）为了使得克萨斯州中部精管有效的发展发展准备了组织建议。一方面，咨询顾问发现"得克萨斯州中部愿景缺少一个明确的角色定位"。另一方面他们发现"委员们所关心的区域问题和越来越意识到协调区域横向发展的必要性对于得克萨斯州中部愿景是一个巨大的机会"。18 因此，咨询顾问推荐给得克萨斯州中部愿景单挑发展路径。这三种发展路径都会被参考。其中一个挑战就是保持一个高素质非党派组织的声誉，在向咨询公司发展的过程中平衡教育计划。

随着对于规划绿色数据越来越重视，得克萨斯州中部愿景继续提供区域领导工作。在一些区域的交通规划、基础设施改善和公共空间改善的发展中可以看到一些进步。不过我们还有很多工作要做，尤其是要实现我们社会公平和更多可持续发展模式的目标。也许得克萨斯州中部愿景的主要成就之一就是提升大家对于区域主义的好处的认识吧。

"城市扩张是一个需要公共社会一起解决的公共问题，"理查德·戴戈（Richard Dagger）提到。城市扩张可以被视为一个结果，一个未来可能的方案源自城镇化和第一个城市世纪的人口发展趋势。像得克萨斯州中部愿景这样的努力帮助呈现不同的可能发展方向。这些可选项的分析同时也是对于城市现有照常扩张的考虑，需要理解如何互相作用和当地物种是如何与其他物种和自然世界相互作用的。

奥斯汀拥有探索如何创新发展的实践历史，从20世纪70年代的明日奥斯汀开始，经历了80年代的"协商增长管理"，到90年代的"聪明发展"，结果有喜有忧。其他的努力收效甚微。例如城市中的拯救我们泉水条例，限制了含水层补给区上的不透水路

面，被开发商们用削弱了国家立法条例回避了。过去的努力倾向于关注奥斯汀，而忽视了更广大的区域。得克萨斯州中部愿景与之不同的就是因为改善的是五个县和少部分城市，而不是整个奥斯汀。至少得克萨斯州中部愿景导致当地市民开始用区域的思维思考问题。

布鲁斯金学会（The Brookings Institution）指出美国和它的经济目前基于像奥斯汀这种都市区域。根据一位布鲁金斯成员阿兰·贝鲁布（Alan Berube）的著作中的研究"美国都市区域是国家繁荣的引擎。"也许"思考用全球化的头脑思考，用地域性的手段实施"应该被扩展到"用地域性的理论规划"。地域性规划应该创造知识资本，提高社会资本并保护自然资本。换而言之，我们需要将罗伯特·帕特南关于社会资本的思考与更广泛的经济和环境问题相联系。只有这样，我们才能意识到我们拥有创造未来的能力——不仅仅是去顺应它。

14 第14章
得克萨斯州三角区

在1960年代初，法国地理学家Jean Gottmann用"都市"来描述一种新的城市农场，其形容了毗邻大西洋海岸从波士顿到华盛顿网络互联城市。经过四十多年的发展，学者们观察其他被称为"超级地区"的10大都市带，它们已经纵横全美（图14.1）。区域规划协会（RPA）将大型区域描述为以其为中心，联系周边地区的扩展网络。通过集中人，就业岗位和资本，大型区域可以在竞争日益激烈的全球经济中发挥决定性的作用。大型区域在经济、环境和人口等方面的空间拓展和区域增幅，可以跨越个人的政治或经济实体的边界。

与此同时，弗吉尼亚理工大学都市研究所的罗伯特·郎（Robert Lang）从规模上介绍了传统大城市和特大区域之间的区别，他称之为"megapolitans。"按照他的说法，到2040年，在美国，由现在两个这么大的城域构成的大城市将成为最基本的组成单元；它们拥有来自相邻的都市和都市区以及超过一千万的居民；它们历史鲜明却构成了一个有机的整体；它们之间有相似的物理环境；通过主要交通基础设施建设链接中心；形成商品和服务流动的城市网络；构成了适合于大规模的区域规划的地理环境。

巨型区域概念，首先吸引欧洲一些决策者，规划者和学者的关注，而现在，大家的注意力聚集在北美和亚洲。大尺度空间规划得到了欧盟的支持，城市化的不连续走廊从利物浦延伸到米兰，形状像一根"蓝香蕉"，所以便以它的形状来命名。蓝香蕉含有约9000万人。一群法国地理学家共同组建了一个称为"RECLUS"的组织，他们在罗杰·布吕内（Roger Brunet）的带领下，推动这个概念的发展。荷兰的兰斯塔德（Randstad Holland）是欧洲范围内的支柱部分。兰斯塔德地区和美国大都市连绵带一样，都是典型的大型区域，其位于欧洲人口最密集的一部分，包括鹿特丹（Rotterdam），阿姆斯特丹（Amsterdam），乌得勒支（Utrecht）和海牙（Den Haag）等荷兰主要城市。虽然这些对城市产生了一定的冲击，但这个区域的高产农田也形成了荷兰的"绿色心脏"并且形成一条积极的休闲走廊（图14.2）。

得克萨斯州三角是在美国11个大型区域中的一个，最初是由一队来自美国宾夕法尼亚大学和RPA共同研究提出的。这个大型区域包括由休斯敦和圣安东尼奥组成的都市圈并作为它的基础部分，达拉斯和沃斯堡作为顶点，奥斯汀（Austin）沿着三角形的左侧。整个区域涵盖近6万平方英里的土地总面积

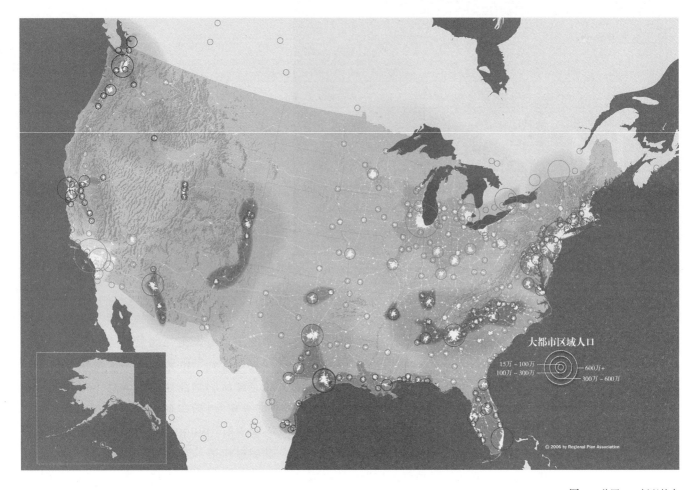

图14.1 美国2050新兴的大型城市区，区域规划协会

图14.2 荷兰的田园景观。由弗雷德里克·斯坦纳提供照片

（155399平方公里），截止到2000年，地区总人口达到1500万人，在未来30年左右，预计将再增加1000万人。这种生长至少带来三个主要的挑战。首先，消费将压榨土地，水和其他自然资源。在该地区五大含水层中的两个，预计将在2050年至多能剩下的目前可用水的45%。其次，该地区的人口将变得更加多样化，具有显著的国际化现象，在就业、教育、医疗保健和其他服务方面将会提出更高的要求。第三个挑战将是流动性，研究表明，所有的得克萨斯州三角都会区在过去的二十年中一直是国内最拥挤地区之一。这就必须要求推动交通基础设施建设，以保持人员和货物在区域内、得克萨斯州与墨西哥边境、在北美自由贸易协定走廊中的移动，并且需要有重大改进。

为了适应在如此广阔的区域的快速增长，大型区域的方法为区域规划和决策提供了有用的框架。尽管如此，已经有大约关于得克萨斯州三角仅仅是一个简单的几何巧合还是一个综合的大型区域的辩论仍然产生了。11个美国大型地区中，得克萨斯州三角可能是拥有关于边界讨论最多的。针对得克萨斯州的一个或多个大型区域的不同定义似乎都有道理。除了提出宾州大学和RPA团队提出的三角版本以外，罗伯特·朗（Robert Lang）和Dawn Dhavale提出的两个都市走廊.一个是沿35号州际公路从得克萨斯州的圣安东尼奥，延伸到密苏里州（Missouri）的堪萨斯城（Kansas City）。另一种是从得克萨斯州的布朗斯维尔（Brownsville），顺着墨西哥湾沿岸走廊移动，亚拉巴马州的莫比尔（Mobile）。2006年，在西班牙的马德里进行大型区域讨论时，产生了"得克萨斯州枢纽"的版本。从而休斯敦成为了从墨西哥与佛罗里达州的狭长地带的中间枢纽。同时，得克萨斯州农机大学的埃莉斯（Elise）依旧在质疑在得克萨斯州三角大型区域存在的完整性。

大型区域的框架概念研究

定义一个区域

为达成计划的目的，一个区域或许需要用其行政区域、生物物理、生态、社会文化或者经济边界来进行定义。而大型区域概念一般在传统的大都市地区进行扩展和建立，通常会是政区的叠加、生态和文化的界限。

一些由政府管辖的区域会将大量的民众分隔开来，如州、县、乡等不同尺度的边界来定义，使他们比较容易被识别。同时，它们也具有一定的立法和监管功能，是重要的规划区域。政治区域也可以通过政治实体服务特定的监管、政策，在联邦政府层面和信息传递为目的对多个区域进行分组。而美国环境保护署（EPA），美国人口普查局（Census Bureau）以及其他联邦机构定义美国根据特定区域标准，通常遵循国家边界来进行划分。大型区域的一个潜在的假设认为，传统政府辖区正逐渐解决不了如人口快速增长，大规模环境保护系统和复杂交通网络规划等所带来的种种问题。

生物物理区域可以被描述为在一个给定区域，生物和物理现象相互作用、存在而产生的。也许，生物物理区域被全面的划分和确立，成为在规划过程中的一座分水岭。自从20世纪30年代开始，美国农业部门（USDA）已用于流域保护和防洪规划。同样，美国环境保护署（EPA）也在促进流域较远的区域规划并且在维护一个被称为"浏览你的转折"的网站（www.epa.gov/surf）。分水岭的确立对很多方面都有着非常积极的影响，如保护饮用水供给，确定减缓湿地的重要站点等等。

物理区域可以被绘制出来，从而引起规划师们的注意（图14.3）。流域的排水模式比较容易在地形图上表现出来。自然地理区域是基于地形纹理，岩石类型，地质结构和历史来进行表达。由水文和地理而产生的范围很少能够与区域的政治管辖区或统计地理一致，这对那些需要考虑流域和地形特征的大区域规划是一个挑战。

生态区通过如海拔、坡向、气候等一些物理信息，再加上植物和动物物种的分布来划定。美国环保署（EPA）将区域生态系统及其组件具有相对均匀性的地域定义为生态区域。借鉴罗伯特·贝利和他人的工作，美国环保署（EPA）在指定的生态地区收集气候，地质，地貌，土壤，植被信息。天气类型在生态系统测绘中同在规划和自然资源管理中一样起到了非常重要的作用。生态区域同流域一样，不会受到行政界限的约束。因为他们的规模，正是由于大型区域拥有这样的规模，它们也可以同时集成许多生态区域，并有着重叠边界（图14.4）。

社会文化的地区是比较难划分和界定的。通常在行政区域内，可能会有一个或多个独有的特征并且为居民身份提供依据。在美国，社会文化区域可能跨越几个州，如中西部，西北太平洋，或新英格兰；它们也可以是较小的区域，同样跨越行政边界。例如，印第安纳州北部和南部密歇根的区域通常被称为"米赤阿纳"。

与构成生物物理区域的许多现象不同，不同社会特征的人们可以占据一个社会文化区域。此外，这意味着为了应对季节人体运动，不同的人群可以在一年中的不同时间占据同一空间。例如，爱达荷州牧场主在秋季会将移动牲畜从高海拔的地区迁移到低海拔的温暖河谷地带。在冬季，同样的爱达荷州山区会吸引来自低海拔地区的滑雪者到此定居。

一位名叫威尔伯·泽林斯基（Wilbur Zelinsky）的宾夕法尼亚州立大学地理学家，他倡导用广泛使用方言的地区来描述社会和文化的组成部分（图14.5）。从根本上讲，方言地区代表了原住民的空间感知。因为这些区域在逐渐被大家所熟知的过程中，方言也得到了发展，并且可以被形容成"流行"区

域。根据威尔伯·泽林斯基的表述，探索方言地区可以解答关于地区、种族以及历史等一系列的问题。一些美国作家建议一些流行的地区，可以像欧内斯特·卡伦巴赫（Ernest Callenbach）提出的生态乌托邦一样，打造成为约尔·加罗（Joel Garreau）在《北美的九个国家》中描述的从旧金山海湾地区一直向北延伸到阿拉斯加的生态乌托邦区域。

尤其是非常赞同威尔伯·泽林斯基的框架的地理学家唐纳德·梅宁（Donald Meinig），他通过得克萨斯州三角对摩门教和得克萨斯州文化区的重叠区域进行了详细的研究（图14.6）。他指出：

得克萨斯州中部并没有受到太多其内部文化特征的影响，反而位于角落的大都市对它的影响会更大一些。如果我们把它看作是一个巨大的三角形，其周边的交通网络在三个大都会区域汇集，……我们可以将这个三角形看作是得克萨斯州通常意义上的核心区：拥有政治地位和经济实力，交通枢纽，最集中的发展以及最有特色的文化形态区…得克萨斯州的其余部分的发展则是依托于休斯敦，圣安东尼奥和达拉斯－沃斯堡的核心价值。

社会文化区域可以被用来作为大型区域的标志。许多大型区域主张将卡伦巴赫，加罗（Garread）和梅宁的想法进行完善并按照这种思路进行建立。例如，西北太平洋地区以"生态乌托邦"的概念建立的"卡斯卡迪亚生态区域"（Cascadia Ecolopolis）。

从功能上看，经济地带与社会文化相互重叠的地区，经济过程往往在地区的社会进程中便主宰了我们的意见。例如，每天往返上班，报纸的发行，房地产市场以及一些运动队伍都会对经济区域的定义产生一定的影响。同样，区域发展与建立也根植于当地的经济状况，如在美国东北部和有着强日照的南部和西部地区工业的衰退。

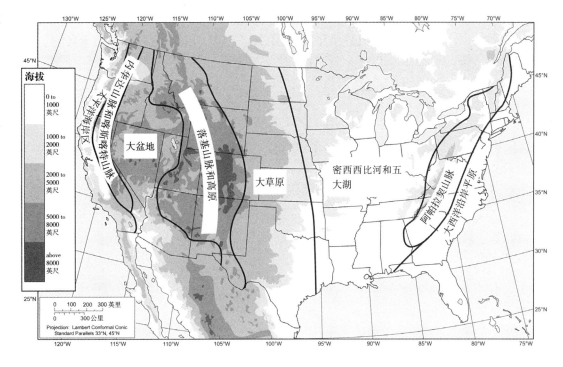

图14.3 美国的自然区，亚利桑那州地理联盟，贝基·亚当，制图

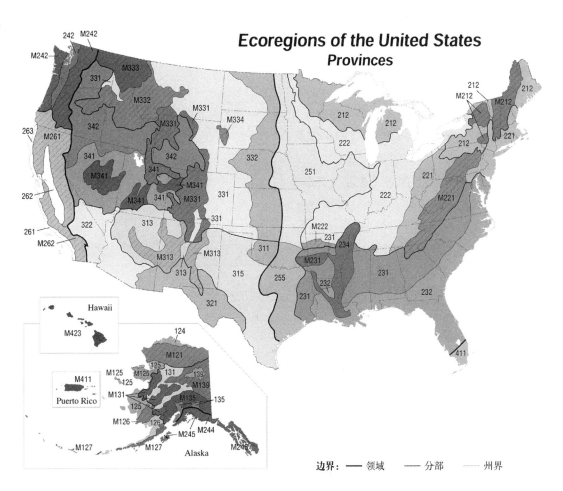

图14.4 美国的生态区，罗伯特·贝利，美国林务局

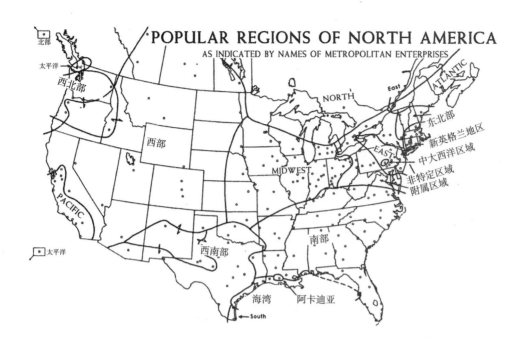

图14.5 北美国威尔伯泽林斯基的流行区，1980 ©美国地理学家协会年刊

农业地区是这种类型的另一种常见的划分，它们往往是一个综合的区域类型。农业涉及人类与土壤，水和植物之间的相互作用。就像是气候变化程度的不同使食品与纤维并存。农业可以频繁的替换标签也证明着，它是一种更为融合的区域类型，例如：棉花种植带为美国东南部和玉米带的中西部地区，或者更具体，加利福尼亚州和肯塔基州蓝草区的纳帕谷。

美国农业部定义了新的农业资源区域，它打破行政的边界，并将美国农场的生产地理分布描绘得更加准确。目的是为了帮助分析师和决策者更好地理解影响农业的经济和资源问题。大型区域可以被看作是美国农业部所划定的农业资源地区，因为他们帮助我们理解城市地区面临的经济和资源问题。像美国农业部的做法一样，抛开行政界限，更有助于了解城市经济问题。

在美国，都市地区拥有一些政治组织机构来解决包括交通、经济发展、住房、空气质量、水质和开放空间系统在内的很多规划问题，这些机构拥有着一个以上的政治管辖权。城市规划组织（MPOs）负责规划，协调

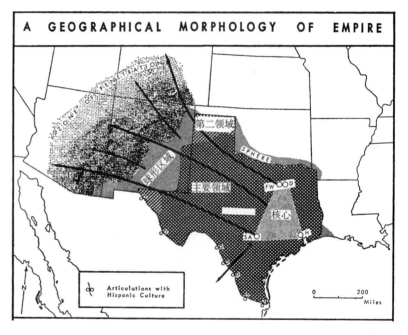

联邦公路和运输投资。除了城市规划组织，其他拥有规划责任的实体还包括政府委员会，规划委员会与开发区。

在美国，地方政府创造了超过450个区域委员会用于应对各种联邦政府的计划。区域委员会的负责人通常是通过董事会的民主选举或者是社区的其他领导人兼任的。例如，俄勒冈州的波特兰，选举产生的地方政府通过土地利用与交通规划的协调引导区域经济

图14.6 唐纳德·梅宁鉴定的得克萨斯地理文化核心，得克萨斯大学出版社

增长。作为一个经选举产生的实体，大都市区域为其承载了三个县的区域，25个城市，超过210万人。大都市区域的指导能力的增长来自于俄勒冈的规划法律要求住房和土地利用目标的综合计划，以及城市增长边界。

正如上文所述，罗伯特·郎［与他的前弗吉尼亚理工大学城市学院的同事克里斯·纳尔逊（Chris Nelson）］为传统的大都市区和大区之间的水平的拥护者，他们称之为"大城市"。这些大城市由美国人口普查统计区定义。通过不断增加的规模，大型区域和大城市已经超过传统的大都市地区的优势，包括城市综合体和农村地区以及配套环境资源领域。

理论中的大型区域

从水利学家到经济学家，从不同的学科旁观者的眼中，我们得到了不同的意见，关于大型区域还有什么新的观点吗？至少，新的技术使我们能够在较大尺度揭示更多的现象。遥感和卫星摄影毫不夸张地让我们能够在大尺度下观赏自然和文化力量。我们可以几乎在世界任何地方用谷歌地球或ArcGIS在线中找到家庭和工作场所的图像。地理信息系统技术使我们的数据结合起来，在新的和创造性的方式下将信息展现出来。因此，大型区域为新的描述性理论提供了前景。我们可以在更大的尺度描述的进程、模式、连接和网络。这使我们能够断定有关定居点的位置和土地用途，以及说明事情的本质道理。大型区域也表明，其规模超出了个别城市或大都市地区的分析理论。大型区域会生产有关的交通、人口、土地利用、环境以及经济系统的大量数据，而可能会被认为理论具有较大的复杂性。同样，这可以表明有序的模式可以在混乱的状况下梳理清晰。举一个例子，我们可以分析土地利用变化和道路通行能力之间的关系。这样的关系，用于研究社区区域尺度是非常简单的。然而，通过扩大规模，同样也可以分析之间的连接性，或它们之间是否缺乏多变性。

第二个例子来自于环境变化和自然灾害之间的关系。例如，人们可以分析飓风或者全球气候变化在历史上对在墨西哥湾海平面变化中产生的潜在影响。从而可以帮助我们识别哪些区域更易受洪水、海浪以及风的侵害。位于墨西哥湾沿岸地区的大型区域帮助我们理解气候过程超出了其他区域甚至是国家层面。

这样的分析可以促进理论的规范性。规划师和生态学家提出了灾后城市更新的观念。大型区域规模可能帮助我们理解为什么一个群落在遭受飓风、洪水、地震、海啸或野生火灾之后的恢复，可以比另一个附近的社区更迅速。我们也许可以得到一个可以遵循的弹性策略。从一定程度上讲，弹性意味着"反弹"，分析表明一些社区并不能反弹，或者说是，其他区域应该超越灾前的状态。

再生设计和可持续性是两个规范性理论，可以建立在应变能力上，同时也表明持续的创新和发展。据约翰·莱尔（John Lyle）的研究表明，再生设计涉及"更换吞吐量以及流量来源，以及呈线性循环的方式向消费中心汇流"，此外，"再生系统通过自身的功能流程进行连续更换，并在其操作中使用节能的材料"可持续发展旨在为大型区域的规模寻找一个平衡经济，环境和公平问题一个机会，以促进再生和可持续性方法。因为，（1）能源和材料工艺可以在较大规模的领域进行，从而减少运输；（2）经济、环境和公平的权衡可以分布在更广泛的领域。

大型区域规划提出了一种接近大型运输系统、绿色基础设施和保证经济发展的新方式。例如，美国铁路公司在东北工作更有效率，因为它连接的一系列主要人口中心。在得克萨斯三角，可能类似的效率是通过用轨道交通连接达拉斯·沃斯堡、休斯敦和圣安东尼奥而取得的。换句话说，大区域的概念，提出了一个新的非常大规模的规划程序理论。大型区域规划对政策制定者和规划者提出了一种新的思考方式。结合各区域的愿景，如犹他州和得克萨斯中部地区大型区域的建立预示着一个新时代的到来，并产生深远的影响。新城市主义转变了开发者、规划师和建筑师的思考方式。新地区主义可以改变我们如何看待自然、文化和经济过程。为了追求这种潜力，我们可通过得州三角图解回头看看，以便我们更好地了解城市与区域发展。

得克萨斯州三角地区的城市化历史

得克萨斯三角，三条边的地面距离分别是436公里、319公里和388公里。（图14.7）。即使考虑到"大得克萨斯的感觉"，这些距离与现代地面运输相比也是相当的远，在第十九世纪，客运和货运列车将大三角中的主要城市连接起来。正是火车的连接，增强了定居点的初始生长。根据一位名叫巴里·波普（Barry Popik）的纽约语言学家的研究表明，"得克萨斯三角"似乎早在1936年的时候就出现了。在20世纪初，密苏里太平洋铁路公司（MOPAC）就已经在西南地区开始经营客运列车服务。并且，其宣布从圣路易斯（St. Louis）和孟菲斯（Memphis）出发，联通达拉斯，沃斯堡，休斯敦（Houston），奥斯汀（Austin）和圣安东尼奥的业务开通通宵服务。"得克萨斯三角"的话语在此时第一次出现，并被称为"特殊阳光"。

今天，得克萨斯三角的列车服务不再运行。只有有限的美铁连接，虽然这些旅客列车都比较慢，但是由于有着较为便宜的票价而依然成为民众的选择之一。三条州际公路在这里提供城际连接和划定的三角形的作用，它们分别是35号州际公路，45号州际公路和10号州际公路。对于一般公众来说，"得克萨斯三角"现在就好像是其中的达拉斯小牛、

休斯敦火箭以及安东尼奥马刺这三支NBA球队的关系一样，是三角城市经济竞争对手还是作为其余两座城市的功能补充。以下是对这些城市的功能历史所做的一个简短的陈述。

圣·安东尼奥

圣安东尼奥位于得克萨斯州的中南部，是美国的第七大城市。2008年全市普查报告显示有1351305人；当年的大都市区域人口数据为2031445人。圣安东尼奥是一位西班牙探险家于1718年作为一个补给站而创办的，目的是为了服务在得克萨斯州东部和路易斯安那州的任务。在1731年，圣安东尼奥区别于圣费尔南多贝克萨尔（San Fernando de Bexar）成为得克萨斯州的第一个直辖市。1812年的墨西哥革命标志着圣安东尼奥一个政治不稳

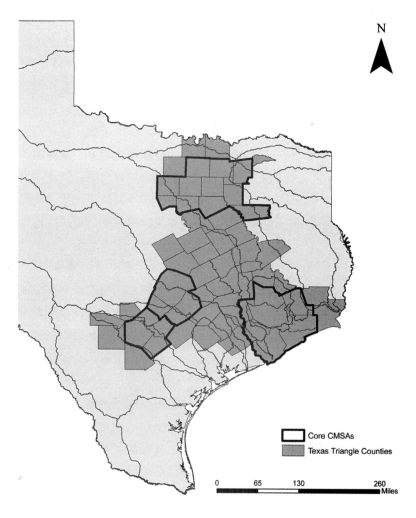

图14.7 由六十六个县构成的得克萨斯大三角超级区域。还标出综合大都市统计区（客户投诉管理体系）的圣·安东尼奥，奥斯汀，休斯敦，和达拉斯/沃斯堡。地图由萨拉哈默施密特制作，数据来自美国人口普查2000和得克萨斯公园和野生动物部门

N

Core CMSAs
Texas Triangle Counties

0　65　130　260
Miles

定时期开始，并在1836年为得克萨斯州独立进行的标志性的阿拉莫战役中，达到最高潮。到1846年，圣安东尼奥的人口已减少到八百人。然而，在得克萨斯州加入联邦，圣安东尼奥成为西部迁移的分销中心。由德国移民带动下，人口到1850年上升到3488人，到1860年，圣安东尼奥已经成为得克萨斯州最大的城市，这一记录一直维持到了20世纪初。在加尔维斯顿，哈里斯堡和圣安东尼奥轨道系统为圣安东尼奥的繁荣做出了贡献。然而，到1930年，休斯敦和达拉斯曾在大小上超过了圣安东尼奥。

在第一次世界大战中，萨姆休斯敦堡成为美国最大的军事基地。军事影响力大大改变了马刺的经济格局。西方的一次农产品配送中心被改造成美国对士兵的训练场。在第二次世界大战期间，军事人员占到了全市总人口的三分之一以上。实际上，人口在第二次世界大战期间翻了一番。圣安东尼奥依赖军事作为主要的就业来源和主要的经济驱动点。

作为在得克萨斯州最古老的城市，圣安东尼奥最近成为最受欢迎的旅游和会议目的地。旅游景点包括河边漫步商业区，阿拉莫和西班牙风情，还有众多的高尔夫球场。城市的会展中心坐落在河边，那里到处都是餐馆和酒店。

休斯敦

休斯敦市位于得克萨斯州东南部，是全国第四大城市，2009年拥有城市人口2242193人；当时的大都市人口是5728143人。1836年，艾伦兄弟（Allen brothers），奥古斯都·查普曼艾伦（Augustus Chapman Allen）和约翰·柯比艾伦（John Kirby Allen）在海湾海岸平原以通用·萨姆·休斯敦（General Sam Houston）为名成立了休斯敦镇。在1837年6月5日，得克萨斯国会暂定休斯敦作为得克萨斯共和国的首都。

休斯敦的战略优势在于提供了可访问性

的水路运输。在南北战争之前，休斯敦是可以访问墨西哥湾的水路最内点。远洋船舶抵达加尔维斯顿（Galveston），在布法罗河口（Buffalo Bayou）小型船只与腹地牛拉货车实施对接。在20世纪之交的时候，休斯敦的人口就已达到了44683。

1900年，飓风摧毁了加尔维斯顿——当时是得克萨斯第四大城市。九月八日和九日的风暴造成一万二千人死亡，在加尔维斯顿就至少有六千人。飓风过后，休斯敦成为主要的增长点。1900年，加尔维斯顿重建后和生长在沿海岛屿的环境敏感地区，依旧受到飓风灾害警告。并且在2008年，飓风再次摧毁了加尔维斯顿艾克。

内战开始后，大家主要努力挖掘更好的航道。1914年休斯敦航道打开，让休斯敦拥有了深水港口并在之后在美国排至第二大。在那时，休斯敦已经成为在得克萨斯州的城市排名第一的商业和工业力量。航运是一个地方经济的主要行业，特别是在第二次世界大战。在发现石油后，休斯敦的经济在主轴上发生了巨大的变化。为了与海湾风暴保持一个安全的距离，石油公司在休斯敦航道建立了自己的炼油厂。战争结束后，休斯敦利用其天然盐、硫和天然气的供应成为美国最大的石化产业集中地。依托于这个行业，这个城市已经成为1970年世界能源之都，其经济能够迅速地从单纯的能源基地不断扩大，在很大程度上仍是基于石油和天然气相关产业的作用。随着亚洲、拉美裔、黑人和白人公民的均衡，丰富的搭配，休斯敦也变得更加多样化和国际化。

奥斯汀

奥斯汀城位于得克萨斯中部偏东在2008年城市人口达到757688人，当时的大都市区人口1705075。它横跨科罗拉多河，西抵爱德华兹高原东到肥沃的黑土草原。奥斯丁原本是由一个用于印第安人狩猎的营地和一座美国人建立的滑铁卢村构成，并且在1839年的时候成为新的得克萨斯共和国的首都。奥斯汀的第一任市长，埃德温·沃勒，在科罗拉多河的北岸提出了一种新的网格系统。此网格对齐在东北抚育两溪峡谷之间的山脊。在市中心，结构基本保持完好。而在北面，网格转移到一个真正的南北结构。在这个核心周围，街道可以更多地与连绵起伏的丘陵和周围的水系统有机连接。

在1845年，得克萨斯成为美国的一部分，奥斯汀成为永久的州首府。圣十字架的会众，牧师爱德华索林（Rev. Edward Sorin）在1878年建立了奥斯汀的第一所大学，圣爱德华大学。而得克萨斯大学奥斯汀分校是在1882年建立的。直到20世纪70年代初期，城市的经济主要来源是州政府和高等教育。

开始在第19世纪末，一系列的七个水坝建在科罗拉多河上，主要用于防洪和水力发电。作为这一切所带来的结果便是生产扩大，得克萨斯大学的扩建和发展，并为计算机技术行业的发展埋下了种子。自20世纪70年代以来，这个城市已经成为计算机技术的一个重要中心（如得克萨斯仪器公司，戴尔，IBM，摩托罗拉，三星和AMD），在音乐方面，如奥斯汀市的极限音乐节，在某种程度上，电影和电视也发展得很好，比如奥斯汀当地导演罗伯特·罗德里格兹（Robert Rodriguez）拍摄并制作的电视"胜利之光"。

巴顿泉提供了一个受欢迎的全年游泳池，其恒定的温度和充足的水量为它的普及奠定了基础，并且得到了一个强大的本地环保组织、地方和国家认同。伯德·约翰逊夫人野花中心和其他保护组织以这种"绿色"为发展方向。大型学术、高科技以及学生群体提供持续的技术创新，以及强大的现场音乐。奥斯汀也迅速成为可持续建筑和能源系统的领头羊。

达拉斯

达拉斯市位于得克萨斯州东北部的特里尼蒂河畔，2010年拥有131.64万城市人口。在与附近沃斯堡联合之后，其成为全国的第九大城市，第四大的大都市区。1841年，约翰·尼利·布莱恩特（John Neely Bryant）是第一个抵达并定居在达拉斯地区的美国探险家。丰厚的土壤和充足的水源使之成为居住的理想场所。依托于特里尼蒂河，达拉斯在1846年3月30日正式成立成为一个以贸易为主的县，并且由得克萨斯州议会直接管辖。不久，它作为在两个得克萨斯州高速公路汇聚的地方，形成一个内陆交通枢纽并且提供了干货服务和杂货店，鞋靴商店以及药店，到1860年的时候，达拉斯的人口已经达到约八百万人。

在19世纪末，城市依托轨道为中心的开始增长，到现在，城市占地385平方英里（997平方公里）。达拉斯在石油工业，电信，计算机技术，金融，运输中都起到了主导作用。除此之外，大量的公司总部包括埃克森美孚、7-11、百仕达、玛丽化妆品、西南航空公司、JCPenney、美国普康姆、得克萨斯州机械以及ZALES珠宝都分布在达拉斯都市区之中。

沃斯堡

沃斯堡也位于特里尼蒂河的沿岸，在2009年的时候拥有城市人口72.03万人，往西行驶32英里（51公里）便可以到达达拉斯。在1849年美墨战争结束，里普利·A·阿诺德在这里基于营地本身进行了修造和改建。营地被正式命名为沃斯堡，以纪念墨西哥战争的英雄威廉·詹金斯·沃斯堡将军。在战争结束时，堡垒被迁往更远的西部，并定居在最初的堡垒区，建成百货商场，一家百货商店，一家酒店，一个医生的办公室和一个面粉厂。沃斯堡还作为到加利福尼亚州陆路邮件服务和公共马车行一个重要站点。达拉斯和沃斯堡一样，均得益于该地区丰厚的自然资源。然而，内战导致资金短缺，食品和水供应不足。达拉斯和沃斯堡一直到1870年代末连接上铁路之后才经历强劲增长。

沃斯堡最开始是从一座牛车总站演变发展而来的，但它依旧保留了西方的特征。例如在畜栏历史街区，保存和再现了奇泽姆径及得克萨斯州和太平洋铁路的痕迹。该市还设有三个主要的艺术博物馆：现代艺术博物馆（由安藤忠雄设计），金贝尔艺术博物馆（由路易斯·康设计）和阿蒙·卡特博物馆（由菲利普·约翰逊设计的）。

达拉斯和休斯敦由于其交通优势开始作为分销中心，达拉斯在内陆作为一座陆路交通枢纽，而休斯敦则作为一个水路交通枢纽存在。圣安东尼奥和沃斯堡刚开始的时候是作为军事哨所而存在，而由于奥斯汀的战略地位则被创建为一个行政中心。尤其是在最近的几十年，它们之间的有些功能产生了重叠。然而，在创业初期，与竞争对手或合作生产商相比，它们的地域分离使他们更像是孤立的经济实体。

得克萨斯州三角的生态空间

图14.8说明了得克萨斯州三角的位置和无所不包的生态区，这些是由美国环境保护局和美国地质调查局定义的。达拉斯，奥斯汀和圣安东尼奥三座城市所构成的大都市区域位于黑土草原和爱德华兹高原并沿着它们的边界延伸。休斯敦和墨西哥湾沿岸的其他部分均位于沿海平原。而在沿海平原生态区以及主要流域和河流廊道由于一直延伸到海岸通常垂直于海岸。

黑土区草原生态区拥有非常肥沃的土壤，由农业生产所产生的细粒黏土只占广阔天然草原的很小一部分。这里存在体量较大的农业和牧场，但是由于城市和工业的增长和发展的需要，导致该地区的内在资源保存成为一个持续的挑战。位于南部和西奥斯汀和圣安东尼奥，爱德华兹高原生态区的特点是一个丘陵石灰岩地形，这里的大量泉水溪流拥

有生态价值，游憩价值和景观价值。鲍尔肯断层带和陡坡向东，提供了一个清晰的大草原高原生态区划分。原生植被的多样性主要是常绿植物、杜松和橡树。该地区主要用于包括狩猎在内的家畜和野生动物管理。

总之，这些资源及其相关设施都为都会区的经济稳定提供了至关重要的支持。水的供应主要源自于马上开工的大都市区域的西北部，那里属于水源的上游地区。基于大都市区，农业，采矿和其他资源型产业得到了发展，并且出现了许多较小的社区。但是越来越多的具有改进的交通和通信设施，与大都市区之间产生了一些影响，并使其增长受到一定的限制和发展方面的压力。

休斯敦大都市区和相关社区的接近的海岸属于墨西哥湾沿岸平原生态区。地形十分平坦，主要以草原、内陆森林和稀树草原的植被类型为主。农田覆盖了这一生态区的绝大的部分。城市化与产业发展成为土地覆盖变化的主要因子。例如，休斯敦新城人口，预计在未来25年增长超过800万人。

上述地区流动的组合和生态区一起组成了得克萨斯三角的基本形状如图14.9所示。包括66个县和57430平方英里（148743km^2），到2000年该型超级区域中包括的总人口可以达到近一千五百万（见表14-1）。大部分的人口都集中在四个核心综合大都市统计区（客户投诉管理体系）：休斯敦，达拉斯，沃斯堡，圣安东尼奥和奥斯汀。

超级区域引发的思考

一个大区域的模式意味着需要对经济发展与环境保护同时进行规划考虑，交通基础设施通常被局限在个别地区，使用超越常规的做法。以交通规划为例：在得克萨斯三角交通规划的大型区域的方法意味着达拉斯沃斯堡、休斯敦之间的城际旅行，奥斯汀/圣安东尼奥成为区域内的运动。目前，MPOS负责

对每个都市圈交通需求预测与规划。其中的工作范围一般不超出指定的区域。MPOS提供每一块区域的详细图片，可以发现的是从大都市区及其腹地之间的干旱区域在相互影响下通常超出传统的MPOS的范围。因此，一个大型区域交通规划应结合个体因素，来考虑大都会运输计划城际人和货物的运动。一个新的MPO巨型区域规划组织，可能需要协调现有MPOS和其他实体在大区域的努力。这种大规模的规划已集中运输和增长走廊远离环境敏感地区的潜力，就像爱德华兹高原、黑土草原一样，避免生产农田。

得克萨斯州人认为大和大型区域概念，需要大规模的思维。拥有一千万人生活的得克萨斯州在未来三十年的时间中有机会创造一个全球竞争激烈的大型区域。如果严重的教育经费问题可以得到解决，得克萨斯州能脱颖而出，成为知识和文化的全球出口国。另一种选择，成为一个知识进口商，但是在经济方面这并不是一个积极的选择。

开放空间的保护是关系到供水。这关系到圣安东尼奥的未来，所以爱德华高原是必不可少的。沿着悬崖爱德华兹的泉水对于许多社区是非常有价值的，也是潜在可持续的来源。得克萨斯州三角被河流贯穿，如特里尼蒂河和科罗拉多河，水和旅游娱乐这也是它所拥有的重要资源。

另一个挑战是大型区域内的连通性。目前，得克萨斯州三角是由汽车，卡车和航空运输系统为主。在20世纪后期大都市区得到发展的州际公路，这是唯一适合于城市地区的交通方式，绵延30～80英里（48～129公里）。但一个大型区域将需要新的基础设施包括超过300英里（483千米）的高速铁路。目前，欧洲和亚洲国家已经建立了高铁系统，得克萨斯州也需要做。高铁应与扩大的城市轨道交通和货物的流动进行整合。达拉斯的领导与城市轨道交通正向着多元化的运输迈进，就像是休斯敦和奥斯汀的新铁路计

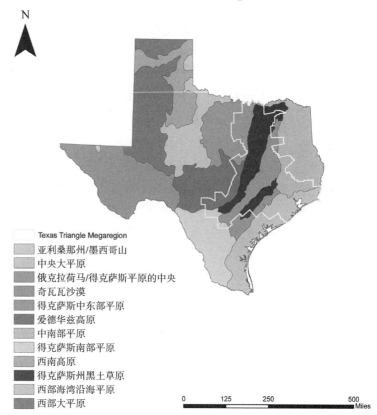

State of Texas Ecoregions

N

Texas Triangle Megaregion
亚利桑那州/墨西哥山
中央大平原
俄克拉荷马/得克萨斯平原的中央
奇瓦瓦沙漠
得克萨斯中东部平原
爱德华兹高原
中南部平原
得克萨斯南部平原
西南高原
得克萨斯州黑土草原
西部海湾沿海平原
西部大平原

0   125   250   500
Miles

Produced by: Sara Hammerschmidt
Date: May 18, 2009
Data Source: Census 2000 TIGER/Line Data from ESRI,
Texas Parks and Wildlife

表14-1　得克萨斯三角地区的人口统计

	得克萨斯州三角（66个县）	4个核心CMSAS	得克萨斯州	美国
面积（sq.mi）	57430	25035	268580	3794083
人口	14660	12734	20852	281422
GDP（$ million）	605458*	722832	9749104	
占美国总数比例				
面积（sq.mi）	1.51	0.66	7.08	100
人口	5.21	4.52	7.41	100
GDP	6.21*	7.41	100	

*2003.

划一样。

一个相关的挑战是关于基础设施的恢复，同时建立新的项目以应对不断增长的人口。我们为了打造得克萨斯州新世纪的第一城市将需要新的道路、桥梁、公园、水和下水道以及公用厂房和污水处理设施。

这一转变对得克萨斯州三角的人们有很大的影响。社会公平、文化遗产、公共安全和生活质量将受到影响。大型区域的研究是一个新的发展区域的调查、理论和方法仍在发展中。得克萨斯州三角和其他大型地区的许多相关问题在交通规划经济、社会发展和环境保护需要进一步研究，这些在全国以及世界都处于领先地位。

图14.9 区域规划协会和明日休斯敦绘制的得克萨斯三角区域，为周边地区城市的人口普查显示人口，明日休斯敦和区域规划协会

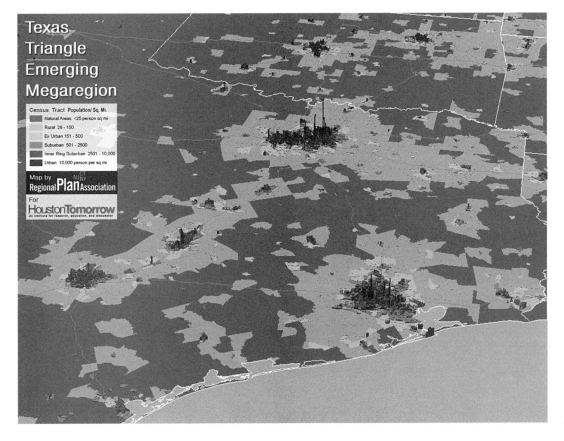

15

第15章
新型区域主义

2006年，在波坎蒂克山沿着哈得孙河的洛克菲勒家族的庄园，林肯学院举行的题为"对美国的空间发展远景的聚会。"在雨中星期四会议的重点是关于纽约市北部的叶菜类地产粉尘的，报告人是由鲍勃·雅罗（Bob Yaro），阿曼多·卡沃内利（Armando Carbonell）以及乔纳森巴内特（Jonathan Barnett）和佩恩（Penn）的策划工作室共同组成的。整个会议由福特基金会和林肯学院主办，报告中有对欧洲空间发展计划的介绍，同样也有关于已经在14章中介绍的派克蓝香蕉的。

在欧洲，空间规划成为一个战略来影响各种规模的地区民众和活动的分布。这些巨型区域空间能否的遵从建议安排在欧洲的中心，其中似乎取决于是否来自德国、法国和英国的学者所提出方案。尽管有所变化，空间规划已经成为欧洲的政策制定者和规划者一个共同的平台，使欧盟成员国的经济，社会，文化和生态的政策在地理层面得到体现。

早在21世纪初的时候美国规划师便开始探索欧洲观念是否适应美国。宾夕法尼亚工作室是这一探索的先行者，所以，在波卡蒂科会议上工作室的成员有机会与美国和欧洲的区域主义者关键领导人在一起进行探讨。宾夕法尼亚大学的研究预测，到2050年，美国经济增长的80%，人口增长的70%将在十大区域发生，包括得克萨斯的三角形。随后，在亚利桑那州罗伯特·朗（Robert Lang）将"阳光走廊"加入作为第十一大区域。

在巨型地区之所以能够得到美国建筑师和规划师的关注也许是因为它的新兴是以区域为背景的。史蒂芬·惠勒（Stephen Wheeler）指出这个新地区主义的五个关键特征：

1. 把重点放在具体的地区和空间规划
2. 在后现代大都市区域的特殊问题的回应
3. 整体的角度来看，整合规划的特色以及环境，公平性和经济目标
4. 重新重视实体规划，城市设计以及地方感
5. 在规划的一部分，更激进或规范性立场

都市2020：作为一个地区一起工作

当美国和欧洲的区域主义者继续对巨型城市结构在雨天的波卡蒂科（Pocantico）进行争论的时候，我飞到芝加哥的景观建筑基金会的未来创新研讨会。由伊利诺伊大学厄本那香槟分校举办的研讨会，讨论"地方权力"从多学科的角度。演讲者探讨政治和经济影响的景观变化。

芝加哥会议在星期六继续召开，911袭击的第五个周年纪念日，这件事情为证明政治如何影响建筑景观提供明确的证据。恐怖分子选择的标志性建筑，象征着经济、军事和美国的政治优势。在袭击之后，建筑师和政治家们讨论如何在纽约市和宾夕法尼亚西部构建纪念城市街区。星期六会谈的重点是曾在波坎蒂克山会议上发言的乔治·兰尼。他和他的妻子维多利亚，已经开发出了以影响保护为中心的社区，草原穿越芝加哥以外的地方，但他（图15.1）努力推进2020芝加哥都市计划。不像我们非常广泛地在为得克萨斯州中部做努力，大都市2020是一个芝加哥商务俱乐部为中心的商界精英产品。一个名为弗雷格内斯·卡尔索普的组织为这些努力提供了重要的咨询服务。

兰尼追溯芝加哥计划，要到20世纪早期的丹尼尔伯翰。都市2020扩展至芝加哥以外的6个县和120个地方政府单位。兰尼认为这种规模甚至是不够的。他指出，应覆盖14个县，包括分别在印第安纳和威斯康星州的

两个。6个都市区在2020年将达到850万人。1996年初，商业俱乐部组织200多名成员探讨无限、低密度蔓延的问题；贫困少数民族集中；工作空间不匹配，经适房，运输和质量的增长不同等一系列的问题。1999年，这份不懈努力而来的报告，在第二年便得到出版发行。

主题是"一个区域，一个未来。"基于规划的三个开发方案：像往常一样，社区领导企业与大都市区域，在通常情况下，将更多时间用于在所在地区四处走。大都市区域则顺应于国家和全球趋势。兰尼强调美学是该地区未来的关键，因此，需要被理解和庆祝。都市2020执行委员会由45名成员组成，一半是商业领袖还有中立的市长（包括芝加哥市长）和社区、劳动者和少数党领袖。报告的作者指出：

芝加哥都市区为所有的居民创造了最好的生活条件，每个居住在这个地区的居民必须同时执行两个任务。首先，必须继续认真

图15.1 伊利诺伊，Prairie Crossing，种有湿地植物的人工池塘边的住宅。由于水质标准高，伊利诺伊自然资源部门将此处作为四种濒危鱼类的栖息地。Victoria Ranney供图

图15.2 千禧公园，芝加哥，特里拍摄

对待自己生活区域内陌生人以及妥善处理邻里之间的关系。其次，必须学会做好到目前为止只做一些零碎的事情，也就是说，我们必须从一个区域的角度来考虑这些事情。

芝加哥大都市继续实施其有关的公众教育、儿童保健、交通运输、土地使用、环境保护、邻里和住房以及该地区经济治理的一系列重要建议。芝加哥大都市2020与大城市市长会议将这些作为需要实现的一部分。在2007年末，这个合作制作了一份报告，并且建议在该地区的三个主要城市实施住房战略。该集团还继续与区域交通，规划和环保组织合作。

研讨会结束后，还提供了千禧公园的游览（图15.2）。芝加哥市已转化格兰特公园的24.5英亩（10公顷）比较难看的部分，包括铁轨和停车场，进入一个戏剧性的公民湖畔中心。该公园包括了我们这个时代的几个最突出的建筑师、艺术家和风景园林师设计，其

中包括弗兰克·盖里（Frank Gehry）、阿尼什·卡普尔（Anish Kapoor）、凯瑟琳·古斯塔夫森（Kathryn Gustafson）和皮特·奥多夫（Piet Oudolf）的作品。我已经参观了千禧公园，并见到了我的女儿夏莲娜（Halina），她是第n个居住在芝加哥并且要请我吃饭的人，所以我拒绝了。然而，公园的设计师已经很少受到关注。我很好奇，想见见她，所以我留下来了。景观设计师竟然是我以前的学生特里·格温（Terry Gwen）。1983年的时候，她和她已故的丈夫凯文同我与伊恩·麦克哈格以及另外一个工作人员在501工作室工作。因此，拉着我参加了巡演。

2050年美国：画一个未来

2007年7月初，我坐在洛克菲勒别墅的百乐宫的露台上俯瞰科莫湖，和几个我的同胞（图15.3）。我们聚会的目的是为了设计一个国家计划的框架。我们美国2050团队，在

这个豪华，青翠的地方进行这项大胆的任务。托马斯·杰弗逊曾经在1808年提及过这样的计划，作为西奥多·罗斯福（Theodore Roosevelt）在1908年发起的这样一个计划，我们的时机似乎是对的。

我们见面的时候，另一个全球南方团队，在南半球的发展中国家，正在应对气候变化对贫困产生的影响。美国2050和全球南方都在这里待了长达一个月的时间，为了参加洛克菲勒在百乐宫酒店发起的名为世界城市的创新的全球峰会。我们的全球南方的同事是一群愤怒的人，他们认为美国人不限制自己对化石燃料的依赖，认为我们没有意识到我们的生活方式导致的社会和环境后果。包括一些最重要的问题，像日益严重的水资源短缺，洪水和干旱的频率增加，高盐度水平和热浪。

联合国政府间气候变化专家委员会的拉金德拉·帕乔里提出了一个发人深省的考虑，气候变化对世界上最脆弱地区的潜在威胁。帕乔里博士解释了这一问题的必要性，提出两个中心方法来应对气候变化：减缓和适应。根据联合国的研究表明，"缓解的办法是减少人类干预的来源，以减少温室气体的排放，或通过下沉的方法，增强从大气中去除CO_2的水平"，"确定森林，植被，土壤可重新吸收二氧化碳"。联合国适应定义为"在自然和人为系统对于实际的或预期的气候刺激因素及其影响，其中中度伤害或利用有利机会调整。"

气候变化的确是我们美国2050团队的一个主题，我们进行了讨论。我们的组织者，区域规划协会将我们分为工作组。专注于国家挑战和障碍以及可能的联邦角色。美国2050的另一个组织功能是研究大型区域经济

图15.3 洛克菲勒基金会百乐宫中心，科莫湖。意大利。弗雷德里克·斯坦纳拍摄

和人口增长的影响。到2030年，11个都市区预计产生80％的国家经济增长。

在百乐宫，我们集中在三个大型区域：五大湖区，南加州和皮埃蒙特。我选择我家所在的大型地区，五大湖。这个大型地区迎接气候变化挑战的核心部分是家里的3C：煤炭，汽车和玉米。底特律和75号州际公路走廊组成的美国汽车业，起源于靠近钢铁和煤炭资源的五大湖的中心。中国和美国对煤的遏制，都是由于危险的矿井和肮脏的燃烧，以及二氧化碳的显著排放。乙醇，玉米为基础的燃料添加剂，已被提升为最近作为主要生物原料源。玉米种植带已收到联邦补贴，推动乙醇生产，但是将植物如玉米转化为燃料比所产生的乙醇或生物柴油使用更多能量。此外，需要种植玉米而使用的氮基肥料，水质问题导致难有作为，包括不断扩大的"死区"，关闭墨西哥湾沿岸，在那里氧气被耗尽使鱼、蟹、虾无法生存。

五大湖区具有许多资产，像拥有坚实基础且完善的研究型大学。我们建议联邦政府与地方政府在清洁煤燃烧、新能源汽车领域研究能够有更广的合作伙伴关系。我们设想在十大体育联盟的基础上建立"二十大"研究联盟。

五大湖拥有湖区和众多的河流，有着丰富的水资源，水上还可以钓鱼、打猎、划船，非常流行。联邦政府与私人合作，州和地方团体能获得很多好处。俄亥俄州凯霍加谷国家公园提供了一个有用的例子。凯霍加河因一次大火而被人所知，现在已经成为国家公园系统中关于最受人欢迎的公园里排名第三。这一成功得益于国家公园管理局与基金会和企业合作以及州和地方政府之间的合作。

几个月后，2007年，我参加了一个在密歇根州卡拉马祖为年轻的风景园林设计师举办的专家研讨会。我曾去过炎热潮湿的得克萨斯州。而密歇根州的初秋天气是愉快舒适的。所以我们建议，卡拉马祖应该将自己作

为"酷地带"的一部分来推广。

一旦创新中心与中小城市经历经济衰退，慈善事业就将成为主导，就像我们曾设想在百乐宫承诺的于2005年通过建立卡拉马祖，致力于向任何密歇根州的公立学院或大学和任何城市的公立学校的所有毕业生派发四次年学费的。这一承诺导致了这个老工业城市人口的增长，因为家庭被吸引到公立学校。

我们在百乐宫还解决了包括运输、大型超级区域、社会公平、研究空白和沟通策略在内的其他内容。我在专业领域的贡献是关于土地开发和保护。RPA总裁鲍勃·雅罗和我一起写的国家保护框架白皮书，我们提出了美国2050建议。我们建议国家景观调查，这将促使保护工作形成一个网络。联邦政府会主导调查和保护网络，它由联邦、州及地方政府与劳动者和环境组织、基金会、和私人公民共同协作。国家公园管理局规划者们在1987年在费城绘制了地图（图15.4）。

RPA执行副总裁托马斯·赖特在百乐宫的一个关于土地开发的白皮书中写到，我们成立了一个工作组来平衡保护和开发。我们有精致的关于国家景观调查和保护的网络。我们建议国家保护和发展框架保护至关重要的景观并创建健康、高效的社区。这个框架在很大程度上将取决于国家发展计划。这样的计划将确定适合混合使用的领域，提供金融和监管实施激励。该计划将帮助全国实现碳减排目标。

美国2050的目标是雄心勃勃的，为的是洛克菲勒基金会。例如，一个会议在贝拉吉奥会议致力于建筑、设计、规划教育需要应对城市化和气候变化的挑战。每个会议的每个主题汇聚了三十名左右的领导人。

在美国2050会议包含了国会议员艾尔·布鲁莫劳尔，亚特兰大市长雪利·富兰克林和新奥尔良恢复总监埃德·布莱克利，以及从公民，企业和环保团体的领导人到在布鲁金学会；福特和林肯基金会；四所大学（密歇

根州，宾夕法尼亚州和得克萨斯州，以及新学院大学）和华盛顿邮报。这个活跃的团体产生了许多想法和结构的国家愿景。我们的结论是国家的领导是一个重大的挑战，并希望领导层将在2008年的选举中出现。

在他对于此次峰会的白皮书中，美国密歇根大学历史学家罗伯特·菲什曼追溯到过去的国家领导。他从托马斯·杰斐逊开始，一直持续到亚伯拉罕·林肯的总统。菲什曼描述教授西奥多·罗斯福，他的思想促成了他的表弟富兰克林的新政政体的领导。国家领导应对过去的挑战，并对许多美国人产生了积极的影响。我们现在面临的城市化，人口增长和气候变化相互关联的问题。在1808年和1908年，我们的国家上升之际，时间的确是再正确规划我们的国家。

随着美国总统奥巴马当选，一些美国2050的想法，特别是那些涉及基础设施的选

举，在贝拉吉奥峰会几位与会者也开始加入他的政府。在显著景观的养护方面同样的进步也已经开始。例如，众议院和参议院通过了2009年席卷总括公共土地管理法，这是由美国总统奥巴马在3月30日签署成为法律的。提供了八年被小布什政府忽略的1218页的递延维护项目，甚至编纂克林顿政府在20世纪90年代建立的一项重要举措。该法案包括一百五十多项措施，随着国家公园、自然与风景河流、历史古迹、风景步道和其他受保护的公共土地，新建200万英亩的荒野地区。

虽然欢迎迟来的举措，新的法律还远远不够打造一个全国性的受保护的景观系统。有些州和地区受益于新的保护区，许多却得不到。虽然新法案使国家风景保护系统，行政命令克林顿政府，一个永久的实体创建时系统只限于由土地管理的美国局管理范畴。因此，这个国家制度的覆盖范围还是有些局

图15.4 国家开放空间的机会。1987年，国家公园服务团队制作了一份国家地图。"潜在的保护的景观，州和地方的景观保护区"，记录在美国大陆正在进行景观保护力度，这里列出的浅色阴影。由2009年综合公共土地管理法的保护地区是在较暗的阴影显示。改编自国家公园服务，中大西洋区域办事处，费城。研究人员琼卡普里克，J·格伦奥，玛格丽特·贾德。塞西莉·科科伦·基恩，苏珊娜。景观建筑杂志

促的（图15.4）。

使用综合公共土地管理作为基础，关于下一个步骤，雅罗白皮书和我写的建议更全面。保护我们的土地和自然资源必须成为一个理性的优先级。我们必须节约和保护我们最珍贵的土地：首先，通过国家景观调查；

其次，通过扩大国家景观保护系统，以确保美国的未来。这些风景持有美国历史上每一个重要的地方，如果我们希望子孙后代享受美丽的风景和保障资源，必须有联邦行动，再加上州、区域和地方的努力。

V 第五部分
向国外经验学习

在美国，处于一个城市群或大都会的建筑师和规划师常常相互学习，同样，我们也可以从世界其他地区的作品中得到启示。在这方面，我有幸接触到两个国家的传统文化。

我正式接触意大利是在我的作品《生命的景观》（The Living Landscape）20世纪90年代早期在意大利翻译完成之后。这件事极大地激励了我。《生命的景观》一书是我为美国所撰写的，但其中的一些内容却引起了意大利规划者和建筑师的共鸣。当时这些人正致力于推出一项新的省级规划法，而意大利的省大致等同于美国一个县的尺度。这样，我研究学习了这项法规，同时，这项研究也让我有机会深入地学习意大利的历史、设计和规划。

在那之后，意大利的同事们邀请我参与关于开展一个新风景园林项目的讨论，这项探讨取得了一定的成果。与此同时，风景园林学院在中国快速地发展，短短十五年间，中国风景园林学院从零增加到七十个左右。《生命的景观》也被翻译成了中文，这无疑是给我的又一个惊喜。

2005年，我初次来到中国，帮助启动清华大学"风景园林大师"项目。劳里·欧林（Laurie Olin）被任命为第一位风景园林系的系主任，作为任命条件的一部分，欧林依据中方列出的名单，为清华带去了一系列访问者。我正好在这项名单之中，这样，作为"欧林团队"中的一员，我从随后对中国的走访中学习到了很多。

第16章
环境阅读：
意大利的设计传统

2005年结束的后一天，我离开奥斯丁大学，加入了一个名为"犹他州建筑师之友"（UT Friends of Architecture）的12人小组罗马别墅与花园的考察旅行。"犹他州建筑师之友"由建筑师校友和赞助人组成，是得克萨斯大学奥斯汀建筑分校（the University of Texas at Austin School of Architecture）项目的赞助方。学院提供了一些参观典型建筑作品的行程，这些行程大多数关注的是得克萨斯州本地的建筑作品。这样，罗马的旅程无疑将我们带去了相对遥远的地方。我们将重心放在罗马的园林设计上，因为罗马的园林揭示了许多意大利的设计思想，以及他们对于环境，与时俱进的观点。

在德尔继而尼科洛酒店（Grand Hotel del Gianicolo）办理完入住后，我们在明亮的天空下浏览式的徒步环游了若干重要的景点，包括万神庙（the Pantheon）、鲜花广场（Campo dei Fiori）、纳沃纳广场（Piazza Navona）和贾尼科洛山（Janiculum Hill）。

第二天，在梵蒂冈官方导游罗斯维塔·瓦格纳（Roswitha Wagner）的带领下，我们参观了梵蒂冈花园（The Vatican Gardens，图16.1）。花园占地15亩，约为被瓦格纳女士称为"尘世天堂"的梵蒂冈城的三分之一。花园可以参观的部分是有限的，因而在宗教领袖和游客眼

中，花园总是保持着安静，是一处能够沉思的地点。当天，由于教皇约翰保罗二世（Pope John Paul II）的去世，梵蒂冈花园在我们到达之前已经完全关闭了。我们被告知自己的队伍是当时被允许参观的唯一几组人之一。梵蒂冈花园的历史能够追溯到中世纪，当时葡萄园和果园一直延伸到北部的使徒宫（the Apostolic Palace）。1279年，教皇尼古拉斯二世将这片种植园用墙围合了起来。

绿色的图案式种植围绕着意大利园林和利戈里奥（Pirro Ligorio）为教皇比约四世（Pope Pius IV）设计的小别墅。在意大利，小别墅一般指乡间住宅或景亭或是为了休闲建造的夏宅。意大利花园的大部分设计主题都在我们的梵蒂冈参观过程中得到了介绍。比如"otium"的含义——代表精致休闲的拉丁词语；比如古典语言在设计中的运用；又比如几何形的植物造型和水池是人与自然和谐的想的象征；我们也了解到秘密花园的特点，它即为别墅中的神职人员提供私人空间，又如同瓦格纳女士所说的，秘密花园是"我们内心的秘密花园"能够帮助人们思索内心，揭示内在的真理。

接下来的早晨，我们参观了16世纪朱利奥·德·美第奇（Cardinal Giulio de' Medici）建造的玛达玛庄园（Villa Madama）（图16.2）。

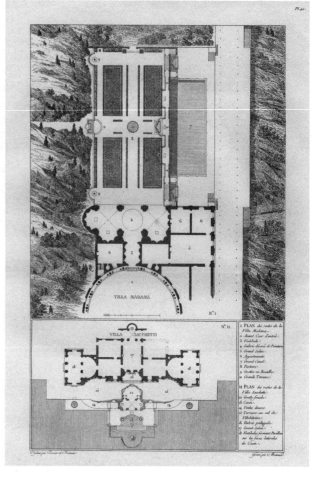

这是第一座罗马范围内在城市范围外建造的文艺复兴时期的别墅，由拉斐尔（Raphael）和他的学生设计建造在蒙地马里奥（Monte Mario，是罗马的一座山丘，古罗马时期被称为梵蒂冈之丘）的一处坡地上。该庄园由意大利政府负责维护管理，多接待官方国家访客，很少被除此之外的人参观。我们的司机因此认定我们和意大利总理贝鲁斯科尼（Silvio Berlusconi）有某种联系，并意识到近日布什总统和克林顿总统由于前来参见教皇约翰保罗二世（Pope John Paul Ⅱ）的葬礼，也参观了玛达玛庄园。我们告诉他我们的参观完全是因为建筑本身而非政治目的来。玛达玛庄园被看作是一处超越时代的先驱性的、可持续的设计作品，它的建筑与周边的自然环境良好地契合，同时又充分地利用了基地的小气候。玛达玛庄园，它的装饰性的凉廊、花园、鱼塘每一处都非常美丽。

之后，我们参观了朱利亚别墅，该别墅是16世纪时为尤利乌斯三世教皇（Pope Julius Ⅲ）建造的乡间别墅。许多文艺复兴时期的领军人物参与了该别墅的建筑、花园、亭阁和喷泉的设计。这些设计师包括建筑师伽科莫·巴罗兹·达·维尼奥拉（Giacomo Barozzi da Vignola）和乔治.瓦萨里（Giorgio Vasari），雕塑家巴托洛梅奥·阿曼纳蒂（Bartolomeo Ammannati），以及米开朗琪罗（Michelangelo）。朱利亚别墅是国家伊特鲁里亚博物馆的地址，其中藏有大量令人印象深刻的前罗马时期的文物。

在炎热的夏日中，我们接下来步行探索了波各塞花园（Borghese Gardens）。在古罗马时期，这个区域被称为"花园之丘"。随着罗马的倾颓和水利设施的废弃，这片区域开始

图16.1 梵蒂冈花园。摄影：文森特·德·格鲁特（www.videgro.net）

图16.2 玛达玛庄园，由拉斐尔设计在了罗马的山丘上，充分考虑了阳光的朝向来主导别墅建筑和花园的设计方位

图16.3 罗马伯格赛花园中的城市公园。摄影：弗雷德里克·斯坦纳

图16.4 位于罗马附近的蒂沃利的哈德良别墅，由罗马皇帝哈德良在公园二世纪早期建造，并作为其乡村居所。摄影：弗雷德里克·斯坦纳

衰退。直到文艺复兴时期，贵族们又开始居住在这片山丘上。现在，这片大型公园包括博物馆、动物园（原名生物园），以及一系列文化设施，例如国家学院及学校。我们从波各塞公园穿越，步行至1911年埃德温·鲁琴斯设计的英国学派的罗马分校（图16.3）。

5月26号周三，我们走出罗马，去往山地城镇蒂沃利（Tivoli）。我们首先参观了哈德良别墅（Hadrian's Villa），在这里罗马皇帝哈德良（Hadrian），或者依据他的罗马称呼"Adriano"建造了一座庞大而复杂的别墅，俯瞰着一直延伸到罗马城的广阔平原（图16.4）。哈德良于公元76年出生在西班牙（由于他的出生地仍在辩论之中，哈德良也可能是出生于一个西班牙家庭中），并在公元117年成为皇帝，一直到公元138年去世。他为世界建筑界做出了两个杰出的贡献：罗马万神庙（the Pantheon in Rome）和他的乡村居所乌尔班纳别墅（villa urbana）。这所乡村居所建造在靠近古代的提布尔（Tibur），也就是如今的蒂沃

利（Tivoli）的萨宾山（Sabine Hills）山脚下的一处平地上，也是风景园林的重要杰作之一。哈德良别墅东边约19英里（30千米）处，罗马的东北部。在古代，罗马皇帝和贵族们会在炎热的夏日离开城市（到乡间居住避暑）。

哈德良希望他的花园能具有他担任军事指挥官式参观过的所有罗马统治地的典型特

图16.5 埃斯特庄园花园中的喷泉。摄影：弗雷德里克·斯坦纳

图16.6 埃斯特庄园。欧林教授（Laurie Olin）绘制

图16.7 阿尔多布兰迪尼庄园，弗拉斯卡蒂，意大利。摄影：弗雷德里克·斯坦纳

征。他对希腊的事物，特别是亚历山大大帝的别墅感到非常迷恋。大多数的罗马别墅都源自希腊原型，但哈德良通过巨大的建筑体量增强了其魅力，这尺度甚至可以和巨大的罗马首都尺度相比较。哈德良别墅建于公元118年至公元134年之间，占地750英亩（304公顷），包括约一百幢建筑以及许多花园、湖面和浴场。别墅紧邻蒂沃利，在17世纪时被充分地发掘出来。并成为文艺复兴时期众多的雕塑家、艺术家和建筑师的灵感来源（他们中的许多人将其作为建筑材料和装饰的资源库）。

随后，我们参观了位于蒂沃利的，令人惊异的埃斯特庄园（Villa d'Este）花园。这是利戈里奥（Pirro Ligorio）的另一个作品（图16.5和图16.6）。花园建造在罗马别墅废墟的顶端，是红衣主教埃斯特Ⅱ世（Cardinal lppolito Ⅱ d'Este）（他希望成为教宗）于1549年委托建造的。利戈里奥设计了一系列巨大的台地园和五百处喷泉。那不勒斯·利格瑞欧（Neapolitan Ligorio）致力于从古罗马遗迹中发掘哈德良庄园的工作。他将水利工程师

托马索·丘奇（Tommaso Chiruchi）的技术融合起来运用在喷泉上。埃斯特庄园将对与蒂沃利和罗马的河流以及其他水文奇迹的模拟运用在充满阴影的花园以及喷泉中，在视觉上和思维上为意大利炎热夏日中的人们提供阴凉的庇护。

星期五，我们的"建筑之友"团队第一次参观了位于美第奇庄园（Villa Medici）的罗马法国学院（Académie de France à Rome）。法国学院是罗马最悠久的建筑之一，1803年在庄园中建成。学院位于苹丘（Pincian Hill），靠近西班牙台阶的顶部，其中的别墅和花园自1576年由费迪南多·美第奇（Cardinal Ferdinando de'Medici）开始规划建造。他们将这座庄园建成了罗马最为阔气的庄园之一。建筑的正立面十分正式，花园的外观不那么正式但仍然充满了装饰。在1801年美第奇家族将庄园卖给了帕尔马公爵（the Duke of Parma），随后，公爵又将其交换给了法兰西共和国。

在法兰西学院的参观结束后，我们向南前往阿尔巴诺山丘（the Alban hills.）中的弗

拉斯卡蒂（Frascati）。弗拉斯卡蒂沿着系列火山丘陵布局，包括十三个被称为"卡斯泰利罗姆（Castelli Romani）"的镇子。这里的土地非常富饶，农庄高产。如同萨空山一样，阿尔巴诺山丘也给罗马人提供了一个逃避夏日高温的去处。由于弗拉斯卡蒂居高临下便于防御，二战时期它曾被用来驻扎德国军队。因此，这个区域曾遭受过联军的轰炸，许多庄园都遭受了损失。

弗拉斯卡蒂的修复工作范围非常大，并形成了一种古迹保护的模式。法康尼庄园因为其建筑修复的范围和细节成为这类修复工作中的著名案例。该庄园在1548～1574年间建造，并由弗朗西斯科·博罗米尼（Francesco Borromini）在1620年加建完成。庄园的主体建筑在战后已经被修复完成，如今属于欧洲教育中心。但是花园的大部分仍然是废墟。

我们接下来步行去了附近的阿尔多布兰迪尼庄园。该庄园由雅各布伯·德拉·波尔塔（Giacomo della Porta）、卡洛·马代尔诺（Carlo Maderno）、乔瓦尼·方塔纳（Giovanni Fontana）设计（图16.7）。庄园中的主体建筑，从1598左右开始建造，1603年完成，建筑完全融入了其后的群山轮廓。正在这里，如同在玛达玛庄园和埃斯特庄园中一样，我们能看到一座建筑如何回应周边主要的景观特征以及山水关系。同一年，花园的建造也开始进行，这些工作是由喷泉设计师和工程师，蒂沃利的贺拉斯·奥利弗瑞（Orazio Olivieri）所负责的。在庄园和群山之间有一座水剧院（Teatro delle Acque）。这座水剧院曾经通过一种特别的水利系统控制，能喷水和表演依据指令吹奏长笛。在18世纪末期，这座庄园转到了博盖塞家族（Borghese family）手中。在参观完成后，我们正往停在弗拉斯卡蒂中心广场上的大巴车的方向前进，团队中有一位艺术家毕碧安娜·狄凯马（Bibiana Dykema）回望着阿尔多布兰迪尼庄园，并赞叹它充满了魅力。

第二天，我们前往博盖塞画廊（Borghese Gallery）参观乔凡尼·洛伦茨·贝尔尼尼的著名雕塑。下午我们自由活动。我在台伯河（Trastevere）那些相似的街道中穿梭，后来又登上我们酒店所在的山丘上，观看一场能洗去夏日炎热的暴雨地到来。天空中的乌云开了一个小口，一束阳光洒向了城市。

接下来的几天，我们向北行驶了一个小时，到达了维泰博（Bagnaia）。如同蒂沃利和弗拉斯卡蒂一样，维泰博的名字来源于"bagno"意思是沐浴，它是罗马以外的庇护所。朗特别墅（Villa Lante）中的花园是文艺复兴晚期（late Renaissance）或者风格主义时期（Mannerist）意大利作品的典型代表（图16.8）。这些花园的设计能够明显看出来自意大利其他花园的传承痕迹，特别是埃斯特庄园和哈德良庄园。这些设计得益于伽科莫·巴罗兹·达·维尼奥拉（Giacomo Barozzi da Vignola），但是他似乎只设计了其中的一座赌场和部分花园。埃斯特庄园的水利工程师托马索·丘奇也参与了兰特庄园的喷泉设计。但是，兰特庄园也和我们之前参观过的庄园有着明显的不同。首先，兰特庄园中并没有宏伟华丽的别墅建筑，主要的设计都围绕着两座近乎相同的建筑（尽管这两座建筑是不同的主人，相隔三十年建造的）。这两座建筑有明显的风格主义特征；第一座由卡纳迪尔·冈伯拉（Cardinal Gianfrancesco Gambara）于1560年委托维尼奥拉（Vignola）建造。第二座由教皇西克斯图斯五世的七十岁的侄孙在冈伯拉死后建造，同时他还完成了花园的建设。兰特庄园中的花园明显地不受主体建筑的控制——很显然，庄园中根本没有主体建筑——其中的建筑都是风景园林整体设计的一部分。

从维泰博村中，通过一道门就能够进入第一个花园空间—那是一座非常有魅力的方形花坛，一座装饰性的花园坐落在一片略高的地面上，种植床间穿插着游园小径。花园

图16.8 意大利维泰尔博附近，维泰博的兰特庄园的平面图，由风景园林学习与收集基金会（the Foundation for Landscape Studies Landscape Collection）以及ARTstor图片数据库提供

的三面被高高的整形树篱环绕。而在没有树篱的一面，能够看见双子建筑就像花园小屋一样（而非控制性的主体建筑）矗立在那里。在主要的花坛处开始，有一条登上小径穿过葱郁的橡木林和一系列台地花园以及喷泉，一直向上延伸着（如图16.9和图16.10）。

在参观完兰特庄园后，我们顺着山间小路迂回前进，结果迷失在了狭窄的道路上，最后在几次经过榛子园后，终于找到了前往卡普拉罗拉（Caprarola）的路。在1566～1569年间，维尼奥拉（Vignola）由一个中世纪城堡转变成了一座属于法尔内塞家族（Farnese family）文艺复兴风格的庄园。庄园坐落在距离罗马25英里（40 km）的西北方向，在1599年由教宗保禄三世（Pope Paul III）的孙子，亚历山大·法尔内塞（Cardinal Alessandro Farnese）委托建造。维尼奥拉（Vignola）直到去世都致力于修建卡普拉罗拉（Caprarola）

图16.9 兰特庄园的流水渠，摄影：弗雷德里克·斯坦纳

图16.10 兰特庄园中的水餐桌，摄影：弗雷德里克·斯坦纳

的庄园。庄园中的花园如同其中作为乡间别墅的建筑一样令人印象深刻。建筑的平面是五边形的，并有两个立面正对着花园，每一个立面在水流上面都配有花坛。较低的花园能够从建筑的露台（位于文艺复兴时期的大型建筑地面上的第一层）通过一座吊桥到达。这是一座有整形树篱和喷泉的台地园。穿过树篱可以看到一座和跌水水渠相连的喷泉，水渠的最高处是一座建筑。非常原生态的树林围绕着这片人工化的区域，这些野地是用于打猎的。在我们经常见到的意大利花园插图中很少能看到这一部分。

对我而言，我们探寻罗马的旅程是那样地让人怀念，每一次转身、每一声汽车的笛鸣都能唤起我住在罗马时留下的回忆。我们跳入了历史的巨大洪流之中（图16.11）。在罗马，人真的能够触摸到过去的时光。当名字和日期环绕着我们，钻石一样的光彩、提示牌、飞驰的滑板车都紧紧地吸引着我们的注意力。我们享受美食、品尝美酒，欣赏动人心弦有发人深思的美景。在罗马和意大利，烹饪、酿酒以及风景园林设计都是地方特色的展现。

在关于建筑和风景园林内在联系的研究中，克莱门斯·斯廷伯根（Clemens Steenbergen）和华特·雷（Wouter Reh）将罗马称为"风景园林的剧院。"，他们认为这些庄园以依据台伯河谷（Tiber Valley）地势布局的。这些自然结构在古代又被领地道路和奥勒良墙（Aurelian Wall）（到了3世纪，帝国开始衰落，北方蛮族的威胁日益严重，公元270年皇帝奥勒良用三年时间修建了奥勒良墙用以加强防御）加强了。当中世纪城市收缩时，沿奥勒良墙形成了一条绿带。这样的绿色空间成为庄园的最佳选址。一系列的教宗在修复城市的供水系统时修复了古代的供水设施，并建设新的设施。斯廷伯根和雷认为这些设施是"庄园供水设施不可缺少的资源。"

占据罗马高地的庄园能够提供观看城市全景的视角。同时，这样的视角也能保证这些庄园能相互借景。他们在罗马城市风景园林中的布局是依据佛罗伦萨文艺复兴时期的庄园布局规则。这些庄园在视觉上相互影响，就像他们的主人和建筑师们相互影响的一样，这种影响促进着庄园和花园设计的发展。他们从自己的作品中吸取经验、学习他人的设计，从历史中汲取灵感，不断进步。他们利用地区的自然状况，并为不断进化的城市景观做出贡献，创造出绚丽的光芒和缤纷的色彩。

图16.11 纳沃纳广场（Piazza Navona），罗马。绘制：欧林教授，1981年7月7日

第17章
秋月：
中国的规划设计

圆明园

劳里·奥林（Laurie Olin）邀请我去北京的清华大学做客座教授，他在那里担任景观建筑部门的主席。2005年9月，两位女士带着百合和粉色的玫瑰到机场迎接我。其中一个叫何瑞，是园林部门管理员，另一个是院长助理。司机帮我拿了行李，路上停满了来自世界各地的车。这里的别克车款式比家乡要丰富得多。周四下午6点，在北京北部边缘，通常开车只需要四十分钟的路程，我们因为交通高峰期用了一个半小时，比在下雨的时候更慢。从机场出发，高速公路两侧的树线遮蔽着旷野和建筑，但当我们进入一个环形道路时，树木很快让位于城市。

第二天早上，我参加了景观建筑副系主任杨锐博士的研讨会。研讨的项目是"三山五园：从花园到景观"（图17.1和图17.2）。项目选址是北京西北部著名的明清两代的皇家园林。该地区具有显著的文化、历史、风景、自然价值，同时正面临巨大的发展压力。

圆明园

研讨会后，博士后学者刘海龙教授带我去了清华大学附近的圆明园（The Old Summer Palace）（圆明园——景观研讨项目中的五园之一，图17.3）。北京大学曾经也毗邻圆明园，但现在被道路切断。"割裂是一个重要的问题，"刘教授说，"这是我们的项目的第一个挑战。"

在第二次鸦片战争期间，从1856年持续到1860年，法国人和英国人焚烧并抢劫了这座园林。有部分的宫殿得到了翻修。在恢复过程中提出了以下几个关键的问题：什么是可信的？我们恢复什么？宫殿什么时候恢复？圆明园中大量的绿地空间受到当地居民和游客的欢迎，他们站在那里可以穿着皇家长袍（仿造）以帝国（仿造）为背景拍照片。宫殿建筑和花园被毁灭后，农民定居于此，现在因重建而流离失所，他们（和他们的后代）占据着这片土地，从拆迁中获利。

现在圆明园中的许多湖泊变得干涸，水位降低。这些湖泊的未来引发了很多生态学家和保护者间的争论：它们应该被规划吗？边缘如何治理？鉴于北京的供水问题：在过去的三十年里地下水位下降了将近98英尺（30米），这些湖真的可以被完全恢复吗？

自清朝鼎盛时期以来，至少在康熙乾隆时期，圆明园的建设是博采众长的。

部分圆明园的欧式建筑和花园是由清朝的统治者下令建造的，称其为"西洋楼"，欧式区域是由F·Giuseppe Castiglione（意大利，1688~1766）和P. Michael Benoist（法国，

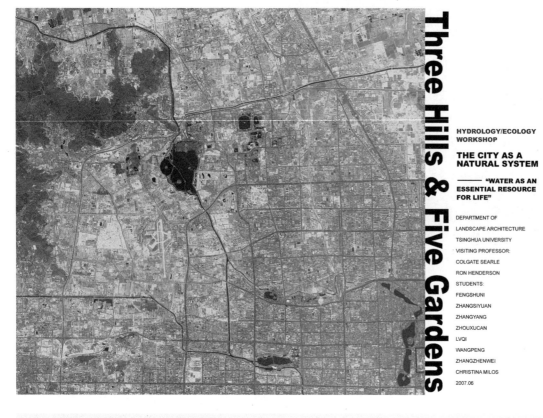

图17.1 三山五园基址图。
感谢清华大学景观系供图

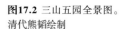

图17.2 三山五园全景图。
清代熊韬绘制

1715~1744）设计的。如今，游客在巴洛克式的废墟前与他们的亲人合影。变化和博采众长不仅仅是目前的现象。我们惊异于从那几个三、四世纪前的游客到现今的雷姆·库哈斯，保罗·安德鲁，史蒂文·霍尔（Steven Holl）等其他来自世界各地的明星建筑师像蝗虫一样蜂拥来到北京建造他们的作品所创造的奇迹。

交错立方体、蛋壳、鸟巢

库哈斯和奥雷·舍人（Ole Scheeren）的大都会建筑事务所（OMA）赢得了2002年中国中央电视台（CCTV）在北京中心商业区的新总部的设计竞赛。两个高层建筑占据了超过590万平方英尺（55.5万㎡）总共覆盖25英亩（10公顷）的范围。主塔是一个横向和

纵向连续循环交错的物体，高755英尺（230米），这被库哈斯称为"Z字形"；当地人注意到，它看起来像"一个人和他的膝盖。"金属扭曲的桩看起来像一个小写字母"N"。中国中央电视台总部还结合广播、电影和生产设施（图17.4）。第二个塔房里是电视文化中心，包括酒店、游客中心、公共剧院和展览中心。2009年2月在文化中心和酒店，中国新年的烟花引起了一场灾难性的火灾。

穿过城市，到紫禁城附近，是国家大剧院，由法国建筑师保罗·安德鲁（Paul Andreu）设计。"蛋壳"是由钛和玻璃做的。它坐落在一个公园里，椭圆形、银色的剧院被水包围（图17.5）。2001年开始建设，在2008奥运会之前完成。这种结构被称为"一滴晶莹的水珠"、"一个大鸡蛋"、"一个煮鸡蛋"和"一个巨大的海龟蛋"等。

随着大都会建筑事务所（OMA）的Z形交错体和安德鲁的蛋壳被建造，一系列建筑物在北京奥体中心陆续被建造，其中较有特色的是半透明、立方形的国家游泳中心和国家体育场"鸟巢"。"水立方"是由一组中国和澳大利亚建筑师和工程师设计，包括PTW建筑师事务所和OVE澳大利亚办公室。令人惊叹的是，400

图17.3 圆明园，弗雷德里克·斯坦纳拍摄

图17.4 CCTV大楼，大都会建筑事务所设计，弗雷德里克·斯坦纳拍摄

图17.5 国家大剧院，保罗·安德鲁设计，弗雷德里克·斯坦纳拍摄

百万美元的"鸟巢"是由瑞士公司赫尔佐格和德梅隆（Herzog & de Meuron，赢得了这个体育馆的设计竞争）、中国建筑设计研究院（一家著名的设计公司，与世界知名大学有合作）与艾未未（反传统的北京艺术家和设计师）共同努力建造的。鸟巢的外观是由交错的钢梁附着在红体育馆上创建的（图17.6）。它在北京很快成为一个建筑地标，钢梁的环绕戏剧性地搭配着红体育馆和绿色的田野。

清华大院

参观圆明园遗址之后，博士研究生庄优波和另一个景观专业研究生带我参观了清华大学的校园。在义和团运动期间，一些欧洲国家、日本和美国不顾外界社会的影响镇压了运动。1901年义和团运动失败后，包括美国在内的西方列强强迫中国去接受一些条约，这其中包括支付他们的军事开支。介于清政府的信用，美国决定返还这些钱（至少是一部分）来帮助建立清华大学，最初的清华大学是一个培训机构，是为了去美国大学留学的学生而建一个预科学校。

由美国建筑师亨利·墨菲（Henry Murphy）设计的最初的校园现在被称之为"红区"。红区这个名字的来历不是因为政治原因，而是因为校园红色的砖瓦而得名。清华的校园是建在一位清朝公主的避暑花园基础上的。校园的主体建设模式显然是受到弗吉尼亚大学的草坪模式和美国大学的许多遵循了杰斐逊（Jefferson）范例（图17.7）的中央绿地模式的影响。老清华的校园就是一个绿地与湖水的完美结合。老的清华校园扩建之后，一个图书馆和一个由清华建筑教授关肇邺先生设计的理学院被建设在清华"红区"中。

新建设的校区，被人们称之为"白区"，得名于对于瓷砖的大量使用。新校区建成于20世纪80年代末期，在规模上更加庞大。新校区混合了苏式、美式与日式的建筑风格，从而风

格较怪异（图17.8）。虽然这两位陪同的研究生可能不会承认这一点，但是新校区建筑风格明显受到使用大量瓷砖的日本建筑风格的影响。

特别是建筑入口走廊的设计风格非常类似于在1970年建设的矶崎新群马艺术博物馆（Arata Isozaki's Gunma Museum of Art）的风格。当时，矶崎新（Isozaki）正处于尝试"ma"风格的时期，"ma"是日语中空间的意思，在汉字中也表达着相同的意思。

除了传统的教学建筑和学生宿舍，校园建筑中也包括相当多的教师住房、退休教职员工住房、小学、中学和购物区。大门控制着进入校园的通道。我问这是否是传统的中国大学，被告知这就是传统的中国大学，这些可以工作——生活的社区被称之为"Dayuan"（大院）。大院也存在于大型工业和军事中心。大院的周围围绕着墙壁，并且这些墙壁几乎完全围合，构成了中国城市结构的重要元素。最近，拥挤的高层办公大楼已经开始出现在清华大学的主入口外，这些高层建筑中很多是由大学自己所建，如清华科技园（这是更像洛克菲勒中心而不是一个公园）。

长城

北京坐落在山与海间的盆地中。当我们

图17.6 从奥森公园望向鸟巢。感谢清华城市规划设计院供图

图17.7 清华的历史核心。
弗雷德里克·斯坦纳拍摄

图17.8 清华校园较新的部分。弗雷德里克·斯坦纳拍摄

驱车去长城（The Great Wall）时，我们离开肥沃的平原，爬上高山来到了将耕种社会与游牧社会分隔开的高墙。长城被建造者计划用于国防，并且作为界定华夏文明区域的边界。随着我们走近长城，我们通过了一系列坚实的大门，横跨狭窄的山谷。

长城不是单一的一条线而是一个庞大的防御网络。大部分位于分水岭线（为野生动

图17.9 长城。弗雷德里克·斯坦纳拍摄

物创造一个障碍，如果没有其他的干扰者）。北京附近的长城主要是在明朝建成的。长城更早的部分始建于秦朝，向西和向北延伸（图17.9）。

毛主席说："不到长城非好汉。"长城帮助定义了中国的形象，一个拥有很多高大坚实的墙壁的国家。长城是以防御为目的而建造的，现在的长城是一个吸引大量游客的景区。长城形成了一个线性的、跨域社会和自然系统的生态系统，但它与周围的环境有所区别并保持着距离。

三山五园

当我们讨论我们所研究区域的边界的时候，我向杨教授询问了北京的行政规划（表17–1）。

中国由23个省（包含台湾在内），5个自治区，包括北京在内的4个直辖市（行政级别上与省级同级别），和两个特别行政区（香港与澳门）组成。北京包含16个区和两个县。在政治地位方面，区和县有着相同的行政级别。一些区是由以前的县城更名而来，反映了北京城市化的进程。在区、县中，包括了镇和村，其中村是最低的行政等级。

我们的第一个目的地是香山公园中的一座寺庙。入口很拥挤，当地居民尽力帮我们租了一个停车位。穿过这个拥挤的空间，我注意到，如果破碎化是这个工作的第一个挑战，第二个将是解决如何满足当地社区、经济、文化的需求这个挑战。

迎接我们的班级包括14个学生（九女五男），加上一个来自于乌兹别克斯坦塔什干的交换生。我们当中包括两位教授，一位博士后和一位博士研究生。风景园林专业的研究生要通过关于建筑、地理、艺术的学位课程。在中国过去十年中，开设风景园林专业的大学的数量显著增长：杨教授表示，从这个专业的缺失到拥有70所开设风景园林专业的大学仅仅用了十年的时间。开设这个专业的大学中，有30所大学是建筑大学，30所为农业和林业大学，还有十个为艺术院校。现在风景园林专业中开设了25个研究生课程和45门本科课程。

我们参观了碧云寺（Temple of Azure Clouds，建于元代1331年，图17.10）。身着淡蓝色衬衫的妇女在用大扫帚打扫地面。寺庙

表17-1　北京行政结构

市/直辖市	
▼	▼
区	县
▼	▼
分地区	乡
▼	▼
居住区/社区	子乡
	▼
	村

由一系列庭院和一直建至山顶的庙宇构成。其中一个庭院有一个养着金鱼和乌龟的池塘。

我发现寺庙的风格与意大利花园的风格有着很多相似处，例如水、轴线、对称性（图17.11）。自然元素是精心安排在寺庙中的。这个贯穿庭院的序列有序且谐，沿着水形成沿路上的主要景点。寺庙中有明显的南北向和东西向的轴线，其中建筑和空间都对称布局。我们爬楼梯的时候多次停下来与学生们讨论工作的问题。杨教授发现了一件事，"在以往的朝代，山峰被寺庙占据；自1949年以来，山峰由军队所占领。"

山顶的主塔表现出明显的印度建筑风格。从塔顶的平台望去，北京城区的全景囊括于眼中。看着这膨胀的城市，我意识到工作的第三个挑战将是连续性，如何将现在、过去和未来连接起来。

从碧云寺出来，我们步行穿过公园，访问其他景点，包括赵庙（Zhao Monastery）。赵

图17.10 三山五园中碧云寺的景色。罗恩·亨德森拍摄

庙建于1780年的清朝，为从西藏来拜访的第六代班禅所建。

　　然后我们穿过北坞镇。北坞镇是在宫殿之间的一个宿营地，历史上皇帝在此种植水稻。我们讨论储存水和植物资源的方法，还讨论了研究区内不同地区的历史和经济。

　　我建议使用剖面图帮助建立共同点来比较各种数据。我所观察过的大部分清华大学学生作业要么是平面图，反映GIS和规划的专业技能，要么是透视图，主要体现结构。风景园林专业既需要规划也要求绘画。剖面在风景园林学中是一个很成熟的工具，能够使一个横穿过的区域形象化，并且也可以使地面上方和下方的关系形象起来。风景园林师利用剖面来说明植被、动物栖息地和所利用土地的梯度变化和线性关系。

　　清华的学生开始应用剖面图（图17.12）。三山五园工作的剖面向学生展示出从西边的山上到山谷中的地势变化。它们代表气候、水文、植被和从西边的高地到北京城里平坦地区土地利用的变化情况。

颐和园

图17.11 花园设计平面。Giovanni Battista Ferrari, *De Florum Cultura Libri* IV. 感谢Mirka Beneš供图

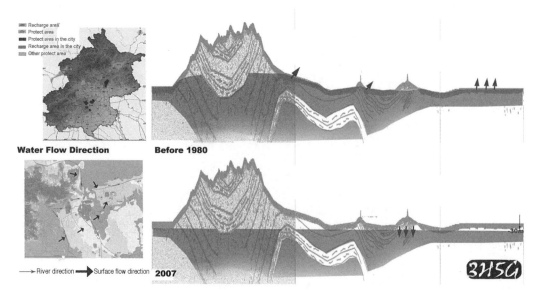

图17.12 三山五园地区地下水系统。感谢清华城市规划设计院供图

图17.13 北京颐和园。罗恩·亨德森拍摄

我们从不常用的西门进入颐和园（世界文化遗产，另一个五园之一，图17.13），开始最后一站的实地考察。该园建于18世纪，由乾隆皇帝为他的母亲建造，皇宫花园主要由三大湖泊构成。皇帝建造颐和园用来控制水流入北京。在乾隆统治时期（1736~1796），他非常喜欢中国南方的花园，所以他在造园时使用了许多南方的元素。他在三个主要湖泊里建造了三个较大和三个较小岛屿。我们沿着一条河堤（西堤）前进，它是仿照杭州西湖的苏堤建造的。颐和园的这一部分不算拥挤，我们走过的路途中有几位男士晒日光浴，有步行的人，有游泳（非法的）的人。

相比之下，2388英尺（728米）长的走廊上挤满了五湖四海的游客。中国现在是第四大吸引游客的国家。许多人期待长廊中秋节的烟火表演。天上云朵遮住了太阳，感觉快要下雨了。

工作室文化

在接下来的工作会议中，北京大学文化地理学教授解释了五园的历史。他是热情、固执、有趣又有些话痨的人。他追溯这些由各个强大家族控制的区域的过去，每个都有自己的堡垒和旗帜。

在他的讲座中反复出现的主题是，古代时水对于饮用、灌溉和运输极为重要。寺庙依河流而建，有很多温泉。从历史上看，该地区被称为"三山和一园"。

教授说，我们的研究区域有五千年的历史。大约一千七百年前，北运河建于北京。它构成了五园区域和其他盆地的连接，就好像从紫禁城去长城一样。水——它的数量和质量，显然将是第四个工作挑战。

在明朝，研究的区域变成了稻田景观。他们建造了别墅、花园和坟墓。有九十六个坟墓被建造来安葬皇帝的亲戚。一些是为一个妻子所建造，一些为许多妻子而建。总的来说，有二百人被埋在九十六个古墓中。根据北京大学讲师所说，那里还有七十二栋贵族别墅。

在清朝，该地区在皇帝的亲戚中也很受欢迎。在城市的南部，皇帝有一大片狩猎保护区，容易被永定河洪水侵犯。因此，皇帝决定把皇家狩猎保护区从南部搬到西北部。大米象征着中国南方的皇帝，所以他鼓励在该地区种植水稻。

教授展示了在20世纪80年代的航拍照片，显示该地区当时仍然是稻田景观占主导地位。历史上，在颐和园和周围稻田之间是没有围墙的，相反小山丘较多。

他讲述了一个稻田被高尔夫球场取代的例子。教授描述了该区域巨大的发展压力，以及湖泊和水稻之间的历史性关系，如何两者互利。颐和园周围越来越多的土地正在开发，因此湖泊已不再从周围的稻田中获益。如何保护耕地将是第五个工作挑战。剩下的稻田和其他农田可以保存吗？

这样的情况让我想起了奥斯汀、菲尼克斯和其他快速增长的美国城市。三山五园区域拥有丰富的历史、丰富的自然资源、大量的美景。奥斯汀的西部山地吸引了富裕居民，随着建设的蔓延，他们加速了含水层的退化，因此失去了美丽的风景。同样，高收入人群到菲尼克斯有吸引力的北部低山建设，出现同样的负面环境影响。三山和五园区域也吸引了北京的财富，以及相关的商业开发。此

外，军队和著名大学等占据重要的空间区域，增加了该地区的吸引力。但同时，农场消失，水源枯竭，交通道路开始堵塞。

乾隆皇帝建造了一个水系统对农业和皇家花园都有好处。他很重视农业。花园里的树木常是自然植被的残余。花园和原生树木也适合水稻生产以及鸟类的生存。在乾隆的时代，更多的别院被皇帝的儿子和女儿和政府官员所建造。

然后教授把他的注意力放到了颐和园的三个主要花园上（图17.14）。他指出，花园已衰退或被转换成其他非初衷的用途。从历史上看，花园的设计表现出两种基本形式：土地周围的环绕水体或水体包围的土地。

北京大学

但更全面、综合的观点也是必要的。加强对遗产保护的需要，教授描述了一个发生在开发人员和保护主义者之间的关于地铁站的取名的争议。那时保护主义者希望使用历史名称，而开发人员想在开发以后叫它"世纪广场"。

五园区域周围被军事设施包围，并且在皇帝统治期间被很好地保护着。在这个区域中存在着大型草场以供放牧。美国建筑师亨利·墨菲还设计了原北京大学校园。他在清华大学的时候已经对中国设计产生兴趣。因此，墨菲在北京大学校园中使用了更多的亚洲元素，例如，他的花园式入口大门。不过，他并不真正理解中国设计，因为他运用了坟墓的元素来融入校园建筑。

1949年以后，政府决定在城市的西北建设更多大学。今天，二百多家教育机构已经成为北京的一部分。

在北京，世界各地

经常有人问我，这是否是我第一次来中

图17.14 圆明园，北京。
弗雷德里克·斯坦纳拍摄

国。我意识到，直到近些年，访问中华人民共和国才是比较容易的。年轻的学生似乎不记得这个事实。

我乘出租车穿过整个城市去见我奥斯汀的朋友罗宾与她的同事共进午餐。

一个巨大的广告牌上写着："中国第一景观"，高尔夫球场。

飓风丽塔接近得克萨斯州海岸。在卡特里娜飓风后不到一个月，丽塔又导致休斯敦一半的居民撤离。暴风雨在美国路易斯安那州和得克萨斯州边境附近登陆。丽塔立即造成113亿美元的损失，造成7人死亡，更多人的在疏散。该地区在丽塔后被证明是相对弹性的，但随后由于飓风的主要威胁，他们错失了主要的人口中心。与新奥尔良相比，在卡特里娜飓风过后没有发生大洪水。

学生作业

在我的一个讲座后，我加入了其他系演讲成员的团队，他们是来自工作室的五个学生团队。像学年中的第一次演讲一样，质量参差不齐。

"自然"团队解释说，他们已经收集了大量数据。学生搜集的数据包含气候（20英寸，500 mm，北京的年降水量）、植被、水系（5个流域）。他们声称他们面临的最大的挑战是将数据转换为GIS。（没有土壤或野生生物；到目前为止只收集到极少的地质信息。）第七个的工作挑战涉及将GIS数据转换成标准格式，然后找到映射的数据模式。

学生提出许多北京面临的水资源问题。水曾经由于防护作用环绕城市，也用于饮用、农业、交通和园林。现在的四大水源为水库、

图**17.15** 颐和园。罗恩·亨德森拍摄

图**17.16** 北京大学校园。弗雷德里克·斯坦纳拍摄

地下水、河流和生活废水。

"文化"的团队将他们的任务分为两部分：历史和文化。在中国，遗产保护发生在三个层面：国家、省（包括北京）和地方。学生列出详细的时间线说明研究区域的深厚历史。他们专注于花园、墓园、军事设施、文学、寺庙和大学。

"社会经济"团队研究外观、土地使用、用户、经济利益和人口等方面的因素。在北京超过1700万人，平均年龄在逐渐变老。根据这个团队，研究区面临的四个最重要的问题是：

1. 高科技的发展
2. 房地产开发
3. 旅游开发
4. 机构和军队加剧的分裂。

三山五园区域之所以增长为最具吸引力的地区之一，在某种程度上，是因为它的自然美景。大学城的集中吸引着高科技发展，遗产型景区吸引了游客。与此同时，并不对公众开放的政府和军事机构，将区域破碎化。第八个工作的挑战在于如何应对发展。有一个需要减轻负面影响的大胆设想。如果以目前的速度持续增长，研究区作为生活和工作的地方将失去其吸引力。

"运输和基础设施"团队指出，乘客造成交通堵塞。旅游路线不清晰，还有游客和上班族之间的交通存在矛盾。团队为大学生、当地居民和游客建立自行车系统。（学生在早期并没有得到供水、电和其他基础设施系统。）

"管理"团队将如何管理历史与今天的对比，来划分他们的工作。学生们定义村庄和街区之间的差异。有时区域会重合，有时不会这样。他们还描述了区域的城市规划结构。

我们意识到，风景园林学科伴随着七十个左右新的学术项目，伴随着将影响国家的环境和团队的快速增长，将在中国的未来发挥非常重要的作用。

我后来在公寓里看到有关新的丽塔的新闻。我了解到具有第二破坏性的热带风暴在过去几周内席卷了中国海域。两个风暴给中国南部沿海地区带来毁灭。中国风暴被称为Damrey，柬埔寨的"大象"。

紫禁城

一个周六，何睿、阙镇清、司机王先生和我，在我公寓外面集合。阙镇清是一个热情的研究生和一名才华横溢的设计师，帮助我演示幻灯片。王先生送我们到东华门，然后我们步行至紫禁城护城河前，也叫故宫（the Imperial Palace）。24位皇帝曾住在那里。"他有七十二个嫔妃"何睿补充道。

我们从大门向南又穿过两扇门来到天安门广场。天安门的设计来源于"天堂"和"安宁"。我们在成千上万的人之中行走。1949年之后，新共产主义政府已经扩大了这个广场。

我像无数其他游客一样，在巨大的毛主席画像下照相。中国武警穿着绿色制服作为前景受到关注。我们走回紫禁城的大门。金黄色（帝王的颜色）和红色（代表运气和幸福）为主要色彩。我们穿过一连串的广场和大门。紫禁城是轴线对称的，对称和几何主宰着这些主要空间。像北京的其他地方一样，所有重要的建筑朝南。金黄的屋顶在阳光下闪耀（图17.17）。

在屋顶顶部的象征性元素具有防火的寓意。屋顶是弯的，使雨水远离建筑，从而保护结构。这是建筑的象征意义和实用性的结合。我们在故宫中的星巴克喝了一杯冰拿铁咖啡。我感觉轻松自在（后来，在激烈的博客讨论要移除它之后过后，星巴克搬离了紫禁城）。

在东边的庭院，我们看到许多古器物，

包括许多三千多年前青铜时代的器物。这一天要看的东西太多了。

我们回到清华大院，阙镇清提到北京的南部地区比北部发展得慢，却提供了更适宜的生活条件。2008年奥运会在北京北部举行。它的目标是成为一个"绿色"奥运，试图帮助创建一个"绿色"北京。这个目标被证明是一场艰苦的战斗。党确定这个场地作为奥运会之用可追溯至1950年代，在奥运会后可作为大城市的公园。2005年已经种植了许多树木。他们认为奥运会将有助于在北京乃至中国促进风景园林事业，总的来说，他们是正确的。

作为"绿色"奥运的延续，奥运会面临着更大的环境问题，从空气质量、历史街区的毁坏到厕所的改善。很多媒体把关注点集中在奥运期间北京的不良空气质量。为了解决这些问题，中国政府关闭了一些工厂和北京附近的燃煤电厂，并且探索几种措施来减少汽车和卡车的数量。

胡同

杨教授开车接我，我们行驶在古城墙边的二环路上。清华大学建筑学院的创始人梁思成，曾试图拯救城墙，但最终没能获得成功。

我们穿过一个城市最早建成的大门。杨教授解释说，理想的中国传统城市有12门。考工记（翻译成工匠的记录或多样化的园地之书）是一本关于工艺，包括建筑工艺的书。本书描述了城市建构原则，是中国乃至世界最古老的城市规划书。从周朝（公元前770～221）开始，这本书确立理想城市的原则，如：经中国传统的距离测量，城市应由9个平方组成，每平方大约0.3英里（0.5公里）。因此，理想城市维度应该是3×3平方（或0.9×0.9英里或1.5×1.5公里）。城市的每个矩形边有三个门。正因为有梁思成，我们穿过的以及其他几个的大门才得以保留。

我们参观了孔庙（the Confucian Temple）和胡同（狭窄的街道或小巷）。传统的四合院

图17.17 紫禁城的屋脊。弗雷德里克·斯坦纳拍摄

的排列，形成了胡同。

这种社区形式可以追溯到13世纪的元朝。传统上，元朝时期四合院住一户人。这些传统在新中国成立初期，三个或四个家庭搬进来的时候改变了，邻里之间的人口密度变大。现在，他们受到拆迁和中产阶级化的威胁。北京市将25胡同社区定为保留区域，但仍有很多这样的传统庭院住房被新的事物取而代之。

在一个胡同附近，我们参观了孔庙，是皇家教育的一部分。庙的建设始于1302年，完成于1306年。内殿法院的院子里有一棵七百岁的元朝的柏树（图17.18）。时间流逝，寺庙自1949年开始日渐颓败。然而，我访问的时候，大量的修复工作在进行，为即将到来的奥运会做准备。孔庙和帝国理工学院如同长眠的种子复活一般，伴随着奥运会和游客需求了解中国的过去。

一辆自行出租车带我们穿过灰色胡同（图17.19）。普通人只能建造灰色的建筑物。金黄色是皇帝的御用颜色。高级官员可以用红色和蓝色。除了胡同，北京现在到处都是金色、黄色、红色、蓝色。

我们停留在杨昌纪的院子内房中，房子正在重建，他是毛主席的老师。这个传统的四合院被四周包围着，院中有一棵树。当我们穿过附近的时候，我注意到了一个公共厕所。用于通知消息的黑板上，还写着他在毛主席时期的故事。

从绿皮书开始的教学

我和工作室的学生从三山五园中探索人类生态概念，如栖息地、社区景观和地区。过去和现在，不同的人类栖息地在该地区发展。社区，如北坞村，仍与过去的农业存在联系。各种景观被发现，如北京烟雾缭绕的小山脉和正式的皇家园林。三山五园的研究领域涉及北京的社会和环境。传统来说，这

一地区有水源和食物的来源，是城市生活的避难所。越来越多的研究区吸引新的发展和增长。

在我第一次访问中国时，学生团队继续改进他们的工作。团队专注于数据映射，很好地用照片说明水的问题。学生描述地质、采矿活动和裸露岩石。他们注意到，该地区可能是一个山脉之间交错的群落和低地。学生们用水文系统在国家层面上去研究他们的场地的规模。夏天，人们避开北京的高温去三山五园区域，因为这里海拔高，且有水和植被。这个团队有了一个较好的研究开端，映射植物群落、山体、高尔夫、河岸和街头植被。学生们观察到植物结构变得简单和不多样化。他们还收集了大量鸟类栖息地的信息。

文化研究团队发现一个从20世纪早期开始很棒的绘画领域，但仍需要核实他们的信息。

社会经济团队关注的一项调查，他们已经在颐和园展开。团队成员认为，这是一个受人欢迎的地方，但游客并不知道这是一个更大系统中的一部分。总的来说，他们发现居民对总体满意度的考量还包括交通、环境质量和发展速度。和游客一样，居民没有看到由各元素组成的更大的整体系统。这组同学和建筑学院的同学同样发现，场地的各种元素并不被联系。

从审查学生的作品中，我确定了工作的最后一个挑战：为研究区域制定特性的必要性。研究区域可以建立在三山五园的特性上。

项目

我在北京的最后一天，天气降温了，天空晴朗，有清新的微风吹来，台风达维已经达到中国海岸，迄今为止已造成9人死亡。

在我离开之前的早上，杨教授、刘博士和庄女士给我介绍了来自资源保护和旅游部门（杨教授指导的）的研究工作。他们的研究所关注三种类型的工作：综合管理计划、

风景区的计划保护区系统、世界和国家遗产区的计划保护区系统。

首先，三个教员浏览了这项研究工作的大致内容，这项工作从1997年开始在云南省进行，他们经常与美国大自然保护协会一起合作。他们的总体目标是建立一个国家公园和其他保护区的保护区系统。第一个项目是梅里雪山国家公园（Meili Snow Mountain National Park），它与西藏接壤，占地606平方英里（1570平方公里）。这一地区拥有丰富的文化遗址，却普遍贫困。杨教授向我展示了很多照片，其中一些是由他自己拍摄的，这些照片展现了壮阔之美（图17.20）。研究所的团队开发了一个2002管理计划，这项计划管理了245个郊区区域，并创建了18项政策（图17.21）。

接下来，杨教授的团队回顾了2004年安徽省黄山的规划。该规划覆盖59平方英里（152平方公里），还包括了一个缓冲区。该地区的文化内涵和背景每年吸引来130万游客，但在山顶的酒店和三个缆车线路偏离山区风景和自然品质的定位。分歧存在于保护和开发之间，结果导致了中央、省级和地方官员之间的矛盾。针对赞助商的建议，杨教授找到了令当地反对者满意的解决方法。当他提出拆掉山顶酒店时，杨教授变得比当地的官员更得人心。他认为，黄山是一个国家的甚至是世界的财富，中国官员应该考虑后辈的利益。一名当地官员指出，非典的爆发损害了旅游业，但杨教授的计划比非典带来的负面影响还要可怕。最后，杨教授通过他的决心和逻辑赢得了当地人的心。而现在，他的团队正在进行着几个当地的规划。他希望通过这些能够让当地官员看到，他们从保护环境和文化意义方面获得的长期利润将更大一些。

杨教授邀请我为他新开始的项目做一个书籍题词。劳里·奥林和理查德·福尔曼的讲话在我之前，以下是我写的：

毫无疑问，中国将在城市化时代中发挥核心作用。这个角色很可能是一个领导者的角色。作为领袖在这个时代，任何个人或国家都需要帮助世界保护我们的自然资本，推动我们的社会资本，扩大我们的经济资本。景观规划提供了知识资本，能创造一个更加公平的世界，这个世界是公正、健康、美丽的。景观建筑和景观规划可以帮助我们保护我们的自然和文化遗产，修复我们对地球过度开发而破坏的环境，并创造未来的适宜生活的景观。

建立一个新的风景园林研究生学习体系是令人兴奋且有价值的。清华大学已经建立了一个强大的教师和学生团队，吸引了由劳里·奥林教授带领的国际访问学者团队。这样成功的种子已经被播撒开来。现在的教育事业需要培养、关怀和持续的创新。我很荣幸成为这个过程的一部分。

由于台风达维，在中国南部和北部越南，死亡人数和经济损失继续上涨。

我们回国的班机飞越过晨昏和国际日期变更线。

我中国的回访之旅从周一开始，2006年6月19日上午9点。我搭乘美国航空公司的一架从奥斯汀到洛杉矶的航班，几个小时的停留

图17.19 1949年后北京的胡同建筑经历了很大的变化。房间要细分以适应不同的家庭。随着中国经济的发展，居民搬到新的住所，胡同受到了一定的破坏，这些破坏促进了一些保护运动的兴起。现在很多传统的四合院得到的修缮并用于新的用途，如作为旅馆。感谢俞孔坚供图

之后，又乘坐中国东方航空公司的飞机飞往上海。第二天，我在上海通过海关检查，还填写包括一个额外的关于禽流感的表格。我到达北京的时候，旅程已超过24小时。

何睿和王先生带着鲜花和微笑迎接我并帮我提包。我们开车在空荡荡的高速公路穿过一个异常安静的城市。20分钟后，我们到达清华大院。午夜后，我在我之前9月的时候休息过的一所大楼二楼的公寓里歇下，并且把花颠倒挂在大厅里的衣架上晒干。

经过长时间的深度睡眠，周三，我醒来并开始再度迎接中国的生活。公寓里家具的布局类似于我以前北京的公寓。何睿为我提供了果汁和面包。

我不记得如何打开热水，这需要打开燃气的开关。我怕如果我把气体旋钮拧向错误的方向会发生爆炸。我打开电视，期待看到中央电视台9日公布的世界杯分数，而不是会收到禽流感的报告。

附近的学校里充斥着孩子们的欢声笑语。

在公寓里听起来，伴随着习习微风，让人感觉温暖舒适。外出时，我发觉外面很热。女性打着遮阳伞。几个骑自行车的人戴上了口罩，来过滤不好的空气。我穿过校园，走向建筑学院的临时办公室（图17.22）。

清华大学建筑学院

学校入口处，有六个景观项目的论文正在展出。

我仔细看着这些展板，有一个学生，陆涵，热情地跟我打招呼。她向我介绍这些项目，其中5个来自"三山五园"工作室。陆涵为这个地区设计了一辆自行车路线，灵感来自于杨瑞教授的回忆，他学生时代骑自行车通过香山。其他学生有重新设计北务镇周围的土地区域和颐和园的入口空间。温正奇的设计解决了运河系统。我记得上次来访问时的散步和谈话，这个学生的解决方案显示了一生态思想和设计能力。另外，劳里·奥林，

图17.20 梅里雪山自然公园中的圣山，公园的总体规划由清华城市规划设计院完成。照片由杨锐拍摄（2001年）

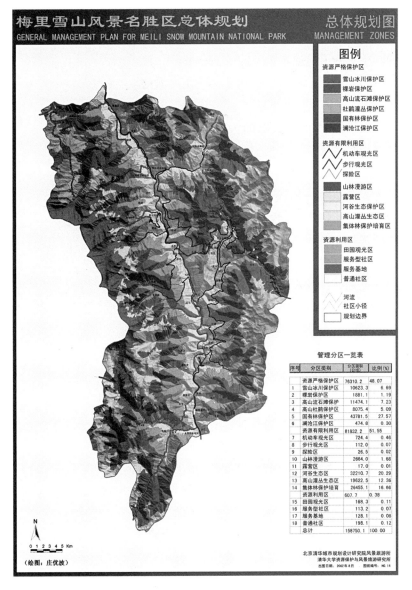

梅里雪山风景名胜区总体规划 GENERAL MANAGEMENT PLAN FOR MEILI SNOW MOUNTAIN NATIONAL PARK 总体规划图 MANAGEMENT ZONES

图17.21 梅里雪山自然公园综合管理规划中的管理区。项目由清华城市规划院负责

在校园里的餐厅，我和朱文一院长以及我的同事张明一起共进晚餐。连锁餐厅叫作娃哈哈，它的意思是"小身体大声笑"。在这个特别的"娃哈哈"餐厅里，我们所坐的包间叫"醉爱"。主人们解释，这种菜系来自上海附近的一个地区，因此很清淡。

我们将讨论世界一流大学（清华的目标之一，它在中国是最好的，但最好的本身并不是"世界级"）排名系统的问题，和各种各样的建筑师，包括扎哈·哈迪德和保罗（Paolo Soleri）。大部分清华的学术项目都有坚实的美国根源，包括建筑和规划，对于它的竞争对手北京大学也是如此。因此这些学科与美国的教育都有着相似理论和实践。1949年之后，国家之间的关系紧张，但却从来没有完全破裂。固然有从1950年代到1980年代强大的苏联的影响。然而，当前与美国，加拿大，日本和欧盟的学术交流尤为强烈。

9点，杨教授接我回到我的公寓，并且告诉我打开天然气热水。我在周四的早晨5点醒来与奥斯汀那边联系。我闻到了煤气味，但洗澡水的水温是很舒服的。

访问期间，为了适应当地气候，我穿了非常常见的衣服——短袖衬衫。在我之前的访问中，我总是穿外套打领带。

7点我走到办公室时，注意到了一些变化。小学生们穿着夏季校服：紫色的短裤，白色的衬衫，一个红色的大手帕。进入清华大学建筑学院，我注意到一个正在毕业展览处用数码相机拍照的年轻女性。

我将上四堂访问课程，包括两堂介绍意大利花园的课。听课的人包括清华或者其他大学的景观、建筑、规划专业的学生，以及一些实习的设计师和规划师。我花了一天的大部分时间在幻灯片库，学校的图书馆，或者在谷歌地球上看意大利花园。我收到许多电子邮件，关于约伯德·约翰逊夫人野花中心成为得克萨斯大学一部分的消息。

科林·富兰克林（Colin Franklin）和罗恩·亨德森（Ron Henderson，一个来自罗德岛的欧林门徒的景观设计师）曾为了学生的毕业论文来访过。温正奇的项目获得了2007年美国景观建筑师协会的（美国）学生奖，这个奖项仅有的六个国际选手入选。总的来说，高质量的工作，显示中国和美国的双重影响。温正奇的设计反映了他的中国教授对历史和文化还有三山五园的运河系统的理解；同时，设计和具象技能反映了美国教授的影响（图17.23）。

吴良镛

下午4点左右，张明、杨锐与中国最优秀的建筑规划师——吴良镛先生来到我的办公室。我上一次想要访问吴良镛先生的时候他已经离开了北京。当梁思成在1946年创办了清华大学建筑系的时候，吴良镛先生就成为那里的第一批教师。他回想起之前几次试图在清华开展景观项目的失败尝试。

1951年，吴良镛在旧金山会见了美国景观设计师汤米·丘奇（Tommy Church）。丘奇向他展示了一些海湾区的项目。吴良镛回到中国后，非常想在建筑系下创立一个景观建筑学位的项目。但是后来他与美国的新朋友联系被切断了。在90年代初，他又尝试与琳恩·米勒（Lynn Miller）以及他宾夕法尼亚大学的同事们取得合作，而这一努力又失败了。

清华已经在全国各地做了许多项目，吴教授对于现在清华已经建立的这种状态感到非常高兴。他宣称"我们需要依靠园林来引领我们去解决区域环境问题。""景观生态与景观规划对中国的未来发展至关重要。"

爨底下村和潭柘寺

星期六早上7：30的时候，还在下着小雨，我在二校门遇见了其他的海外教师。我们聚集在校园的主要目的是去位于北京西部门头沟区的爨底下村和潭柘寺进行实地考察。

上了公共汽车以后，每人都发放了一小包零食，包括饼干、水果糖和一瓶水。虽然一直在打雷，但是当我们离开清华时雨就停了。车里大多数的乘客都是中国人或有中国血统。其余的人来自德国、意大利、俄罗斯和美国。几个家庭也加入了实地考察，孩子们则在清华小学开始互相认识。

我们在西五环乘车进入筑有宝塔和城堡的小山脉区。

我们坐在卡车中缓慢前行，我突然不敢相信我几十年前有过这样一次旅程。我看到一对夫妇在打羽毛球，这让我想起辛辛那提的学生约翰·坦尼希尔（John Tannehil），他在1971年通过乒乓外交打破了第一次冷战的堡垒。

我们穿过北京西部的大片郊区。在一个红绿灯的位置，巴士停在了一辆小的蓝色轿车旁边，车里坐着一对年轻夫妇。女士递给她丈夫一个毛球器，他撕下包装然后把它扔到街上，然后他有条不紊地清理他的黑裤子。

一些人在公共汽车上睡觉，而孩子们在过道上和他们的座位上玩耍。我们经过一个巨大的工厂。那里有两个大型冷却塔和一个较小的冷却塔。两个年轻的女孩坐在我旁边，她们知道如何把自己的零食袋挂在前面的座位小钩上。我也学她们的样子把零食袋挂在小勾上。随着一个明显的模仿拉斯维加斯风格的迪斯科配音，一座有奇特的五层高的新月形立面的建筑出现在我们左侧。

我们的巴士爬到更高的山上，这些地形坡度几乎垂直。小花园的平面图刻在了梯田的斜坡上。狭长的河谷内只有少量的水。稀缺的水资源收集在富营养化的沿河的小池塘。然后我们来到另一个电厂，那里有一个巨大的水库，这也是那条干河谷水位很低的原因之一。水库的建立会降低鱼类数量，但是这也不会组织很多渔民涌向他们的"银行"。葡萄园和大片的灌溉田地沿线布置在高速公路两侧。

一个男孩在我们的巴士里晕车了，几个大人悉人照料着他。我们的旅程因为一次事故而拖延了。一辆小汽车撞在了一辆小的蓝色巴士上，然后这辆严重损坏的小汽车从沟里被拉了出来。汽车的挡风玻璃似乎伤到了司机的头，但是没有路人受伤。我们经过了一个写有"景区"的欢迎标志牌，紧接着映入眼帘的就是几英亩光秃秃的土地。

图17.22 清华校园。弗雷
德里克·斯坦纳拍摄

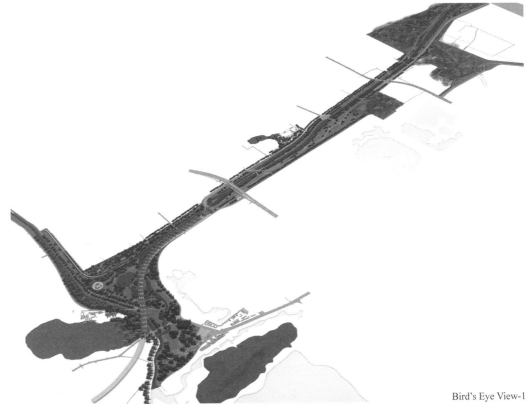

Bird's Eye View-1

图17.23 阙镇清某项目中
的鸟瞰图。感谢阙镇清

简单的安检后，我们进入爨底下村，这里突出体现了胡同的变迁历史以及明清时期的传统四合院。我们从北京到这里两个小时的旅程已经花了三个小时，所以我们赶紧进入山村与其他游客会和。沿着山坡的梯田体现了村庄的"农业遗产"。而他们当前的经济收入似乎就是来自游客。

村庄的名字的意思是"在灶下"。我们在一个四合院的房子里吃了一顿"农家饭"。男老板似乎的确是附近一片田地里耕作的农民。他的手是我见过的所有服务员中最脏的，所以当他为我们分发用来喝茶的双层塑料杯时我感到有些担心。但是他拿着啤酒慷慨地招待我们，自己似乎自得其乐。女主人很快就把菜端上来了，还让我们多吃点。

我们吃了12个菜，再加上米饭、汤和吃起来索然无味的炸玉米馒头。当我们离开四合院的时候，我们发现爨底下村这个深受中国游客欢迎的旅游地游人更多了。我们下午离开这里出发去潭柘寺。

我们沿河前进，再次遇上城市里周六来这里游玩的大量游客。许多人在钓鱼，有的人则在戏水。而野餐休憩区有许多五颜六色的旗子。

我们穿过西郊回去，再回到山区之前，到处都是人，有没穿外套的男士，穿制服的女士、骑自行车的人、卖西瓜的小摊、出租车、麦当劳餐厅和高楼。经过一个养蜂的地方，我们到达了享誉世界有1700年历史的佛寺——潭柘寺。在寺庙的墙边有很多商贩卖一些小东西，如香、卡片、飘带，能带来好运、幸福和财富的小佛像。一些人售卖关在小笼子里的小鸟，如果你把它们放飞了，你就能交到好运。这看起来似乎对小鸟来说是一件好事，但我意识到他们可能会把这些小鸟重新抓回来，然后继续寻找下一个放飞小鸟的对象。经过一个小时的攀爬游览和拍照，我们回到了巴士上。

我们下午5：30回到清华。当我走回我的办公室去查看邮件的时候又开始下起小雨。当我离开学校要回公寓的时候雨下得更大了。闪电非常剧烈以至于我跑到购物中心去避一下。一个友好的售货员给我一把椅子渡过难关。我很同情马路对面在电力变电站旁边油毡布下卖西瓜的那个男人。

回到干燥的公寓，我打开央视5台看到一个5岁的胖男孩在闪烁的光下打着鼓，而激动的观众们在随着节拍挥舞着荧光棒。

大院子里的大学校

星期天早上我很早就醒了。当我对我的公寓大院门口拍照时，一位总坐在小门房的当地共产管理人员走过来。她有些好奇，但微笑默许。我给她那有着各种公告的黑板拍了照。

我走在灰色砖建的小学和相邻田径场之间的路上。虽然过了7点，但是很多人在慢跑，散步，跳绳，锻炼。学校操场与周围的社区相比还是比较整洁的。学校的建筑物还是很坚固和美观的。与他们的住宅相比，中国人在他们的学校上投入的更多。

带着法国号角的男孩和他的母亲来到了这，然后周日上午上课的老师也到了。

在老年中心，一群女士为主的人用竹竿在进行协调性运动。小学后面，由红砖建成的老年中心是附近最坚固的建筑。小鸟在低声歌唱，路人边走边打着电话。这个大院子里有三种类型的房子：给教授住的大革命前四合院，像胡同一样的由小家庭组成的社区和大型社会主义时代的公社公寓楼（图17.25）。大四合院已经转换成机构使用。在大院里像胡同一样的地方是给贫困的人居住的。包括我在内的大多数居民，住在公寓还是非常高兴的。一些教师现在出租了他们在那个大院里的公寓，住在更新、更宽敞的房子里。

我穿过购物中心对面的一个小公园。一个男士在用一个复杂的电器听美国商业新闻。

银行的后面，几个全副武装的保安监督着把钱转移到卡车。人们带着他们的小型犬散步。在北京大部分狗看起来都很小。后来我知道狗的大小是由区位置决定的。在城市的主要地区，如海淀、东城、朝阳，家庭养的狗是被规定一只狗肩部的宽度不能超过（一个关于狗的政策）14英寸（35厘米）。这些中心区域以外的其他地区，可以养大点的狗虽然各地还是有规定限制的。这个法律的先例可以追溯到罗马帝国的时候，它解释了哈巴狗的大小和形状。雨后，天气宜人，甚至有点冷。建筑与其他同时代规划的社区一样：可以发现相同的工厂式建筑，例如，华沙。然而，公共区域是慷慨的，建筑选址考虑风速和光照。在我住的地方的拐角那（我上次住的地方），我发现一个带餐馆的小商业区，一家杂货店和一家网吧。

回到我的办公室，我继续写关于意大利设计的演讲稿，关于Giacomo Barozzi da Vignola和安德里亚帕拉第奥（Andrea Palladio）；他们希望填补一些在设计史上的空白。

我回想起和康特·埃莫（Count Emo）在Fanzolo di Vedelago度过的一个晚上，他是帕拉第奥（Palladio）设计的埃莫别墅（Villa Emo）的拥有者。他阐述了对保持郊外别墅（宫殿为主）、辅助建筑、毗邻弗洛伦（镇）、农田和灌溉系统完整性的挑战。康特·埃莫阐述到，与建筑或景观相比，它更容易通过艺术品的世代创作来产生。特别是景观，他指出。

与此同时，暴风雨返回北京。我走回公寓的时候，雨渐渐小了。在清华校园里的雨棚下，我基本都没有被淋湿。

一只鸟在黎明之前发出了一声不寻常的鸣叫。我听到远处另一只鸟微弱的回应。过了一会儿，它们的对话加入了其他的声音、其他的对话。

我刷着牙听着学生唱国歌。我比平时晚离开一会，发现所有小学的大门都关上了。显然，迟到是不可容忍的。学校就像大院子内墙里的一个茧。

在建筑学院的中庭有一组结构的建造是完全复制的中国传统建筑。杨瑞给我一本关于绘画的书，"清明上河图"，是一个中国古

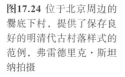

图17.24 位于北京周边的爨底下村，提供了保存良好的明清代古村落样式的范例，弗雷德里克·斯坦纳拍摄

代山水卷轴（图17.26）。"一副原始生活风貌"，杨教授说。在画中，清明是指中国农历节日。（图意味着"画"，河意思是"河流"，上意味着"向上"。）画卷由张择端在大约980年前绘制，画的关于从农村到城市，描绘了一个横断面，这远远早于苏格兰生物学家和城市规划者帕特里克·戈德斯（Patrick Geddes）用山谷剖面图说明类似的关系。图描绘了鲜活的街头生活和商业繁荣的扁河沿岸，这是中国大运河的一部分。从乡村到城市活动显示出在宋代，那时清明节都城运河两岸的景象。

中国仍然是像这几乎几千年的动态图像。清明上河图所示的过去不是浪漫的田园场景；相反，它是一个充满了艰难劳动人民的真正生活。但仔细观察后充满活力的人还存在，我们可以看到什么是丢失的或被丢失的。城市周围的基本农田转化为其他用途；清晰的视图被阴霾或巨大的广告牌笼罩，水越来越少，然而污染却越来越多；建筑和桥梁在人类规模正成为古雅的文物。然而，还是有希望的，因为越来越多的中国人认识到这些问题。

与何睿和两个专家一起，我播放了我的幻灯片。我觉得使用幻灯片投影仪过时了，但我喜欢幻灯片的质量。当时没有人让我做一个关于意大利景观的演讲，所以我从来没有看过这些幻灯片。

在中国讲意大利园林

下午2：30，我开始了第一次讲座来阐释意大利园林与建筑、农业、城市化以及乡村之间的关系。意大利园林被普遍地认为是三大主要园林形式之一，而另外的两种是中国园林和英国自然风景园林。我疑惑着第四种形式是否将要出现，那就是基于场地现状、结合地域特征、顺应时间推移所产生的变化而形成的一种国际性生态化的设计形式。我

依次回顾了古希腊对古罗马时期所产生的影响，和古罗马对意大利文艺复兴时期所产生的影响。我向大家展示了古罗马时期的几个重要的案例，包括哈德良庄园（Hadrian's Villa），西西里（Sicily）的古希腊剧院，古罗马圆形剧场，古罗马港口城市奥斯蒂亚安蒂卡（Ostia Antica）以及庞贝古城（Pompeii）。我分析了中世纪时期到文艺复兴时期的转变以及美第奇家族在佛罗伦萨和罗马的影响力。我用米兰作为例子分析了意大利北部相互竞争的哥特式风格，同时讨论在宗教改革运动和反宗教改革运动背景下的不同的风格。在罗马，我花了一些时间用于研究卡比托利欧广场（the Campidoglio）和圣彼得大教堂（St. Peter's Basilica）这两个主要的文艺复兴时期的杰作。这之后，我考察分析了意大利文艺复兴时期的三个花园：拉斐尔（Raphael）和他的学生设计的玛达玛庄园（Villa Madama）、维尼奥拉（Vignola）设计的位于卡普拉罗拉（Caprarola）的法尔奈斯庄园（Villa Farnese）、利戈里奥（Ligori）设计埃斯特庄园（Villa d'Este），以及庄园中建筑与花园间的关系。

我阐释了一个拉丁词"otium"或者将它精炼为闲暇之意。很显然，无论是在古罗马时期还是在16、17世纪的意大利都使用这样一种解释是不合适的。"otium"的理念对于我们现代形成休假娱乐消遣概念是有益的。通过讨论分析意大利文艺复兴时期的花园设计，我总结出来三个最主要的设计特点：植物几何式的种植布置，富于想象的水景的应用，运用轴线和节点进行空间的布置。讲座虽然进行得很顺利但要是使用更多的图片就更好了。接下来的会议讨论是我目前为止在中国参与的最好的活动。会议讨论了人与自然的关系，建筑与景观的关系，以及花园和城市空间秩序。

我回到家脱下领带换上短裤。这个时候厕所出了问题，在国外这总是一个挑战，厕所气味似乎变得更重了。

图17.25 清华大学的街道。
弗雷德里克·斯坦纳拍摄

晚上暴风雨席卷了北京，这样使得周二早上步行去上班是一件十分愉快的事。在我从校园的西南部步行到东南部的途中我注意到了两件事情。一、在街道和人行道上，有很多比美国分区管理所允许的更加混乱的活动都是被允许的。小轿车，公共汽车，自行车以及步行者自由地相互混合穿行，然而场面显得十分紧张。二、由于小学那里形成了交通堵塞，一名警察引导车辆远离通向小学的那条街道，这样就形成一个没有车辆的安全区域。父母在这个区域让孩子们下车，然后孩子们经过这条街道步行去往学校。

那个下午，我进行了关于意大利园林的第二次讲座。这次讲座我向大家展示更多的意大利庄园，其中包括三个位于威托尼（Veneto）的帕拉第奥庄园（Palladian），这是庄园主为了远离罗马教皇政治而倾向退避到农场或郊区而建造的。我简短地讲述了我与最后一位伯爵埃莫（Emo）的相处经历，在这个过程我看到他的庄园布局以及抽水泵站系统。

在我看来英国自然式风景园相比于意大利文艺复兴时期园林简直是另一番景象。亚历山大·蒲柏这样写道：

建造，种植，不论你要做什么，
立一根柱子或是要做一个拱，
要堆砌台阶或是要挖一个坑，
总而言之，都不能忘记自然，
要考虑到场地各方面的特点……

我们能看到的是，当时经验主义在英国逐渐兴起，也就是说，自然是不完善的——就像在意大利书中所写那样——但是元素是丰富的。对比在意大利园林中或者在更大范围里表现出来的严格的几何样式，其结果是在法国也引起了不规则的造园风格的争论。三个主要的英国式造园风格实践者是威廉·肯特（William Kent），万能布朗（"Capability" Brown），和胡弗莱·雷普顿（Humphry Repton）。贺拉斯·沃波尔（Horace Walpole）说："威廉·肯特具有从衰微的不完善的体系中创造出伟大完整体系的天赋"。他的思维越过边界，把整个自然都

图17.26 清明上河图的局部。11世纪由张择端绘制

看作是花园。这很好地总结了经验主义对英国景观运动的贡献（图17.27）。

我还介绍了一下美国国科学院在罗马的分支机构，该机构是由查尔斯·麦金（Charles McKim），丹尼尔·伯纳姆（Daniel Burnham），安德鲁·卡内基（Andrew Carnegie），J.P.摩根（J. P. Morgan），约翰·D·洛克菲勒（John D. Rockefeller），威廉·范德比尔特（William Vanderbilt）和亨利克莱·弗里克（Henry Clay Frick）于1894年创立的。而且在当时，他们其中的两位是美国的先锋建筑师，并且是美国最富有的人。美国科学院罗马分支机构的成立借鉴参考了法国科学院在罗马分支机构的模式，以及与罗马城内一些其他国家设立的科学院很相似，包括BSR，德国科学院，西班牙科学院，荷兰科学院分支机构等等。美国科学院罗马分支创立想法来源于伯纳姆（Burnham）和斯坦福·怀特（Stanford White），他们在1893年的哥伦比亚世博会和芝加哥世博会上和其他的艺术家和景观设计师们一起合作。

科学院创立的目的在于鼓励人们对古罗马艺术、建筑、人文传统和现存文物的研究。科学院的一部分人专注于研究艺术，另一部分则专注于人文。每年，大概有30位科学院成员会获得罗马奖，奖励他们在罗马居住半年到两年不等以进行深入的研究学习。罗马奖中的艺术奖主要授予建筑、园林、设计、历史保护、文学、音乐创作及视觉艺术等研究方向的人员。人文奖主要授予考古学、中世纪文学、文艺复兴文学、早期文明及现代意大利文学等研究方向的人员。科学院里除了院士，还有资深学者或者当地居民。

科学院坐落于贾尼科洛山（Janiculum Hill）最高处的一处院墙内。两处主要的研究中心是分别是一栋由麦克金（McKim），梅德（Mead）和怀特设计的建筑和附近的奥勒良庄园（Villa Aurelia），包括非常棒的院子它的建筑。一份早期的雇员名单中包括了美国建筑和景观设计领域著名的人物，例如包括路易斯·康、罗伯特·文丘里（Robert Venturi）、迈克尔·格雷夫斯（Michael Graves）、劳里·奥林、丹·凯利。我强烈建议清华同事考虑一下中国的精英，在中国创立类似于这些机构的研究院。

我以罗马和意大利乡村的照片作为我讲座的总结，并加入了一些我在意大利对于现代规划设计的调查研究的评论。和中国人一样，意大利人也有城市设计的古老传统。他们在文艺复兴时期也发展了一种园林设计的形式，这种形式已经融入了世界上的其他城市，尤其是在巴黎，华盛顿等等一些城市。从20世纪早期开始，意大利人就制定了很好的城市设计的规范和很有前瞻性的法规来保护他们重要的历史文化遗产，并且从20世纪70年代开始，他们就采取措施来保护河流、盆地和一些区域。

然而，这些景观保护措施停用了。20世纪90年代早期，意大利一项新的法律要求为省份制定计划（相当于美国的县郡行政等级）。意大利也面临着和美国、中国类似的挑战，从水的供给到空气质量，再到城区扩张的问题。他们已经有了一个良好的开端，同时有一个深厚的历史遗产去建造。中国人也是一样。

在讲座结束后，我和刘海龙教授一起走路回家。他说他很欣赏我的讲话。他非常健谈，他问："作为一个生态学家，你究竟是怎么看待意大利园林的？"

我回答刘教授到："我非常明确的承认他们（建造意大利园林的人）不是生态学家。但是从生态学角度来看，在那种地形条件下，如何处理水的供给，别墅建筑与别墅功能的关系，以及如何将周围的人类的居住区和乡村相结合是十分有趣的。此外，意大利园林是很重要的文化遗迹。意大利园林能给予人愉快的体验，是人类智慧的结晶。"

之后，我独自步行回去时，我意识到经典的意大利园林可以为现代的规划设计，甚至是生态方面的问题提供理念和灵感。

尽管刚有过一场暴风雨，但是北京仍然很闷热，而且凶狠的蚊子在我的胳膊和腿上咬了几个疙瘩。

奥林匹克

接下来的一天，我约见了清华大学胡洁教授共进午餐。因为他是北京奥林匹克森林公园的首席设计师，所以在从清华大学校园出发穿过清华科技园，步行至内部放置有一尊金佛的醉爱餐厅（"Drunk Love"restaurant）的途中，我们讨论了森林公园的建设过程。在我过去拜访他时，他就如何才能更生态地横跨北京五环路建造一座绿色廊道这个问题寻求我的见解，我建议他让此绿色区域越宽越好，那样动物就可以自由穿行，增进物种间的交流循环。

在我们喝着西瓜汁，食用鸡肉、虾、蔬菜和油炸糕点时，胡洁教授和我讨论了有关奥林匹克森林公园项目成果的出版计划。尽管这个项目已经在《中国园林》（Chinese Landscape Architecture）杂志上发表过多次而

图17.27 英国斯图海德园中的Turf Bridge，在1741～1765年间由亨利·霍尔设计建造，米尔卡·贝奈斯摄

且他还计划出一本书，但是他想在由美国景观设计师协会主办的《景观设计》（Landscape Architecture）杂志上发表而且收集在其办的会议论文集里出版发行。我跟他承诺拜读他的论文并通过美国景观设计师协会帮助他完成这个计划。后来胡洁教授邀请我第二天去参观奥林匹克森林公园。最终，我为《景观设计》（Landscape Architecture）杂志写了这篇文章。

中国的变化并不是抽象而不可捉摸的，中国人懂得这种变化的两面性——机遇和挑战并存——这两面均可以在今天的北京城里看见。绝大多数时间都有大气污染；交通堵塞，小轿车、卡车与自行车、行人、手推车、驴车等相互拥挤。在丰富的地表水资源以每年一米的速度干涸的时候，水质也在下降。有专家估计，在北京生活，就好像每天会抽70根香烟一样。

风景园林师在北京的环境污染和无规则的扩张面前起着缓解作用。奥运公园和奥林匹克森林公园的建成是由风景园林师们所做的积极贡献的一个鲜明的案例。奥林匹克森林公园面积有6.8平方公里，大概两倍大于纽约中央公园，是北京有史以来最大面积的公共绿色空间。北京目前的开放空间建设主要集中于与环路（均为植物，没有人流活动）相关联的绿道建设和街道拓宽上，也有一些新的公园建设，但他们大多数依附于旧城墙和护城河或者是作为大规模的地产开发项目的中心。

目前，北京仅仅有107平方公里的公园和287平方公里的其他各类开放空间存在，然而这个城市却有1700万人口，预计到2020年这个数字有望超过2100万。而且北京现存的公园和开放空间被过度利用，华丽的天坛公园面积不足奥林匹克森林公园的一半，但是每年却吸引1780万参观者，包括1210万北京原住民和570万外来游客，也就是说每天有8.9万人参观天坛公园。中国的专家学者们注意到现有公园的形式和分布不合理，连通性不足，而且根本没有足够的停车位。许多北京居民只能在高速公路下的绿色空间里娱乐，同时与奥运会相关的绿色空间降低了新建公园的水平和质量。

奥林匹克区域公园的总体规划和设计方案是从一系列国际竞赛中演变而来，佐佐木事务所（Sasaki Associates）的方案在2002年奥林匹克区域公园总体规划的国际公开竞赛中中标（图17.28和图17.29）。在2003年，新的奥运公园规划目标寻求改善北京北部区域快速增长的现状。

和丹尼斯·皮帕兹（Dennis Pieprz）共同领导佐佐木事务所团队的艾伦·沃德（Alan Ward）说："我们这个项目的概念框架是快速发展的，几天之内，我们已经建立起了新的组织设计原则"。这个项目的基本结构框架组成了体育场及周边的主要轴线，奥运公园的南北主中轴线促进了北京历史文化中轴线的延续，沃德指出这个项目方案受到了中国传统园林设计的影响，北侧堆山石，山前理水。

佐佐木事务所规划的奥运公园的理念是寻求一种平衡与和谐，这种平衡是诗意的而且实用的。这次设计是中西方、传统与现代、自然演变、现有周边环境和奥运公园总体规划间的一种追求平衡和谐的体现。佐佐木的规划设计理念有三个最基本的元素：森林公园、文化轴、奥运轴。

森林公园由奥运中央公园区域的北侧地块构成。从佐佐木事务所的总体规划方案来看，森林公园占据着大量地块，在许多方面，比如尺度和功能上，超越了世界上其他许多国家的大型城市公园，例如阿姆斯特丹博斯公园（the Bos in Amsterdam）和纽约前景公园（Prospect Park in New York）。在总体规划框架下，文化轴线和纪念广场的设计在实际表达形式上更趋向于现代语言而不是历史形式的复制。设计的目标是为了营造一种好的表现形式，通过它能让世界上其他文化背景下的人们更好地领悟中国文化的精髓。最终，在佐佐木事务所总体规划方案中，奥运轴线起始于现有的亚运会主场馆、经过国家体育馆向东北方向延伸，持续延伸至体育健将花园，与文化轴线相接，最终在森林公园内结束。

在为奥运公园的规划设计而组成的佐佐木事务所团队包括1995年在美国伊利诺伊大学（the University of Illinois）获得风景园林硕士学位的年轻设计师胡洁。作为北京当地人，胡洁对奥运公园地址的背景和历史以及在中国文化相关的专业术语的翻译方面有着巨大的贡献。在沃德的带领下，佐佐木事务所团队所做的规划方案在2003年末从众多的国际景观竞赛方案中被选中，将其作为奥运公园整体景观规划方案的基础。

竞赛结束后，扩初设计和施工图设计成为了中国景观设计师的职责。2003年胡洁从波士顿返回清华大学，去帮助建立新型景观学硕士研究生培养方案，现在他领导着清华城市规划设计研究院下属的景观设计与规划研究中心。2003年12月，北京市城市规划委员会将佐佐木事务所做的奥运公园总体规划的北端的大面积的奥林匹克森林公园的规划设计工作委托给清华大学，最终胡洁作为本次设计项目负责人继续参与奥运公园的规划建设。

尽管大量新式建筑如雨后春笋般出现在北京周边，就好像在达拉斯或者迪拜一样，但是奥林匹克森林公园却深深扎根于中国的传统设计风格。从佐佐木事务所建立的总体规划框架开始，胡洁建议用美国的景观设计理念作为参考来丰富延续典型的中国美学。和其他具有跨文化背景的设计师一样，胡洁善于将不同文化和理念进行合成。除了他在佐佐木事务所和伊利诺伊大学的工作学习经验外，他还在北京林业大学获得了风景园林硕士学位，在重庆建筑大学获得了建筑学学士学位。胡洁在清华大学校园里长大，他的父亲是清华大学建筑学院的一名教授。

风水理论的应用比如北侧堆山以及传统元素的运用，比如置石，是中国地貌地表特征的反映，而生态因素的考量则更加趋向于美国的理论，但是最终做出的方案中，风水理论是现代公园选址规划和生态设计的首要原则。胡洁强调："虽然风水从字面上看是不被遵循的，但是风水理论原则在设计灵感中是被尊重和运用的"。

五环路将奥林匹克森林公园分为南北两部分。北园和南园由一座绿色甲板和五环路地下的两条道路连接。面积有0.8公顷的绿色甲板被称为生态廊道，包括大量的植被，以及为步行者、自行车及野生生物提供的连接体（图17.30）。在北园，规划设计时强调植被自然恢复演变，目标是通过维持现有的地形和自然植被来修复完备区域生态系统。设置极少量的人工构筑物，以及控制人流量，以此来维持养护植被和动物的栖息地。

在奥运会后开放的奥林匹克森林公园南园规划设计时强调更多的娱乐活动使用场地以及和奥运村更加便捷的联系。南园包括奥林匹克网球中心、射箭场、曲棍球场、从北京的历史中心到奥运场馆的新地铁线的终点站，该场馆在未来可能建一个购物中心以及一个巨大的户外剧场，该终点站和大剧场坐落在奥海南侧。然而，南园的主要特征在于包括龙形水系，面积达122公顷的奥海以及有三个山峰的山体，山体由疏浚湖面的泥土和杂物堆积而成。山体主峰高出水面48米，成为森林公园乃至北京城的轴线的中心所在，西南次高峰高出水面28米，仅次于西南次高峰的第三高峰高出水面22米，每座山峰顶部都立着巨大的花岗岩石（图17.31）。

在森林公园建造时，水立方和鸟巢也在紧张的施工中。从南园山体主峰上的巨大岩石下可以清晰完整地看见北京奥运公园的脊柱以及主要的运动场馆（图17.32）。在山脚下时，可以明显注意到山体被湖水环绕着，而且可以发现不仅是奥运村，还有湖面上大型

北京奥林匹克
森林公园

北京奥林匹克
公园中心区

N

图17.28 奥运公园和奥林匹克森林公园总体规划图，清华城市规划设计院供图

图17.29 奥运公园和奥林匹克森林公园总体鸟瞰图，清华城市规划设计院供图

起重机装饰着公园上空的天际线。山坡上和水岸边种植大量的植被，而湖面和大面积的人工林对于奥林匹克森林公园发挥长期效用是必不可少的元素（图17.33）。

奥林匹克森林公园水系设计为水体的保护净化树立了典范（图17.34）。被回收利用的雨洪水和再生水资源注入湖体，通过建设的生态湿地来净化水质。通过水循环系统在旱季时为北京补充水源，在雨季时为城市泄洪。

胡洁说："在北京，水是一个巨大的挑战，为奥林匹克森林公园建设的水循环利用和水质保护体系将会成为这个城市的典范。"

这块新生森林将会改善北京的小气候，减少困扰城市的灰尘。胡洁和他的团队补植了大量新树种，保留大量成团的遗留树种，最终整个森林公园树木数量有高达54万棵。其结果是，在公园开园的那一天，整个公园郁郁葱葱，布满成熟植被。（这种营造策略是对当年弗雷德里克·劳·奥姆斯特德和卡尔弗特·沃克斯建立的纽约中央公园开园那一天的场景的一种回应）

作为奥林匹克森林公园项目主管的吴宜夏说："当在公园湿地里发现白鹭和大量其他鸟类时，我们非常惊喜，同时在山坡上出现了许多黄鼠狼、野鸡和兔子。看到这些鸟类和动物在公园里繁殖生存让我们觉得整个设计团队的辛劳得到了回报。"

种植设计提倡在乔灌层广泛使用乡土树种。北京的自然气候只能涵养两个植物生态层次，所以风景园林师采用了乔木和灌木与灌木和地被相结合的策略。胡洁和他的主要同事吴宜夏，吕璐珊（总工程师和高级建筑师）认真仔细地配置这些乔木和灌木以创造出良好的季节性景观特色（图17.35）。植物种植设计强调建设鸟类栖息地，减少城市热岛效应和氧气与二氧化碳交换的价值。

北京奥林匹克森林公园的设计遵循了中国的传统文化。就如胡洁指出，孔子说仁者乐山，智者乐水就是将自然山水和人的品格相联系。

奥林匹克森林公园的设计蕴含了智者、仁者的思想灵感。在过去的三十年里，虽然中国的贫困率明显下降，但伴随而来的是环境的严重恶化。而奥运会为解决这些问题带来了契机。

正如艾伦·沃德（Alan Ward）所指出的，北京奥运会之后发生的事才是最重要的。北京的城市化快速发展，就像弗雷德里克·劳·奥姆斯特德和卡尔弗特·沃克斯赶在纽约城市迅速扩张，向北部过度延伸之前设计了中央公园，同样的，北京奥运公园和奥林匹克森林公园也有助于控制北京城向北无序而快速扩张。

我相信就算随着时间推移，鸟巢也会一直是北京的一个地标。尽管不是一直开放使用，但是鸟巢每天都吸引着成千上万的游客。对于其他一些尺度巨大的地标性建筑，诸如大都会建筑事务所（OMA）设计的形态扭曲的央视大厦，我并不是非常确信这一点。我

很确信的是在未来，奥林匹克森林公园将会继续为北京居民带来巨大的价值。家庭成员会很享受沿着奥林匹克森林公园龙形水系的湖畔，在山坡上巨大的树荫下散步，享受着这些为2008年北京奥运会而建设的一切所带来的好处。

在我和胡洁教授共进午餐之后，我参观了清华大学学生以往秋季学期的三山五园综合课程作业。虽然大多是以中文展示的，但是可以发现学生在绘制图纸和图表时所展现出的分析思考的过程及其规划设计理念是清晰的。

世纪风暴

一个大风暴将要来临。杨锐教授表示，北京的历史上最大的降雨预计就在今晚。他载我一程回了公寓，建议我们不要叫外卖晚餐，所以我不会一会儿在雨中穿行。我欣慰因为我晚上散步也是让人神清气爽。手里拿着伞，我离开校园去了我最喜欢湖南餐馆。

图17.30 生态走廊效果图，它提供了横跨五环路的甲板，以及连接着奥林匹克森林公园的南北园 清华城市规划设计院供图

图17.31 2008年在北京奥林匹克森林公园主山峰顶中国传统园林假山旁的工人们，摄影：弗雷德里克·斯坦纳

晚饭后，我走进了北京的世纪风暴中。降雨量相当大，但幸运的是，在我走路回家的途中只有稀疏的闪电。回家后，央视9套正在报告：第二个热带风暴的季节，Jelawat,预计将影响中国的南部海岸。事实上，整夜下雨直至早晨,但第二天早上只有轻微的细雨陪我走路去学校。

北京规划展览馆

张明和我乘出租车到市中心。我们的第一站是北京规划展览馆，这里以巨大的城市模型和特定地区规划项目方面为特色。展览馆坐落于城市的中心部分，位于前门的老北京火车站的东面。展馆的特色是拥有一座1949年的城市大型青铜模型，以及展示2008年城市样貌的1：750的城市模型。这个巨大的城市模型占据了三层的大部分面积。从四楼或走到第三层边缘可以观看这个3251平方英尺（302平方米）模型。

城市外边缘航拍图上镶嵌了近1000块亮玻璃形成了步行平台。城市的部分被删除重建，这是个持续不断的工作。

城市的新中央商务区，位于紫禁城的东部，有单独的木制模型，就像2008年的奥林匹克村。当前城市扩张的规模令人的感知为其大胆和雄心震惊和麻木。拥有大量历史古迹和胡同的历史核心被高速发展的高楼大厦包围，高楼的增长使曾经定义了整座城市的雄伟城墙变矮小了。

特色展厅包括许多特色画廊，在我访问期间，展出了扎哈·哈迪德对未来北京的公寓设想展；关于过去和未来奥运的雕塑和其他艺术作品展；和一个过去二十年清华和麻省理工学院之间合作的回顾展。麻省理工学院的凯文·林奇在1980年代初访问过北京和并提出了城市交互设计的构思。林奇死后，麻省理工学院城市设计学院教授即随后的佩恩设计院长加里·哈克（Cary Hack）和可敬的清华大学教授吴良镛，在1985年创建了一个工作室，并一直持续到今天。

工作室包括了20名麻省理工学院具有代

图17.32 从主峰上向南远眺奥林匹克森林公园主湖面和主奥运场馆,北京远处的天际线清晰可见 清华城市规划设计院供图

图17.33 从山下水边林地看向奥林匹克森林公园主山峰,清华大学城市规划设计院供图

图17.34 奥林匹克森林公园中的湿地，清华城市规划设计院供图

表性地建筑、规划的学生，和十名从清华大学建筑学院走出的房地产商。

在1998年和2000年，张明是联合工作室的教学助理，和展览上包括的这些项目的董事。工作室1998年在白塔，2000年在东不压桥附近。张明感叹道，这些仍然主要是学术训练并没有得到实施。不过，作品仍然影响了北京的城市设计和规划思维。回顾这些工作室项目中所体现的智慧和洞察力，我渴望看到更多由城市官员和开发商能实现的这种敏感类型的场所营造。

在麻省理工学院的展览结束面板有吴良镛教授的书法。我在这第二次访问最后的讲座后，去吃晚饭的路上，杨锐，张明和我参观了最近新增的展出，包括清华校园的白色，中意节能建筑。由意大利政府资助，由意大利建筑师马里奥·库奇内拉（Mario Cucinella）作出贡献，作为项目负责人，和米兰理工的费德里科·巴特拉（Federico Butera），建造了一个以朝北蓝墙为特色的大型建筑。这种"绿色"建筑展示了减少二氧化碳减排在中国建筑中的潜力，但显然视觉上是"蓝色"，而不是"绿色"在白色的校园。张明解释说意大利政府捐赠了这个建筑。当清华官员反对蓝色的墙，意大利人解释说，是建筑师的设计。要么清华人学接受设计要么意大利人撤回他们的资金，最后蓝色的墙壁仍然存在。

等阳光明媚的蓝天重回北京上空的时候，我们出租车开往由诺曼·福斯特设计的为奥运准备的新航站楼。我们中午离开北京的时候，烟雾笼罩了正在扩张的大都市。当我们飞过在日本上空时，我们吃了作为甜点的西瓜。

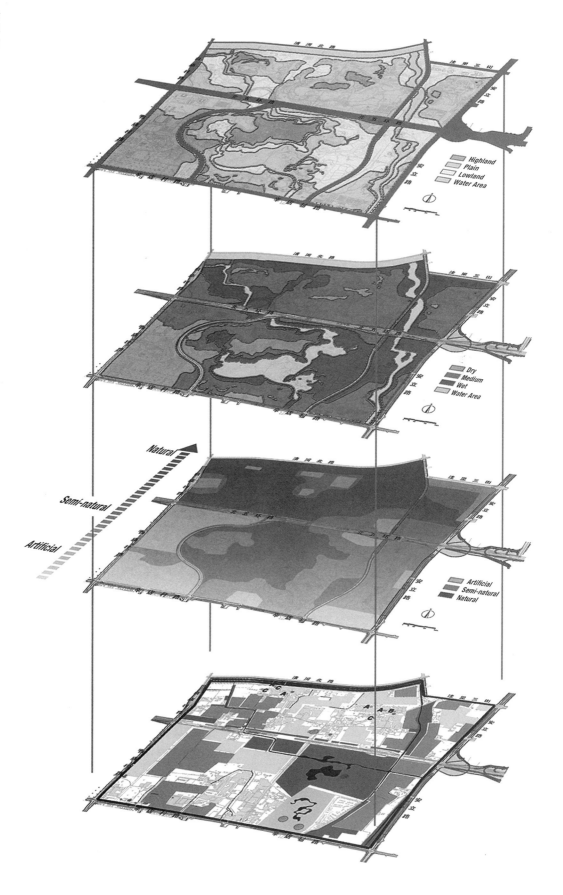

图17.35 奥林匹克森林公园现状的高程、土壤含水量、植被分析，清华城市规划设计院供图

VI | 第六部分
从灾难中学习

我们是一个适应力很强的物种。我们把设计和规划作为工具来进行灾后的重建。鉴于地球目前的状态，我们需要改进这些工具以确保我们的生存和发展。"9·11"事件和卡特里娜飓风说明了我们所面临的挑战以及应对灾害的必要性，无论是人为的还是自然的。

通过对灾难的预测以采取应对措施，我们可以减弱和适应灾难。减弱的办法涉及缓解灾难的深层原因。在墨西哥湾沿岸，湿地的保护可以缓解飓风的力度和强度。

适应包括调整活动，使之适应于特定的用途和情况。在墨西哥湾沿岸，这包括重新设计房屋和其他建筑物，使其能更好地抵御风暴潮。此外，当地的法令可以进行调整，以减少在灾害频发地区不适当的以及有风险的土地利用。

减弱策略的设计和适应措施的规划归功于我们的应变能力。健康的系统才能做出最好的反应。毕竟，健康是一种能从伤害、疾病和侮辱中恢复的能力。恢复性强的地方必然是可持续的。然而，恢复性展现着一种超越了可持续性的能力。减弱和适应的系统是可再生的。对这种系统的设计给建筑师和规划师提供了一个重要的机会。

第18章
探索适宜的纪念性景观：93号航班国家纪念园

18

2005年2月，当我在中易道的迈阿密海滩阳光明媚的办公室举行的风景园林基金会的执行委员会会议上时，一个从消息从奥斯汀传了过来。海伦·弗里德，93号航班国家纪念园的竞赛顾问，要我打电话给在旧金山的她。

在从纽瓦克国际机场到旧金山的航程中，恐怖分子控制了93号联合航班，并将航线转为华盛顿特区。飞机于2001年9月11日坠毁在萨默塞特郡，宾夕法尼亚州西部的一个区域。在那一天被劫持的飞机共有四架，93号航班是唯一一个没有让恐怖分子行动目的得逞的。最有可能的是，飞机提前坠落是因为乘客和机组人员的勇敢行为，他们已经知道了，在那个秋天的早晨，其他恐怖分子会开展行动。

我的兄弟约翰，一个在旧金山的联邦调查局特工，被指派参与这个案子。我记得，日日夜夜，他都专心于拼凑线索，寻找在这致命的航班里到底发生了什么。他的投入促使我想要参加比赛。

我之前从未参加过设计比赛，而且我有一个相当耗时的日常工作，所以在研究竞赛官方提供的材料时，我意识到我需要帮助。林恩·米勒正在指导我们新的风景园林（MLA）硕士课程，并住在我家。在我的红色厨房里桌子边上，我邀请他加入并且将我最

初的想法展示给他看，方案抽象了从纽瓦克飞往旧金山的波音757-200飞机的飞行路线，在克利夫兰都市区上方绕行，朝着华盛顿特区飞去，最终在宾州克斯维尔附近的匹兹堡的东南方向坠毁。林恩赞同这个概念，但是看着我的草图，他委婉地建议我们应该寻求更多的帮助，并推荐了我们年轻的同事杰森·肯特纳，一个我们新的工作项目的讲师。

林恩在宾夕法尼亚州立大学度过了他的职业生涯，杰森去剑桥、麻省理工之前就是在那里获得他的风景园林学士学位，也是在为里德·希尔登布兰德工作和在哈佛继续他攻读他的硕士学位之前。杰森和林恩拥有丰富的关于宾夕法尼亚州西部的知识。杰森最终同意加入林恩和我的团队。

宾夕法尼亚州收费公路（70/76号州际公路）在坠机现场的附近，西边连接匹兹堡（1小时的车程），东边连接华盛顿/巴尔的摩（3小时）。据美国国家公园管理局介绍，该地点"坐落在阿勒格尼山脉。"它的冬天寒冷多雪，并且多风。

几乎是在发生坠机及随后的调查和清理之后，立即出现了一座临时纪念园，由当地居民以及遇难者的家人和朋友建设和维护（图18.1）。家庭成员们在坠机现场修建了小型纪念园。2004年，建设一座国家纪念园的建

图18.1 游客在美国宾夕法尼亚州，93号航班临时纪念园留下的纪念物。弗雷德里克·斯坦纳拍摄

图18.2 E·林恩·米勒画的93号航班纪念园设计竞赛的初始草图，用于杰森·肯特那，卡伦·刘易斯，E·林恩·米勒，和弗雷德里克·斯坦纳的小组的决赛设计项目

议被提出，而这一建议也在2005年1月14日得到了内政部长的支持。

有一块区域被指定为纪念园的建设地，约2200英亩（890公顷），其中约有1355英亩（548公顷）包括了坠机现场，碎片场，还有发现了人类遗骸的地方。这些地方都是参观国家纪念园时所要参观的一部分。该公园管理处指出，这个地点是由连绵起伏的丘陵组成的，这些丘陵以沿其东部山脊平缓的山脊为主。该地点的核心部分被岩石和薄的表层土壤所覆盖，这些薄的表层土壤作为改造以前露天开采烟煤矿的一部分被放置在该地点之上。

五十年的对地表和地下的开采使得景观的形态遭到了明显的改变并且留下了长久性伤害的痕迹。采矿的房屋和设备，以及污染的池塘和土壤，都分散于此。两个大型矿山挖掘机在碗状的区域的山脊处占据着重要地位，这个碗状区域向下倾斜直到坠机现场的树林边缘。

杰森，林恩和我见了面。林恩提出了一

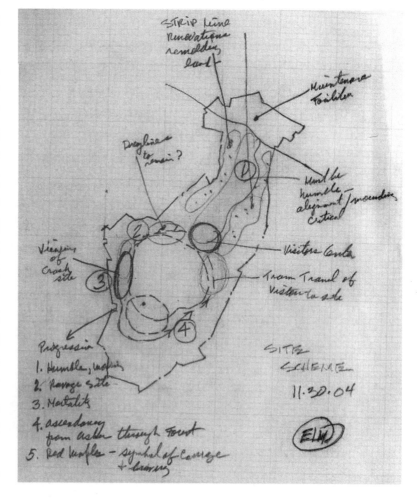

图18.3 拟建的游客服务中心，93号航班纪念园设计竞赛，杰森·肯特那，卡伦·刘易斯，E.林恩·米勒，和弗雷德里克·斯坦纳小组的决赛设计项目，由国家公园管理局，93号航班国家纪念园提供

个方案，采用了我关于追踪航行路线的概念，但他极大地概括了它并且使这个想法能适用于这个场地（图18.2）。他建议我们应该在这横跨2200英亩（890公顷）的场地上开展一次旅行。我们讨论出了这个游客中心是解读的重点。杰森认为，尤其是因为这个游客中心，我们的团队需要一个建筑师。于是他推荐了卡伦·刘易斯，一个他在哈佛认识的建筑师。

卡伦，当时是肯塔基大学的建筑学讲师，他同意加入我们，然后在这样3+1的情况下我们迅速地开始审视我们的团队。我们中的三个人目前都在奥斯汀，一个在列克星敦；三个男人，一个女人；我们有三个公立大学的本科学位，一个私立学院的；我们有三个哈佛研究生学位，一个是宾夕法尼亚大学的；我们有三个人来自西部的阿巴拉契亚山脉，一个来自东部；我们有三个风景园林师（如果我也可以算作一个的话），一个建筑师；等等。在这学期的假期时间直到进入了2005年的新年，我们四个人都聚集在奥斯汀，为了

在1月11日的最后截止日期之前，完成我们的项目。

尽管我们的年龄范围从二十几岁到七十几岁，可我们很快就凝聚在一起形成了一个团队。我们尽可能读了有关美国航空93号航班的乘客以及工作人员的详细资料，并且详细了解了该场地的生态环境。经过多次讨论后，对于这个游客中心的设计，卡伦产生了一个大胆的想法（图18.3）。有意地转让露天采矿的景观，使人回忆起喷气式飞机狭小的内部空间。在能俯瞰到坠机现场的全貌之前，游客会沿着一个斜坡向上走，仅仅只能瞥见到一点点天空和地面，这块地方在竞赛的简介中被称为"神圣地"。这个建筑逆转了越战纪念碑的基本理念。我们的游客中心是白色的并且朝向天空，往地球表面的上方不断延伸，而不是黑色的也不往地上雕刻。

游客信息中心位于这个场地的最高处，并且在林肯高速公路，拟建项目边界北部边境的US30上就可以看到。我们用红色的枫树代表在此次航班上的40名乘客和机组人员，

在该项目的入口随机排列树木，以表示在纽瓦克聚集且互相不认识的乘客。

游客游览的路线的开端是想象自己是一个行驶在单向车道上的愉快的牧民，乡村景观此时从过去露天采矿景观中恢复过来。道路转向的有些突然，就像9月11日上午93号航班那样。这个急转向使得这个山朝向了游客中心。游客中心的旁边有另外的四十棵枫树，形成了一个有规律的图案，象征着航班上的乘客和机组成员一起乘坐飞机从恐怖分子那里平安归来。我们在策划一个用来改造山坡的洼地和护堤系统，这个系统指向纽瓦克、旧金山和华盛顿特区。

从游客中心看过去，道路沿着山脊线移动直到能俯瞰坠机现场的地方，联邦调查局对坠机现场进行协助调查。根据这次比赛的规则来看，神圣地是预留给乘客和机组人员的家属的。我们提出了设计从FBI总部出发的两条路线的建议。一条是为了让游客与坠毁的航班平行而列，一直延伸到神圣地的前方，两侧不规律地种植一片白杨。第二条线路是预留给家庭成员们的，一直延伸到神圣地的后面。

我们设计了一条种植了40棵红枫树的小路，那里是家庭成员离开神圣地的出口，并且在那儿可以与其他游客重聚（图18.4）。路径在一个小湖泊和一片湿地区域处汇合，然后围绕着一个种植了3021白橡树的碗状区域继续前行，每一颗白橡树都代表着在911事件中遇难的受害者们。在路的西侧，我们提出种植1776橡树以纪念我国的建国年。为了防止鹿采食橡树幼苗，我们把每一棵小树幼苗都放置在半透明的种植管中。这条路在碗状区域绕行一圈后，返回对着游客中心的那座山。在山顶的时候，游客会被请求在离开一片林地之前留下自己的纪念物，在这片林地中的树林里集中种植着最后40棵红枫树。

杰森在12月的时候造访了这片场地。我们用他拍摄的照片作为背景，放在展示于入

口处的告示牌上。我们使用的配色方案由竞赛材料绘制，突出了浅蓝色并且加入了枫树的九月红。在我们的设计之上喷涌的溪流穿过天空，我们称之为纪念审判。

国家公园管理局和竣工顾问提交了1059项设计到93号航班纪念网站上。贾森研究了每一个设计，坚信我们将会是决赛队伍之一。我们的项目是797号，并且相信我们的项目有很强的实力。我们相信会在1月28号，星期五，也就是在结果面向公众宣布的前一周能收到消息。直到那个星期五来了又走，却没有任何消息传来。然后周末过去了，下周一也过去了，依然没有任何消息。周二的时候，我飞去了迈阿密，现然后确信了我们并没有在这些决赛队伍之中。

当助理院长拉奎尔·埃利松多从海林·弗莱德那儿带来一个消息并且联系我时，我意识到弗莱德并不会联系所有的1059支竞争者，但我认为我们很可能会得到一个荣誉的奖项。我们是五支进入决赛的队伍之一，这个消息让我感到既兴奋又惊讶。弗莱德说，除了告诉我的队员之外，直到2月4号，星期五，美国东部时间的下午4点，五支决赛队伍公之于众之前，我都需要对这个消息保密。

联系完杰森、卡伦和林恩，告诉他们这个消息后，我冲回EDAW公司的会议室。过了

图18.4 拟建的红枫小径，93号航班纪念园设计竞赛，杰森·肯特那，卡伦·刘易斯，E.林恩·米勒，和弗雷德里克·斯坦纳小组的决赛设计项目，由国家公园管理局，93号航班国家纪念园提供

一会儿，我的手机又响了。我接到来自当时已在美国俄亥俄州的劳拉·麦克雪莉的电话，她是我的朋友也是我以前在前亚利桑那州的同事。

"我有个秘密，但是直到周五4点钟之前我也不能告诉任何人，"她说，然后大方地邀请我加入她关于93号航班比赛的决赛队伍。

"劳拉，"我回答说，"我也有个秘密，但是直到周五4点钟之前我也不能告诉任何人。"

周五下午4点的时候，我正在飞往去迈阿密参加一个亚特兰大地区建筑学教育者的峰会的路上。我看了看手表，然后把这个消息告诉了坐我旁边的陌生人。

当我们降落在哈兹菲尔德机场的时候，我的手机收到了12条消息。在接下来的两个小时里我一直在和记者进行谈话。到了周一，竞赛顾问——海林弗莱德和唐·斯塔斯特

尼——轮流提醒五支决赛队伍，竞赛规则要求我们通过他们来协调媒体的询问。

回到奥斯汀之后，我重新看了一下其他几支决赛队伍的设计，以及获得了荣誉奖项的项目。杰森早有了先见之明，除了得获得了荣誉奖的之外还挑了两支决赛队伍的，劳拉的和我们自己的。我发现肯绥的入口特别有趣，因为它是我原来理念的真实演绎。海林在多伦多大学硕士建筑论文委员会会议期间联系了他。

二月下旬，竞赛为决赛队伍、国家公园管理局、家庭成员、当地官员和参与临时纪念园建设的萨默塞特郡的志愿者们举行了一个研讨会。

因为事先的承诺，我无法出席这次研讨会，但在这次研讨会上，杰森、卡伦、林恩与其他决赛队伍，国家公园管理局，家庭成

图18.5 93号航班临时纪念园的景色，望向飞机失事地，美国宾夕法尼亚州。弗雷德里克·斯坦纳拍摄

员和地方官员见了面。在专家研讨会形式上，他们为纪念园制定了一个管理计划，最后由我们进行细化。除了对我们的竞争对手的性格有了一些了解之外，我们还确定了在神圣地后面为家庭成员们延伸出一条道路是不可行的。我们也收到了陪审团的意见，帮助我们改进我们的最终设计。

今年三月，我被安排去克利夫兰州立大学演讲，所以我请求竞赛顾问批准我去那块场地参观。他们准许了我的请求，但我只能参观向公众开放的区域，并且不能向记者透露，必须保持低调。

我的弟弟约翰和他的妻子桑迪——同样也是一位联邦调查局的职员，已经从旧金山搬到匹兹堡以便能离她的家庭和我们的家庭更近。在3月份的一个寒冷的刮风的下午，我们三个参观了这个纪念园。在公共的道路上，我们在因为露天采矿而毁坏的景观四周徘徊。在我们到达这个由当地的志愿者建造和维护的临时性的纪念园之前，我拍了好几卷照片而且记了很多的笔记，这些志愿者们被称为"大使"。临时游客中心——真的就是一个窝棚——被大风以及白雪覆盖的地方所包围（图18.5）。见证了最近的一个露天采矿的遗址的两台巨型挖掘机，雄踞在北部的一整片荒芜之地上。用风中飘扬的旗帜使参观者将成千上万的供品与大型铁丝网联想起来，这些旗帜已经成为西部边缘的临时纪念园的标志。其他人可以在碎石停车场的金属护栏上写下他们与遇难者们的回忆。四十名乘客和机组人员的姓名已经被雕刻在面向神圣地的公园长椅上。当地的学生制作的40个陶瓷的小天使被放置在长椅斜面上。这个地方具有原始动力。

我看过了许多关于这块场地的图片，也听了我队友的描述。当我看着这一整片广袤的土地以及这一片曾经作为森林、农场以及矿区的连绵起伏的丘陵时，我想到了93航班坠机于此的事件的可怕过程。

纪念园的内部，我们受到志愿者内文·兰伯特的欢迎。透过他家的门廊，他亲眼目睹了这次坠机事件。曾经他对于后来几个月内所看到的一切都缄默不语，但他现在很健谈，甚至变得有些好奇。我曾敦促约翰和桑迪对于我们的这次造访要保持谨慎的态度，因为我认为这对于联邦调查局的特工来说这是一件很容易的事。但内文坚持。我将在几个星期之后再来这儿参与第二次研讨会，所以我告诉了内文我们的身份。他大哭起来并拥抱了约翰，桑迪和我，同时不断地说着"谢谢"。

我带回了大量的照片回到了奥斯汀，强烈地觉得，一定要在我们的历史中干一件伟大的事。杰森，林恩和我在奥斯汀继续讨论做这件事的意义，并与在列克星敦的卡伦互通邮件。

在萨默塞特郡的郡法院大楼举行的第二次研讨会上，帕斯特·拉里·胡佛以祈祷中观察到的景象在这次研讨会上首先发言，"在这个美丽春天的早晨我们看到了新成长，新生活。"

随后，各小组将展示他们的理念。我代表我们的队伍上台演讲。当我站起来看着观众，我发现有一种原始的情感充满在那些期待我演讲的家庭成员们的眼睛里面。在描述我们的方案时，我试着不让自己被观众的眼

图18.6 从93号联合航班坠毁现场，现在的圣地，遗存的残留物。弗雷德里克·斯坦纳拍摄

图18.7 拟建的大使眺望台，位于临时纪念园的场地内，93号航班纪念园设计竞赛，杰森·肯特那，卡伦·刘易斯，E.林恩·米勒，和弗雷德里克·斯坦纳小组的决赛设计项目，由国家公园管理局，93号航班国家纪念园提供

泪和充满感动的脸庞分心。

第2阶段的竞赛裁判委员会的名单公布了。这其中将包括一些遇难者的家庭成员们以及顶尖设计师，特别是来自费城和宾夕法尼亚大学的劳拉·奥林和来自D.I.R.T.项目和弗吉尼亚大学的朱莉·巴格曼。我们还了解到，其他几支决赛队伍新加了一些人：劳拉·麦克雪莉的队伍加入了安卓珀金；沃伦·伯德的队伍则加入了保罗和米莱娜·默多克。

会议的最后一项内容是所有队伍站在法院台阶上拍照留念。卡伦，杰森和我与竞赛顾问唐·斯塔斯特尼以及比赛主要赞助商派来的两位摄影师一起参观了神圣地。93号航班飞机在坠毁之前就已经以全速上下颠倒了。像一个火球一样，撞向了铁杉树丛，仅仅在树林的边缘留下了撒在一整片唐莴苣地里的一堆木屑。家人在围封区域内建造了一个小型纪念碑。唐弯腰捡起了一小片金属碎片向我们展示（图18.6）。

我与卡伦和杰森一起走过铁杉树丛。我们仔细研究这片区域，然后走完了整片场地，从US30到临时纪念园。研究完景观后，我们调整了我们的道路。然后，我们分别返回了奥斯汀和列克星敦开始着手该项目，同时深感我们所肩负的学术责任的重大。

学年结束后，整个夏天卡伦都待在奥斯汀以便着手我们的项目，我们把所有醒着的时刻都奉献给了项目。我们用竞赛提供的资金聘请了1位建筑师和两位风景园林专业的学生。我的女儿海丽娜，一位平面设计师（于2010年在纽约城市学院完成了风景园林的硕士），加入了我们（无偿的），为我们设计所需的项目宣传册。最后她还帮助我们做了模型。尽管只要求我们制作两套模型，但我们却制作了四套。杰森是制作模型的高手。他设想了一些具有表现力，创造力的模型，用木板和画笔制成的树来建造。惠灵顿学院院长，美国亚利桑那州立大学的"公爵"瑞特，周末的时候加入了我们，帮助我们进行神圣地家族教堂的设计。我们花了大量时间改变我们的神圣地的原始设计，调整了道路和红枫树小路，并且添加了教堂。教堂会能直接看到铁杉树丛内部，在那里我们将一堆木屑和从飞机上掉落的小部件进行重新分配。

我们仔细地完善设计的各个方面，包括道路、游客中心和停车区域。在US30外面我们增加了可以眺望四周的高地，开车的人无需驾车穿过整片场地就可以看到纪念园。我们给所提议的眺望高地命了名。游客中心远眺——兰伯特农场眺望——以兰伯特农场命名，因为他们的房子前廊在地平线上很突出，同时，一部分家庭农场将成为纪念园的一部分。我们把家庭成员与其他游客分开的

图18.8 拟建的小教堂，93
航班纪念园竞赛，由威灵
顿·瑞特的建议，杰森·肯
特那，卡伦·刘易斯，E.林
恩·米勒，和弗雷德里
克·斯坦纳队的决赛设计
项目，由国家公园管理局，
93航班国家纪念园提供

地方叫作"联邦调查局眺望台"，因为那里
是工作人员进行调查的地方。从FBI眺望高地
起，我们增加了一条通向临时纪念园的道路，
我们命名为"大使眺望台"，以纪念建造和维
持临时纪念园的当地居民们（图18.7）。

我有一项任务是搜索野生动物和植物，
放到Photoshop里面修改后加到我们最终的展
板上。在过去的几年里，风景园林设计师已
经开始使用来自网络的照片来展示自己的种
植规划。事实上，默多克·德团队在做这件
事情上是最有效率的。我们的创新点之一是
以类似的方式利用野生动物和不同类型的土
壤。我们还强调了珍稀濒危动植物，通过我
们的设计它们将获得很好的保护。

竞争要求我们提出的一套实施方案和预
算。我们邀请了EDAW公司为我们的风景园
林设计师进行纪录，他们帮助我们汇编了一
支庞大的队伍，有大量在国家公园管理局服
务经验的建筑师、工程师。我们提出了一个
22347052美元的预算，来实现我们的计划中
有纪念意义的表现的组成部分。

我们没日没夜地工作。6月10日，联邦快
递的卡车送去了我们的模型。6月14日，展板
和宣传册也送走了，在后来的日子里赶上了
截止日期。6月15日，林恩飞往萨默塞特将模
型的包装拆开。七月至九月，模型展出给了
家人，第二阶段陪审团和公众观赏。陪审团
在八月初的时候见了面，我们一直等待结果。
我们再次猜测了我们接到消息的日期，但像
上次一样，时间来了又走，我们依然没有接
到任何消息。我们推测情况跟上次一样。杰
森已经确信我们赢了。然而，我认为默多克
队有最强的项目，尽管月牙的中心形象——
让人想起了星星和伊斯兰教的新月象征——
而这可能是一个致命的缺陷。

8月19日上午期间，这一次通话并没有
带来好消息。我们了解到，默多克队已经占
了上风。陪审团的意见表明，我们的游客中
心吸引了很多关注——我想是他们没有理解。
而与之形成鲜明对比的瘦小建筑却并没有融
入这个情境中。2001年9月11日的事件，并不
适合宾夕法尼亚州的景观。陪审团指出，从

整片场地上都可以看到游客中心，我们的意图显而易见。这种可见性是不被正面接受的。

随后在与陪审团成员劳瑞·奥林谈话中，奥林透露，陪审团的业外成员不理解我们的模型，期待我们有更多的文字说明，而且我们的展板板信息量太大了。也许我们应该听从前园林杂志编辑格雷迪·克莱的明智建议"简化，简化，再夸大"。

但我不应该吃不到葡萄就说葡萄酸。我为我们的纪念审判感到自豪。然而，它公平地反映了我们学到了什么。对我来说，最大的教训是，我们低估了创作时间。其他决赛队伍已经形成战略联盟，保罗和米莱娜·默多克与沃伦·伯德成功联合时，我们仍坚定不移地是3加1的队伍，尽管有三个研究生，我的女儿，和杜克瑞特帮助了我们，但最终设计是我们的。

对于教堂的设计，杜克瑞特的想法对我们启发很大，但是作为院长，他的时间是十分有限的。EDAW公司对我们提出的实施方案进行帮助。然而，EDAW公司和杜克都不驻扎在奥斯汀，这限制了他们的参与，甚至我们寻找过办法解决这个问题。一天下午，著名建筑师亚瑟·安德森顺道来我们的工作室临时研究了我们的项目。作为一个比赛的老将，他在对于我们在展板上使用颜色的组合向我

图18.9 93号航班国家纪念园的场地内，先前用于露天采矿的挖掘机。弗雷德里克·斯坦纳拍摄

们提供了一些十分有用的建议。

如果当初我们与公司合作，我们可能会更有效地交流我们的想法，还可以提高我们的制作效率，提高我们的产量。举个例子，截止日期前，我整晚都待在印刷机旁等出图。我的时间将有可能被更好地用于工作和书写我们的宣传册上。默多克的项目的意图显得尤为彻底和明确。他们制作了一个有吸引力的，全面的厚文件，用于说明他们的理念。学者们对于他们理念的宣传有别于其他实践者。

问题的一部分可能在于在我们的设计中缺乏纪念性的事物。我们拒绝把名字上刻在岩石上和试图使整个景观都作为纪念园的做法。因此，我们并没有呈现一个单独的纪念物，而纪念物也是显而易见的。相反，通过接纳这整个旅程和景观，我们用移动、时间、改变的手法来处理。我们的设计强调的是恢复，对几十年因露天开采而污染的景观的改造以及由"9·11"恐怖袭击事件给国家带来的伤害的愈合。（图18.9）我们试图向联合航空93号航班上的乘客和机组人员致敬，同时为他们挚爱的人们创造一个地方用以回忆。

一年后，卡伦给队伍发了一条消息说到参加比赛的经验怎样继续影响着她的工作。这次经验也对我们所有人有所改变。卡伦后来成为了一位注重更景观表达和规模的建筑师。我将93号航班的竞赛看作是一个以此来促进我们进步的途径。该项目本身就是来促进国家伤痛愈合的。我从来没有考虑过成为决赛队伍后带来的影响。它让我和我的同事们更加贴近这次事件。我永远都不会忘记遇难者家属们的样子。

联合航空公司93号航班不像其他失事飞机一样撞在有标志的物体上，只是"恰好"是那片地方。那些在展板上展示的英雄主义阻止了飞机到达我们国家首都和应该会撞上的物体，也就是国会大厦。这片地方，这些景观，应转化为能够缅怀他们的纪念物。

国家公园管理处已与遇难者家属的一起

实现这一愿景，已经实现相当大的进展。但7成土地拥有者提出只出售2000英亩（890公顷）中的500英亩（202公顷）。大多数土地都被污染了，假如飞机没有在这里坠毁，从前的露天采矿也不会有很大的经济价值。在遇难者家属和纽约时报的催促下，小布什在他总统任期内的最后一项行动之一就是下令谴责这一所有权。作为有偿征收使用，93号航班国家纪念园将在2001年恐怖袭击十周年之际及时落成（图18.10）。

我们似乎正处在一个纪念的时代。或许人们在任何时候都力求纪念在他们的时代里发生的关键事件。在一篇关于葛底斯堡的文章中，鲁本·雷尼指出：

现在我们可以了解为什么这些老退伍军人在留存的战场中的圣地上从事纪念碑制作。显然，他们希望他们的子孙后代会赞赏并牢牢记住他们的牺牲和英勇的行为。毫无疑问，与以前的战友团聚是一件很快乐的事情，对于许多人来说，这很可能将是他们在这片光荣的土地上最后一次团聚了。他们可能沉湎于怀旧的夸张以及创造虚构的事物之中，但他们知道有些事情是非常重要的。没有哪个社会可以不通过建设纪念碑和举办纪念的仪式来延续其基本价值观而继续繁荣下去。

劳瑞·奥林指出的，"建造纪念园的作用特别是在于灌输，刷新和延续回忆。"

景观的建设是灌输，刷新和延续记忆的中心。景观，毕竟是我们最悠久的文物。我们的景观远远比我们留存的更长久。

图18.10 纪念广场上，一面记录了93号联合航班坠毁前飞行路线的景墙。由建筑师默多克设计。由国家公园管理局，93号航班国家纪念园以及保罗和米莱娜默多克提供

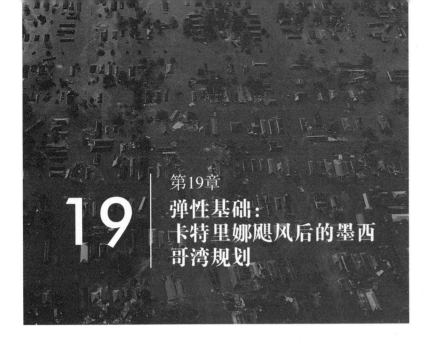

第19章
弹性基础：
卡特里娜飓风后的墨西
哥湾规划

19

在1994～2009年间，墨西哥湾每年都遭受重大飓风或热带风暴。2005年，有26个已命名的风暴，包括14个飓风和7个主要飓风。2005年8月29日卡特里娜飓风登陆，风速每小时140英里（225公里），风浪超过30英尺（10米），影响区域超过10万平方英里（258999平方公里）（约一个意大利的面积）。这自然之力造成52.7万人无家可归，导致1,299人伤亡，造成经济损失超过2500亿美元，同时80%新奥尔良市被淹没了。由于卡特里娜飓风，路易斯安那州30多平方英里（78平方公里）的沼泽地以及密西西比州25%的湿地因此而失去。专家预测，因为北大西洋的水温较高，未来飓风季节情况将会更糟。

墨西哥湾沿岸是美国的十一个大规模的，增长快速的，人口密集区或"多人口地区"之一。一千万人生活在这沿海社区，罗伯特·朗所认定的墨西哥湾沿岸人口密集区，也包括该地区最重要的城市，人口超过500万的休斯敦。整个人口密集区，包括休斯敦在内，沿岸大部分地区海拔低于3英尺（0.9米），很容易受到飓风和洪水侵害。考虑到墨西哥湾沿岸在这个国家的能源供应上扮演着尤其重要的角色，常规灾难性天气的影响对区域和经济是毁灭性的。此外，2010年深水地平线爆炸及随后的漏油事件表明，能源冲击又

为墨西哥湾沿岸增加了脆弱的另一面。

墨西哥湾：弹性测试案例

城市和景观从灾难中反弹的能力称为"弹性"弹性，来源于拉丁语的resilire，意为弹性恢复或反弹，是从生态规划学定律中汲取而来的理论。从传统生态观念脱颖而出，弹性理论强调平衡和稳定。联合国定义弹性具有吸收干扰的能力，同时保持相同的基本结构和运行方式，自组织能力以及适应压力和变化的能力。

最近，弹性的概念来自所谓的"新生态"，侧重于非平衡以及生态系统的适应能力。后者适合"城市生态系统，因为它表明，空间异质性是适应性强的大都市地区持久性的一个重要组成部分。"城市是不稳定的，难以预测的系统。前新奥尔良市长Marc Morial指出，我们面临的挑战"不仅仅是关于重建新奥尔良和墨西哥湾沿岸，而且是有关重建一种文化，一个人的系统。"

卡特里娜飓风淹没了媒介，突破了我们疏忽的堤坝（图19.1）。在拍摄照片之前的晚间新闻中环境忽视问题与社会不平等问题相遇。来自新奥尔良的街道，沿着密西西比州的海岸，在墨西哥湾沿岸的州际公路的图片

图19.1 新奥尔良在卡特里娜飓风后的洪水，由达拉斯晨报，Smiley Pool拍摄

挑战我们如何看待我们的国家和领导人。

有趣的是，灾难如同石油供应来如山，又像潮水退却势如虎。自然灾害来去往复：从1992年安德鲁飓风的袭击，到1993年密西西比河洪水泛滥，乃至于2004年12月的印度洋海啸，以及2008年5月四川地震。

卡特里娜飓风的情况或许会有所不同吗？它提供了一个机会重新思考建筑，都市生活和地区主义吗？这还可能是在第一个城市世纪重新思考人类与自然关系的开始吗？弹性的概念是否对指导类似墨西哥湾沿岸这样的区域以及今后无灾时期毫无帮助？四川地震可能在中国扮演类似的角色吗？

对于生态的理解能够通过绘图与设计练习加深，但这一愿景应被视作流动人口与水陆关系网的一部分。

从佛罗里达到得克萨斯，所谓的美国墨西哥湾沿岸至少有三个自然生态汇集形成的交错带：海岸、海岸平原、墨西哥湾。墨西哥湾沿岸水陆交界面在许多方面和层面属于"液态风景"。

大量的河流在墨西哥湾用许多方法放空负荷来塑造该地区，包括其三角洲和海滩。强大的密西西比河侵蚀了与美国相连的区域约41%。其流域面积为115.1万平方英里（2981076平方公里），涵盖了31个州和加拿大的两个省。除了密西西比河以外，布拉索斯河，科罗拉多河，三条河汇于得克萨斯州；格兰德河，密西西比州的明珠；以及位于佛罗里达与乔治亚州的萨旺尼河，总共有33个主要河流系统造成了持续的侵蚀和沉积过程。

这些变化发生在漫长地质时期的最近时期，需追溯到大约2亿年前墨西哥湾形成时，北美脱离了南美和非洲板块。海湾则成为滞留层的沉积物的场所，这其中也包括有机质（图19.2）。热和压力把这类物质转化为石油和天然气。

除了石油和天然气，墨西哥湾沿岸拥有某些世界上最高效的渔业。这些渔业和海湾本身的健康受到溶解在水中越来越多的氮和磷酸盐的威胁。这些营养素的过量导致海水富营养化，阻滞氧气，造成海水含氧量降低。这导致了在海湾地区出现了一个巨大的死亡区，随着氧气的耗尽，鱼、蟹、虾窒息死亡。肥料、土壤侵蚀、动物粪便和污水中大部分的氮和磷进入密西西比流域上游。对玉米乙醇燃料的使用与日俱增促使了死亡区的扩张。一些死亡区的规模相当于一个马萨诸塞州的大小。它的大小同时也因四季更替、飓风和洪水的影响。

图19.2 沿海湿地靠近密西西比河附近的鸟足三角洲，路易斯安那州的普拉克明堂区，2009年6月。由Jaap van der Salm拍摄。荷兰对话同意/理查德·坎帕内拉

密西西比河也创造了无数巨大的三角洲、沼泽湿地。从历史上看，密西西比河和其他河流进入墨西哥湾时，河流中裹挟沉积物淤积下来，从而导致三角洲的形成。随着海岸线侵蚀内陆，河流开始变直和"被控制"，它们的沉积能力降低。由于海岸侵蚀，自19世纪30年代以来，路易斯安那州失去了1900平方英里（4920平方公里）的土地，主要是湿地（图19.3）。自七十年代以来，平均损失速率提高到每年30平方英里（77平方公里）。这些湿地物种如莎草、沼泽草地，灯芯草，秃头柏为许多动物提供栖息地。

除了原住民，墨西哥湾沿岸定居了三个主要的人群：西班牙人在佛罗里达州和得克萨斯州，法国人在路易斯安那州以及南部的美国人，他们从卡罗来纳和格鲁吉亚向西传播他们的殖民地文化。英国人和西班牙人在美国其他地方建立早期的主导文化痕迹，法国人对路易斯安那州的影响是独特的。其挥之不去的影响明显体现在地名、土地部门、建筑、法律和食品上。

克里奥尔人和法国人后裔形成了路易斯安那州的人民的独特元素来源于法国砧木。从历史上看，克里奥耳人起源于定居在新奥尔良的法国和西班牙殖民者。随着时间的推移，这个词也适用于这个城市中混血，讲法语的罗马天主教徒。当英国在1755年控制了加拿大，另一个截然不同的法国血统的群体，卡津人，从阿卡迪亚迁移，是现在新斯科舍到路易斯安那州的一部分。

克里奥耳人和卡津人代表了多样性，但在墨西哥湾沿岸地区也存在着值得关注的民族分裂。黑人和白人之间的分歧，可以追溯到奴隶制，因偏见与贫困而加剧。从佛罗里达到得克萨斯州，这些国家中富人和穷人之间的鸿沟是最明显和根深蒂固的。

墨西哥湾的生态多样并且脆弱。所有地方的生态系统具有多样性和脆弱性，海湾可以说明我们作为一个物种在这个变化的地球

中所面临的挑战。当然，美国墨西哥湾沿岸存在的不仅仅是环境威胁还有社会不公正问题。韧性的关键是能够评估环境威胁脆弱性。借鉴联合国定义，易损性是指系统易受影响的程度，无法应付环境变化产生的不利影响。

我们知道很多关于墨西哥湾沿岸地区面临的威胁。环境科学家很早之前就预测到新奥尔良卡特里娜飓风，其结果如同社会科学家警告在路易斯安那州和密西西比州质量差的学校一样。了解这些威胁为采取改善行动提供了机会，即基于生态对策。通过GIS和遥

图19.3 新奥尔良的东部毗邻恩湖的湿地主要是由石油公司使用的运河打断的。由Lori Waselchuk拍摄，2005年9月

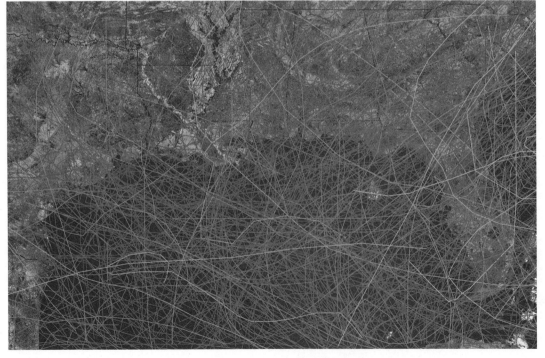

图19.4 1851年和2000年之间在墨西哥湾海岸的飓风。这个地图，显示了所有从1851~2000年袭击了卡尔夫海岸的严重的风暴，它有助于说明与生活在该地区有关的潜在危险。地图由James L. Sipes绘制。AECOM同意

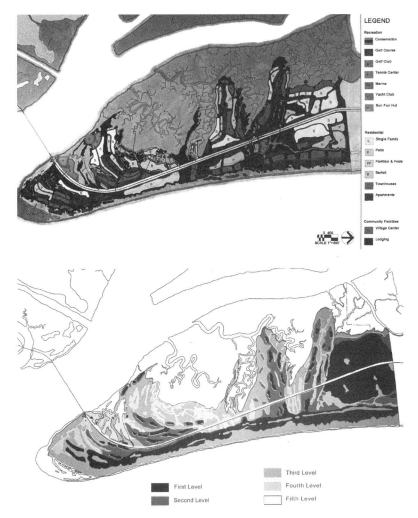

LEGEND

Recreation
- Conservation
- Golf Course
- Golf Club
- Tennis Center
- Marina
- Yacht Club
- Sun Fun Hut

Residential
- Single Family
- Patio
- Pavillion & Pools
- Bartoli
- Townhouses
- Apartments

Community Facilities
- Village Center
- Lodging

0   400
SCALE 1"=400'

First Level
Second Level
Third Level
Fourth Level
Fifth Level

感图像映射等工具，我们可以产生图像，就像医生创建我们身体的X射线，揭示令人担忧的地方。

例如，图19.4清楚地显示，墨西哥湾沿岸的大部分是容易受到飓风威胁。我们能一定程度地预测风暴潮多发地带。解决的方法很简单：不要发展那些将会严重受到风暴影响的沿海社区。从飓风反思，几乎在四十年以前麦克哈格就在《设计结合自然》中提出了这种方法。他和他的同事们，尤其是比尔·罗伯茨，把这一理论付诸为佛罗里达州的阿米莉亚岛做的1917年规划的实践中。在过去三十年里受到佛罗里达州的无数台风的袭击中，阿米莉亚岛遭受了相对较少的损害（图19.5~图19.8）。

我们也可以映射洪水易发地区。我的家乡在俄亥俄州的代顿市，在1913年几乎被洪水摧毁。生命和财产遭受了严重的损失。对此，公民领袖做了一个创新计划，包括购买土地，平原的地役权以及建立一系列的土坝。风暴期间这些水坝后面的区域充满水，除此之外，它还用于农业和开放空间。自1913年

图19.5 阿米莉亚岛总体规划，1971~1973年，佛罗里达州。华莱士，麦克哈格，罗伯茨和托德准备。经华莱士·罗伯茨与托德提供

图19.6 阿米莉亚岛总体规划的住房和度假村的适用性分析，华莱士，麦克哈格，罗伯茨和托德准备。华莱士·罗伯茨与托德同意

图19.7 阿米莉亚岛总体规划的应用于沙丘住房的适应性建筑原则，华莱士，麦克哈格，罗伯茨和托德准备。华莱士·罗伯茨与托德同意

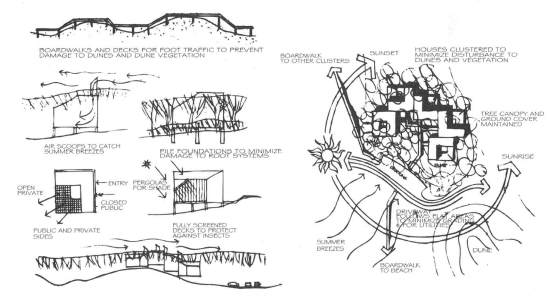

BOARDWALKS AND DECKS FOR FOOT TRAFFIC TO PREVENT DAMAGE TO DUNES AND DUNE VEGETATION

AIR SCOOPS TO CATCH SUMMER BREEZES

PILE FOUNDATIONS TO MINIMIZE DAMAGE TO ROOT SYSTEMS

OPEN PRIVATE
ENTRY
CLOSED PUBLIC
PERGOLAS FOR SHADE

PUBLIC AND PRIVATE SIDES

FULLY SCREENED DECKS TO PROTECT AGAINST INSECTS

HOUSING CLUSTERS ON CRESTS OF DUNES TO CATCH BREEZES, PARKING LOW FOR CONCEALMENT

BOARDWALK TO OTHER CLUSTERS
SUNSET
HOUSES CLUSTERED TO MINIMIZE DISTURBANCE TO DUNES AND VEGETATION
TREE CANOPY AND GROUND COVER MAINTAINED
SUNRISE
DRIVEWAY FOLLOWS FLAT AREAS TO MINIMIZE GRADING & FOR UTILITIES
SUMMER BREEZES
BOARDWALK TO BEACH
DUNE

ADAPTIVE ARCHITECTURE PRINCIPLES APPLIED TO AMELIA ISLAND DUNE HOUSES

图19.8 阿米莉亚岛,佛罗里达州,保护沙丘和湿地的住宅开发选址。由华莱士·罗伯茨和托德提供

以来,代顿一直幸免于破坏性的洪水,同时它也拥有一个巨大的,区域的开放空间系统。

湿地的丧失会导致生物多样性的减少。这也使得该地区更容易遭受到飓风和洪水的侵害。我们不能使得沿Culf海岸的湿地减少,而是应该增加和恢复这些领域。布鲁斯·巴比特阐明了一个国家怎样为埃弗格莱兹(美国佛罗里达州南部大沼泽地区)实施那样一个策略。在1992年德鲁飓风袭击佛罗里达州南部之后,有一个关于该地区的未来的相当多的讨论。埃弗格莱兹的广阔的湿地将在未来起到至关重要的作用。这些讨论和辩论导致了一个基于联邦与州政府合作的修复计划。虽然宣布湿地修复计划圆满成功还为时过早,但是大量的湿地地区已经得到了保护(图19.9)。

导致墨西哥湾的死区的污染的来源是显而易见的。我们国家有控制水体污染的形形色色的记录。我们已制定了令人佩服的工作规范,由于称为污染的"点源"的清洁水法案可以追溯到1970年。我们关于"非点源"的记录并没有那么多,例如那些来自农业的记录,非点源

创建在密西西比河口建立的死区。控制这种污染的最佳管理措施是众所周知的。为了恢复密西西比河和墨西哥湾的水质,我们需要在密西西比河流域进行这些实践。

死区、湿地的消失,洪水,飓风说明了世界的变化。他们也研究现象,人类已经学会了如何缓解和适应环境,即使这些策略还没有在美国的墨西哥湾沿岸广泛推行。海平面上升可能更棘手。我们确信,全球气候变化将导致海平面的上升,但我们不能确定会上升多少。

虽然缓解和适应策略更加的投机,但是它对人类应对气候的变化很重要。显然,缓解和适应的策略涉及设计和规划。我们可以从积极的先例学习。卡特里娜飓风之后,荷兰人经常被引用为适应陆地和海洋之间的文化的接口的一个例子。

荷兰的防洪系统支离破碎是在第二次世界大战的结束的时候。它被恢复了,但在1953年再次被毁灭性的北海风暴摧毁,并且造成了巨大的生命和财产损失。荷兰以一个全面的和昂贵的风暴和洪水保护系统作为回

应（图19.10）。随着海平面的上升，荷兰正在探索一种方法来调整该系统。

荷兰以公平和宽容著名。相比之下，美国墨西哥湾沿岸则是一个并不宽容和种族歧视的例子。卡特里娜飓风证明了本地区社会的不公平。例如教育、住房、社会服务，经济发展和医疗保健的重大的投资是必要的。一个公平的挑战就是重建失去的家园和企业的担忧。自然，卡特里娜飓风之后，人们想要在同一个地方重建家园。人们应该被鼓励，甚至获得补贴来在危险的地方进行重建吗？至少，对于个别业主和政府官员来说，风险应该是透明的。

如果我们能从诸如卡特里娜飓风灾害中学习，就像荷兰人从他们的风暴和洪水的历史中学到的那样，我们就可以减少生命和财产的损失。减少允许或者不允许的自然的影响。

"城市综合体响应" 第十届国际建筑展

得克萨斯大学建筑学院受邀为威尼斯双年展准备一场展览会。数月来，一些教职工与学生一同忙于第十届威尼斯双年展国际建筑展的墨西哥湾沿岸展览，强调恢复力这个主题。我于2006年8月29日周二去了意大利，帮助最后安装并且参加开幕式。

2006年建筑双年展由伦敦建筑师与城市规划专家里奇·伯登特担任馆长，这次双年展与往届的展览有所不同。它并没有强调个别明星建筑师，而是把重点放到了更大的主题"城市、建筑与社会"上。此次目的在于向人们展示"全球的建筑师、规划者与设计师如何响应不同的城市综合体"，并且强调了诸如移民、城市无计划扩张、限制工业化以及首个城市世纪的社会变化之类的社会问题。

在飞往威尼斯的航班上，我阅读了Places刚发行的特刊"横切面的建筑社区"，讲的是新城市主义。作为横切面的使用者、教师以

图19.10 荷兰的西泽兰省东部的Scholdt风暴屏障由WEST8设计，使用黑色和白色贝壳为鸟类提供掩饰，由WEST8城市设计与景观设计提供

及推广者，我带着深厚的兴趣阅读了这本特刊，并对查尔斯·布尔与伊丽莎白·普莱特·齐伯克所写的文章非常感兴趣。

侧栏也是布尔与普莱特·齐伯克的专刊《自然与城市》，对麦克哈格的海洋到内陆横切面进行了三角投影式的想象分析（表19.11）。他们写道"城市规划专家认为人居环境的完整性应该与自然环境放到同等重要的位置"。我对此也表示同意。然后，他们进行了一些华而不实的讨论，认为环保人士的态度与现行条令会阻碍新巴黎、罗马、芝加哥、纽约或查尔斯顿的建设（他们可能也会将新奥尔良与威尼斯添加进去）。我认为环保人士的态度与现行条令都不会阻碍这些地区的发展，但是相反地，现行的环境知识会对其设计提出不同的建议。实际上，芝加哥与纽约当前的绿化工作表明它们已经被重新规划。但是自然尚有待于达到与人居环境同等的地位。

在侧栏的"自然与城市"中，布尔与普莱特·齐伯克对"环保人士"的"绿化城市"的呼吁感到不满，因为它"会破坏与成功城市主义相关的行人持续性"。但是如果这种绿色区域保护了濒危物种，或者控制了洪水，那对行人所造成的阻碍又算什么？难道一名真正的景观建筑师、建筑师与城市规划专家就不能够设计出一个适应当地环境的步行系

统吗？

布尔与普莱特·齐伯克列入了一张地区土地分配图，说明了密西西比河墨西哥湾地区的发展与空地。我们与美国易道（现在为AECOM）以及区域规划协会一同绘制的墨西哥湾GIS地图，作为双年展的一部分，展示了一种截然不同的发展模式。虽然我同意新城市主义的一些教条，但是有时也会与他们城市主义超越自然的反环境立场产生分歧。我认为城市主义与环境主义应保持平衡，位于"同等地位"。但是，在将诸如风暴潮与洪水多发地区之类的本质危险区域用于城市用地是一种愚蠢的行为。在写这篇文章时，从机窗外我看到了英国的乡村，村庄、田地与林地整齐排列，我认为这才是要实现的和谐。

在8月30日傍晚时分我到达了威尼斯（没有任何行李）。带有25英镑明信片的配送到双年展的包括已经到达，但是装有西装、西装衬衫、相机与化妆品的包括还没有达到。对于后者，英国航空公司会予以提供。我并不是唯一一个丢失行李的乘客，因此我等了一个多小时才申请到索赔。

在我填写地址时，索赔代理人问道："你是一名建筑师吗？"，我抬起头，她解释道"您的字迹像一个建筑师的字迹"，并且补充道她的儿子希望去威尼斯大学学习建筑学。

我乘坐了一艘motoscafo（汽艇）到达了酒店，位于火车站与威尼斯汽车站附近的Casa Sant'Andrea（图19.12）。傍晚时分的太阳很低，强烈地照亮了一些建筑立面，并且在我们穿过威尼斯潟湖时，我们的身影投影到了其他的建筑商。由16世纪修道院改装而来，指提供基本服务的Casa Sant'Andrea酒店在得到"威尼斯教堂的同意"后开始运营。

第二天早餐后，安装小组大多数人向我问好。在安装与开幕式期间，他们会陆续搬到Casa Sant'Andrea酒店来。酒店并不贵，并且方便、整洁，员工也很友好、乐于助人。我和巴巴拉乘坐最拥挤的82号线Vaporetto（水上公交），穿过风景优美的大运河、葛拉西宫前面Jeff Koons的Ballon Dog（Magenta）最后到达了双年展花园，我们的展览即将建在在此地的意大利国家馆。至少能够容纳两只飞机的保罗·阿伦的巨大游艇就停在花园的门口，与其他令人印象深刻的游艇并排，用于电影

图19.11 生态分析，断面可用于了解物理和生物系统相互作用创造的生活环境。伊恩·麦克哈格的《设计结合自然》（1969）使用这种技术来描述一个从海滩向内陆的海湾的典型的土地的生态区。这个Duany Plater Zyberk & Company的从海洋到内陆的横断面是一个麦克哈格的原始的轴测的解释，由Duany Plater-Zyberk & Company提供

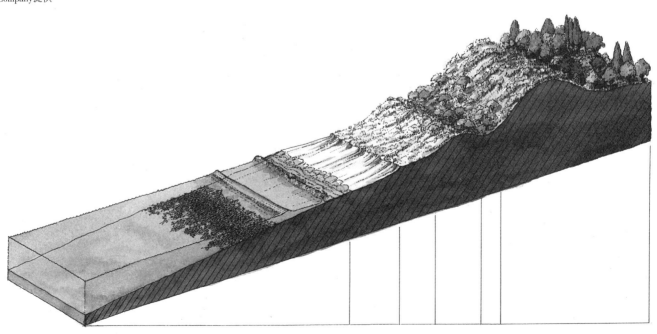

图19.12 慕拉诺岛，威尼斯。由弗雷德里克·斯坦纳拍摄于意大利的照片

双年展活动。

在意大利国家展馆内部，我遇到了来自柏林的罗伯特·黑格勒与斯文·乌尔里希，他们是为我们的展览铺设电枢的。赫伊登将我介绍给了我们的邻居：南非与爱尔兰。建筑双年展上，意大利国家展馆首次突出了外国的作品。我们也遇到了两个年轻的瑞士建筑师，他们来自于来自瑞士联邦理工学院，就不产生气泡的情况下如何安装他们的作品，他们征询了赫伊登的意见。展览的迷宫表达了大量的正能量与合作精神。

我们的展览比预想的——威尼斯、柏林以及奥斯丁的作品要更绝妙。卡特里娜后果的视觉效果，以达拉斯晨报照片为特点，非常的强大（图19.13）。我觉得我们在收集与展示包含恢复实际规划的作品时所做的工作以及与其他十三个大学的推测工作相当不错

（包括Calthorpe Associates、Fregonese Calthorpe Associates与WRT）。这次视觉展示完美、清晰、精致。

展览也包括EDAW和RPA合作的环境敏感区域的投影地图。在这次自愿努力中，从彭萨克拉、佛罗里达到休斯敦，加尔维尼斯顿与得克萨斯州的风险区域进行了绘制（图19.14）。我们结合现有的信息，包括社会风险、洪水、狂风、风暴潮、海平面上升弱点与历史性飓风模式，绘制了易损度水平。在2008年飓风艾克接近得克萨斯州海岸时，FEMA参考了我们的地图。这些地图在预测加尔维斯顿附近最脆弱的区域时非常精确。

地图在突出墨西哥湾居民面临的信息匮乏方面非常重要。正如新奥尔良大学学者所强调的那样，"信息的匮乏加剧了对城市恢复政策以及对该赋予创建计划多少权力方面的

图**19.13** 卡特里娜飓风的善后工作.由汤姆·福克斯拍摄于2005年，达拉斯

不信任。受飓风卡特里娜毁灭性规模的打击以及人手的严重匮乏，市政厅一直未能将居民所需的基本信息传达出去。"

赫伊登将我介绍给了多个双年展官员，然后我们又游览了贾尔迪尼，参观了其他展览。敞亮的美国帕拉迪奥展馆被意大利工作人员打扫得一尘不染。瑞典/挪威/芬兰与斯堪的纳维亚相结合的展馆有三棵大树从主展厅的房顶伸出。英国正在安装很多电脑以及A/V设备，电线到处都是。法国人坐在展馆外边抽烟，边用手提电脑工作。德国的展览集中于城市空间的转换。虽然仍然在建，但是从地板到天花板的高大透明的照片专栏在视觉上很是吸引眼球。这些专栏也有一系列的盒子，对拥有想法与计划的建筑师开放。很明显，一些展览展示了他们政府的巨大投资。例如，赫伊登估计西班牙花了80万欧元来制

作展览（我们花费了大约20万美元）。

天气极好，一整天我都在修补油画、张贴油画、移动梯子。我们享受着Radiohead与人气正旺的Cuban hip-hop乐队、Orishas与Afro-Cuban Orchestra Baobab的优美旋律。外面，标记双年展入口所建的玻璃盒周围，Pink Floyd与Queen正在不断地演奏。

我时不时地到双年展办公室查看邮件，到Scarpa设计的庭院花园休息。傍晚时分，我遇到了监督意大利展馆（图19.15）建设的建筑师里奇·伯登特。

周六亦是如此：天气晴好，仍然有很多要做的工作。我们遇到了克里斯蒂安·布鲁思，他是一名来自洛杉矶的电影制片人，美国展览的馆长。我们对美国展馆的宁静感到好奇。克里斯蒂安解释道，他们的材料还没有清关，刚刚抵达，晚了四天。他们也会

突出卡特里娜与新奥尔良,以"建筑记录"(Architectural Record)中的国家与学生的设计作品为特点。与我们的大范围区域覆盖相比,他们的作品更具体。我们相互参考了彼此的展览。

赫伊登和我穿过运河,参观了以澳大利亚、埃及、希腊、波兰与其他展馆为特点的双年展场地。希腊工作人员非常热情,带我们参观了他们的工作进程。

在回到意大利展馆的途中,我们经过了永远优雅,似乎爱吃的比利时人。他们的展馆是20世纪初意大利展馆创建后第一个展馆。比利时展馆位于荷兰与西班牙展馆之间,大门到意大利展馆主道的西侧。在其结构前的一个桌子旁,比利时人仍然聚在一起聊天、喝酒、饮食、吸烟。

里奇·伯登特与诺曼·福斯特顺便拜访了我们的展馆。我们一同讨论了卡特里娜飓风以及恢复工作中进度与美景的缺乏。我们喝了一会儿咖啡,然后将一百五十个记者包发送到了造船厂的双年展办公室,在此地我们参观了超过1000万人口的十六个城市的展览(实际上为十七个城市,但是米兰与都灵组合到了一起)。展览仍在建设中,之前是一个绳索工厂。因为我们的员工很多要在第二天离开,因此我们工作到很晚。

早上,我们乘坐水上公交去了Ponte dell 'Accademia站,然后步行到Campo Santa Margherita,在这里我们加入到了双年展员工丽塔·贝尔托尼(Rita Bertoni)在披萨餐厅的

图19.14 来自风暴潮的最大的可能性就是飓风对于生命造成的损失。这张地图显示了来自靠近休斯敦海岸的得克萨斯州风暴增加的潜在风险。地图由AECOM 的James L. Sipes绘制,AECOM提供

STORM SURGE RISK

Highest Risk
High Risk
Medium Risk
Low Risk
Minimal Risk

图19.15 第十届国际建筑展览会意大利馆，2006年威尼斯双年展，由艾尔·法迪勒拍摄照片

晚宴。她给了我们一口袋的开幕式入场券并且讨论了建筑双年展的历史。贝尔托尼是一名来自米兰的历史学家，她对今年双年展的主题与变化非常感兴趣。

贝尔托尼的小狗，Greta一直跟随者我们。我们组中有一些人重复着他们观察到的想象：在威尼斯，几乎没有小狗的公共绿色空间与树木。"很正确，"贝尔托尼说道，"但是，也没有停车位。"她解释道，威尼斯曾经有很多的猫，但是随着时间的推移，绝育变得越来越盛行，因此它们的数量有所减少，但是同时老鼠的数量却在递增，贝尔托尼说道。她对旅游业以及全球化给威尼斯所带来的影响感到痛心。

回到酒店，我的双腿和双脚非常痛。

接下来的几天，我们仍然继续准备展览，与媒体和不同的高管会晤。周二早上，我们遇到大雾以及前一天到来的威尔弗里德·王。UT教职工王与杰森·索维尔在展馆内不停地拍照，我们却应付着媒体。王把我们的展览称为"双年展内的迷你双年展"。劳拉·拉尔坎记者对我们进行了采访，同时我们也与共和国进行了合影。

那天晚上伯登特邀请我们去大运河上哈利酒吧附近的摩纳哥酒店聚餐。在那里我们遇到了伯登特平面设计师的妻子米卡，埃利亚斯与瓦利亚·康斯坦托普洛斯（来自希腊展馆），澳大利亚建筑师古斯塔夫·比切尔曼以及阿尔多·契比奇，984英尺（300米）长的Corderie dell'Arsenale的大城市展览的主要设计师之一。伯登特与王在20世纪70年代在英国伦敦大学建筑学院上学时一直是同学，并且成了终身的朋友。他们受到了肯尼斯·弗兰普顿的特别影响，而这种影响在双年展的主题与结构上非常明显。在展览完成大约75%以及第二天开幕式开始之前，晚上十一点后，伯登特与契比奇请求回到双年展参加最后时刻的细节确认。

第二天，双年展向媒体开放。我非常欣赏法国的展馆，实际上是法国小组居住的地方，整个展馆具有幽默气息。他们非常友好，主动提供食物与饮料，并且分发黄色T恤。相比较之下，英国的展馆便有点费解，但是仍然很华丽。澳大利亚的展馆整洁体贴，和瑞典/挪威/芬兰的一样突出了北极的城市化。丹麦人与清华大学合作，突出了北京的未来这一的思想。美国的展馆组合的非常美妙。意大利餐厅与外面的酒吧貌似要整夜开张，不断为开幕式的人们提供免费的咖啡。

9月7号吃过早饭，我乘坐路上公交，到达了威尼斯的马可波罗航空公司，返回奥斯丁。我们向北飞行。航班下，古老的罗马土地分区在茂盛的冲积田上仍然十分明显。我们绕过沼泽，向海上驶去，然后返回并穿过威尼斯，在空中，我能够清晰地看到威尼斯这座城市。下面的地方正受到水域与游客的威胁。我在想自然世界是否真的与人居环境位于"同等地位"了，情况会不会有所不同呢？

双年展在威尼斯开幕，媒体的报道各不相同。在意大利以及大多数欧洲地区，双年展是一个专题报道。他们对城市，而不是建筑进行讨论、批判与拥护。欧洲媒体非常理解。

纽约时报建筑评论家Nocolai Ouroussoff，

高级形式建筑的冠军，承认了远离"明星"建筑朝"城市主义综合体"发展的方向，但是之后在9月10号的文章中他将焦点放在了雷姆·库哈斯身上。四天之后，Ouroussoff又发表了一篇报道，强调在展览中很难"找到建筑"。无论我与一些新城市规划专家有多少分歧，但至少在我们时代的大问题上他们拥有维护建筑角色的气概。

VII | 第七部分
总结

20

第20章

思维的积淀——新兴设计思维展望

2006年得克萨斯建筑师协会会议在达拉斯（Dallas）召开，在这次会议上我加入了一个名为"美化支持者"（"Patrons on Beauty"）小组的组织，该组织由沃斯堡建筑师马克·甘德森（Mark Gunderson）领导。成员有狄德·罗斯（Deedie Rose）、霍华德·洛克夫斯基（Howard Rachofsky）、雷·纳什，他们交换了对建筑和艺术的兴趣和看法（图20.1）。讨论集中在全面理解各学科之间的跨学科合作，包括平面设计师、建筑师、风景园林师、规划师、土木工程师之间的合作。狄德·罗斯补充道："我们并不是艺术品、建筑和土地的所有者，我们只是一个看守者。"

得克萨斯人，像其他美国人一样，有守护传统的习惯，历史反映出了传统被极端的、不经规划的发展方式所破坏。得克萨斯哲学学会，由米拉波·拉马尔（Mirabeau Lamar）、山姆·休斯敦等人于1837年成立，在美国本·富兰克林哲学学会成立之后，逐渐通过模仿完善机构设置。1837年成立的得克萨斯共和国是美国的雏形。我从2006年开始参加得克萨斯哲学学会每年的年会。

南部卫理公会大学的卡罗琳·布莱特以及凯·百丽·哈奇森（Kay Bailey Hutchison）参议院和约翰·科恩（John Cornyn）参议院在谈话中都着重提到了移民现象。他们都提到了移民带来的挑战。美国的人口增长来自于移民和出生人口两个方面。新移民改变了城市的景观。在过去的移民浪潮中，新的居民都定居在传统的核心城市，例如纽约和芝加哥。在更近的移民潮中，移民比较倾向于定居在城郊附近以及新兴交通枢纽型城市地区，例如达拉斯-沃斯堡、亚特兰大、夏洛特等城市。

此外，移民、人口增长以及快速城市化在多个方面影响设计和规划而改变着以往的社区模式。随着得克萨斯州乃至全国的人口不断变化，设计和规划需要理解更多的异域文化并予以回应以适应这种改变。随着新移民的增加，比如搬到阿狄森、得克萨斯州以及曼哈顿下东区，对于建筑师和规划师最大的挑战之一是如何将来自孟买（Mumbai）、危地马拉（Guatemala City）或是拉各斯（Lagos）移民的价值最大化地融入北得克萨斯的景观中。

因此对于我们，或是更大范围内，对于新兴建筑师、规划师和设计专业的毕业生而言，如何应对这些机遇和挑战？建筑和相关领域面临的最大障碍又是什么？

让我们再次从建筑开始。

一些人声称明星建筑师群体阻碍了建筑学的发展。但我告诉你一个难以启齿的秘密：

图20.1 达拉斯纳什雕塑中心的鸟瞰图。由伦佐·皮亚诺（Renzo Piano）建筑设计工作室和彼得·沃克景观事务所共同设计。摄影：蒂莫西·赫斯利。感谢纳什雕塑中心提供图片

我钟爱这些明星建筑师。现如今我们需要英雄。明星建筑师们开辟了新的道路并从中探索新的理念。明星建筑师通常都很有趣，然而群体本身却仍有缺陷。唉，缺陷是多方面的。起初我们支持他们，接着我们又对他们全面否定。他们的私生活完完全全地暴露在我们面前（弗兰克·劳埃德·赖特除外，他

们的生活通常都很无聊）。明星建筑师们看起来都很老成，白衬衣上系着蝴蝶领结，戴着黑边圆眼镜，钟爱黑色和灰色。他们通常受过一些来自精英学校的高等教育，譬如来自夏洛茨维尔、弗吉尼亚、剑桥以及马萨诸塞州。他们的标志性建筑几乎不会对所在社区有所回应。尽管有时候口头上会承诺，但明

星建筑师们的作品在北京、辛辛那提或是迪拜看起来是如此的相似。杰出建筑师产生的是可供买卖的品牌。

但仍不乏希望。首先，正涌现出越来越多的杰出女建筑师，包括，像扎哈·哈迪德（Zaha Hadid，第一位获得普利兹克奖的女性），梅琳·依兰（Merrill Elam）以及比利·钱（Billie Tsien）。许多得克萨斯州毕业生如克雷格·戴克斯（Craig Dykers）和她在奥斯陆和纽约的Snohetta事务所的同事大卫·莱克（David Lake），以及其他一些在圣安东尼奥（San Antonio）的LakeIFlato事务所以及在奥斯汀（Austin）的贝尔西·陈（Bercy Chen）事务所——他们都是建筑界冉冉升起的新星。

对于明星建筑师们最大的问题并非是设计师的创造力——我们需要灵感。此外，这个群体将面向建筑师的角色模型选择限制成一个狭义的设计思维。一个常见的现象是，明星建筑师们创建了自己独特的设计风格以至于营建的

建筑在世界各地都看起来那么相似。

对于规划或环境设计等相关学科，尤其是建筑，仍有其他道路可供选择。接受更高层次的教育也不失为一种好的选择。可以想象一个诺贝尔物理学奖得主不是一个学者?抑或参考历史上普利兹克奖授予学者的数量。建筑学拥有悠久而生动的学术史。在学术上我们拥有像保罗·克瑞（Paul Cret）、路易斯·康、罗伯特·文丘里、丹尼斯斯科特·布朗（Denise Scott Brown）、查尔斯·摩尔（Charles Moore）、迈克尔·格里弗斯（Michael Graves）、彼得·艾森曼（Peter Eisenman）、丹尼尔·李伯斯金（Daniel Libeskind）等数不胜数的杰出学者。

但是，让我来建议一条不同的道路，在这里，学术不是一个发射板，而是目的。我的英雄包括了其他一些院长，他们扩张了学术的范围。比如说唐纳·罗波斯顿在麻省理工创建了风景园林学，布兰德·斯齐尔

图20.2 阿布扎比文化中心诠释了精英都市主义。世界上许多明星建筑师都云集于此，设计出别具一格的建筑物，比如如弗兰克·盖里的古根海姆阿布扎比，扎哈·哈迪德设计的表演艺术中心，让·努维尔（Jean Nouvel）设计的阿布扎比卢浮宫，以及海事博物馆和用于纪念已故的阿拉伯联合酋长国的领导人的扎耶德国家博物馆，包括扎耶德（Zayed）酋长到阿勒纳哈扬苏丹（Sultan Al Nahyan）。感谢旅游发展与投资公司提供图片（TDIC）

（Brenda Scheer）在犹他大学创建了规划专业，还有盖里·汉克（Gary Hack），他在宾夕法尼亚大学创建了一个新的数字设计专业。

对于明星建筑设计师来说，都市主义是另一个选择。有所谓的新都市主义，由美化过去的建筑师所主导；精英城市主义，由美化将来的建筑师所支持（图20.2）。一些著名的建筑师，比如诺曼·福斯特（Norman Foster）、丹尼尔·李伯斯金（Daniel Libeskind）、扎哈·哈迪德（Zaha Hadid）以及弗兰克·盖里，逐渐成为大尺度规划者。

在这个过程中，他们的作品在规模上不断扩大，像现代建筑入侵城市规划。当精英都市主义变得流行，我们应该要记得20世纪50～70年代城市更新、公共住房以及大学校园建设的不良后果。还有边缘风景都市主义，这主要由风景园林师所主导，包括荷兰的西八（West 8）以及詹姆斯·科纳和他的场地营造工作室（图20.3）。还有实用都市主义（已经发展到了资本化的阶段），它由诸如迪恩·阿尔米（Dean Almy）城市规划和设计师所倡导（图20.4）。还有一种新兴的都市主义，

图20.3 景观都市主义干预实例——洛杉矶麦田蒙太奇鸟瞰图。由詹姆斯·科纳场地营造事务所和Morphosis事务所提出

图20.4 迪恩·阿尔米（Dean Almy）的达拉斯城市实验室作品提供了一个实用都市主义的案例。通过对充满张力的线性走廊以及变电站的展示诠释出深埋一个如此有张力的电线的潜力。感谢迪恩·阿尔米提供图片

图20.5 达拉斯胜利公园。
摄影：杰里米·伍德豪斯
（Jeremy Woodhouse）

图20.6 城市储备总体规
划，项目景观设计师凯
文·斯隆事务所。感谢凯
文·斯隆提供图片

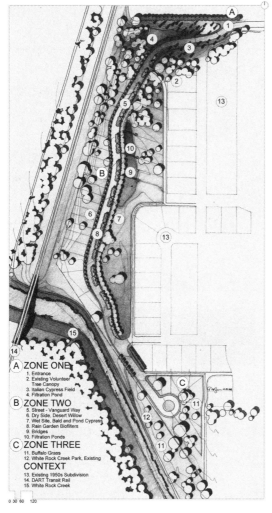

A ZONE ONE
1. Entrance
2. Existing Volunteer
   Tree Canopy
3. Italian Cypress Field
4. Filtration Pond
B ZONE TWO
5. Street - Vanguard Way
6. Dry Side, Desert Willow
7. Wet Site, Bald and Pond Cypress
8. Rain Garden Biofilters
9. Bridges
10. Filtration Ponds
C ZONE THREE
11. Buffalo Grass
12. White Rock Creek Park, Existing
CONTEXT
13. Existing 1950s Subdivision
14. DART Transit Rail
15. White Rock Creek

0 30 60   120

它有思想，富于创造性，它基于环境以及公平的考虑，由建筑师里奇·伯登特，开发师黛安·奇塔姆和 Jr·罗斯·佩罗所领导。

佩罗（Perot）负责达拉斯城区附近的维多利亚公园（图20.5）。最初，这里是建于废弃工业用地上的达拉斯小牛队的篮球场地，在2001年，这个面积达30公顷的项目迅速成为井然有序的、多用途的高楼群。价值30亿元的发展项目的焦点是高达33层的 W·达拉斯（W Dallas）独立公寓大楼。黛安的城市储备包括对当代建筑与环境敏感性的结合（图20.6~图20.8）。风景园林师凯文·斯隆（Kevin Sloan）协同建筑师鲍勃·麦克凡赛尔（Bob Meckfessell）对达特铁路（DART rail line）沿线一个狭长的约13英亩（5公顷）的场地进行了规划，场地内包含50个停车场，一条小溪以及一个现存的社区。奇塔姆同国内一些先锋建筑师展开了全国性的实践，如基兰·汀布莱克（Kieran Timberlake）、托德·威廉姆斯以及比利·钱（Tod Williams Billie Tsien），同样包括一些极富创造力的得克萨斯州人，像文斯·斯奈德（Vince Snyder）、丹·希普

图20.7 城市储备计划中道路作为生物过滤器。项目景观设计师凯文·斯隆事务所。感谢凯文·斯隆提供图片

图20.8 达拉斯的城市储备计划。项目景观设计师凯文·斯隆事务所。感谢凯文·斯隆提供图片

利（Dan Shipley）、玛丽亚·戈麦斯（Maria Gomez）和马克斯·利维（Max Levy）。

对于建筑而言，另一个前景是可持续发展的绿色路线。从普林尼·菲斯克（Pliny Fisk）到苏珊·马科斯曼（Susan Maxman），从比尔·麦克多诺拉（Bill McDonough）到拉斐尔·贝利（Rafael Pelli），建筑师在不断开辟新天地。LEED标注让绿色设计从边缘进入主流，尽管有些人对LEED造成的限制以及其他一些绿色建筑标准产生了质疑，但不可否认的是，这些限制同样为设计的提升与创新提供了机会。"设计在很大程度上取决于限制"，查尔斯·欧内斯（Charles Earnes）这样认为。

住房为建筑师提供了另一项职业途径。除了为富人和名人设计房屋，一些建筑师同

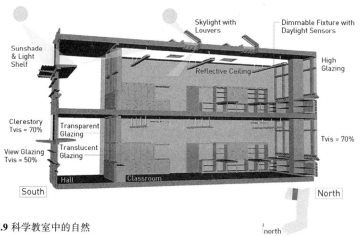

图20.9 科学教室中的自然采光，位于华盛顿特区赛德维尔友谊学校。由基兰·汀布莱克设计。感谢基兰·汀布莱克提供图片

样也为普通民众设计住房，让更多人住得起房。为了更好地诠释它，让我们把目光转向西海岸，看看加利福尼亚周芮尼（Renee Chow）和泰迪·克鲁兹（Teddy Cruz）的工作。他们让我们对郊区以及棚户区的住房有了新的认识。随着高层住宅在全国各地风靡开来，同样也为建筑师提供了机会。在纽约市，拉斐尔·贝利在Solaire的设计中开创了绿色高层住宅，这是位于巴特利公园城（Battery Park City）中一幢27层的公寓大楼，采用了先进的可持续性设计，于2002年开业。尼科莱·奥罗佐夫（Nicolai Ouroussoff）将其誉为纽约城

图20.10 位于华盛顿特区赛德维尔友谊学校的室内走廊。由基兰·汀布莱克设计。摄影：彼得·阿隆/埃斯托（Peter Aaron/Esto）

中"拔地而起的豪华塔楼"，由"国际建筑大师"让·努维尔（Jean Nouvel）、伯纳德·屈米（Bernard Tschumi）以及赫尔佐格和德梅隆（Herzog & de Meuron）设计。

除了这些领域之外，为建筑师提供的选项还包括材料研究（详见希拉·肯尼迪和比利·费尔克洛思的设计），整个构建过程（斯蒂芬·基兰和詹姆斯·汀布莱克的理念），或是构成派艺术家像肯·杨（Ken Yeang）、圣地亚哥·卡拉特拉瓦（Santiago Calatrava）以及奥雅纳（Ove Arup），他们将工程升华为一种新的艺术形式（图20.9~图20.11）。

一些建筑师把精力聚焦在穷人上。人性建筑的创始人卡梅隆·辛克莱尔（Cameron Sinclair）、布莱恩·贝尔设计团队（Bryan Bell of Design Corps）以及约翰·卡里公共建筑公司（Bryan Bell of Design Corps）是其中的佼佼者，这些建筑师们搭建起全新的极具价值的复合型路线以处理大量的社区以及区域规划项目。

利用城市化、人口增长以及移民带来的机遇和挑战，规划人员亟需重新建立其与风景园林以及建筑的关系。2006年11月下旬，一位建筑研究生曾问过我这样一个问题——为何在得克萨斯大学建筑学院未开设有关公众参与和社会研究的课程。我回答说，有几个相关课程在我们的社区和区域规划项目中。然而，我们使该项目之外的学生很难接触到这类课程。规划类项目，包括我们在得克萨斯大学奥斯汀分校的项目，位于同一所大学或学院的建筑与风景园林有机会为未来环境的构建做出应有的贡献。我们需要利用这个机会。

除了公众参与，在土地利用法、环境政

策、公众健康以及交通系统方面，规划人员已经研发出大量的专业知识。这些知识针对建筑师、风景园林师、保护主义者和室内设计师。通过不同行业人员的互动，此类知识将不断扩大。

风景园林也有很大贡献。为了最大化这种潜力，我们作为风景园林师需要提高对工作对象中基本媒介的理解——土壤、水以及植物，以及构建的元素如何应对天气与使用功能的问题。此类生态知识能很大程度上应对城市化带来的挑战。

接下来是室内设计，我们一生中要花很多时间在室内。随着地球上出现越来越多的人口，我们将生活在城市地区，也会来自更加复杂的背景。因此对我们来说在室内如何消磨时间将越来越重要。我认为室内设计所面临最大的挑战是缺乏理论知识。对于专业的提高来说理论是至关重要的，因为，毕竟没有什么比一个完善的理论更实用的了。

这个世界需要更多更好的室内设计师、建筑师、风景园林师以及规划师。人口、城市化和移民等趋势需要大量的专业技能和知识。我同意刘易斯·芒福德所说，"趋势绝非命运"，然而，设计和规划则拥有这种绘制命运的潜力。

为了绘制我们的命运，我们需要更加仔细地考虑关于时间的问题。也许建筑师应该利用时间而非空间去构思作品，正如杰里米·提尔所倡导的。时间将我们定义为一个物种，一种塑造既成环境的力量，无论我们是否关注它。直到这样的警告出现，"一个忽略了人们每天愿望与期待的建筑，将每天都被忽略。"

生活中的每一天将我们与过去相连，为未来奠定基础。而区域与景观能够将我们与遥远的地质时期相连。罗伯特·史密森是一个敏锐的景观与地质观察者。他写道，"一个人的头脑与地球一同处于不断流失腐蚀的过程中。"他还指出，"地质变化仍与我们同在，就像数百万年前一样。"史密森将大地沉降的过程视为地球自我构建的方式，与此同时，大地变得更加肥沃，因此他主张我们的思想也应该经历这样的沉淀过程。

当我还是一个孩子的时候，我把所有的时间用来画画。成长的过程中，我从来没有怀疑过，我将会以某种方式参与到视觉艺术的工作中去。我喜欢颜色，并且喜欢尝试将他们涂绘在各种表面上。不同的形状同样令我着迷，我喜欢几何，喜欢不同的角度和线。作为一个中型制造业城市中巡防队的童子军，我的灵感来自于自然与城市的街道。巡防队同时也将我带入了制图的世界中，逐渐灌输对视觉的表达，对于包围着我们的事物，以及我们想象中我们周围的事物。我们的巡防队将在地图上绘制出路径，然后徒步穿过或驾乘独木舟经过。地图提供了实用的指导，但沿江步行或驾乘独木舟经过一条河流将呈现完全不同的结果。经过反馈后，结合相关的经验与充分的准备而后执行。

在我大学期间，我发现建筑环境的排布对我来说越来越重要，同时我见证了辛辛那提、圣路易斯、底特律、克利夫兰和费城的没落——曾经充满活力的城市——领先西方之前。

建筑环境的设计关系到我们所有人。我们的社区和工作场所直接影响我们的健康，我们的安宁与幸福。我们如何设计建筑、公路和铁路、公园、水系和排水系统直接决定了能源的使用和温室气体的排放。在得克萨斯州，随着城市人口的日益增长，在全国甚至世界各地，我们将需要更多的道路和公园、住房和办公室、学校和铁路。通常，在休斯敦、达拉斯和圣安东尼奥附近开车时，会使我产生了灵感，这灵感来源于我出生的地方，20世纪初的硅谷，飞机、汽车、电冰箱、收音机的诞生地。

随着石油和天然气资源日益稀少，我们需要建立一个新的得克萨斯州，一个新的五

图20.12 奥斯汀市政厅。由安托内·普雷多克（Antoine Predock）设计。摄影：弗雷德里克·斯坦纳

图20.13 受托人大厅，艾德华大学街道，奥斯汀。由建筑师 安德森·怀斯（Andersson Wise）设计。摄影：蒂莫西·赫斯利（Timothy Hursley）

大湖区，一个新的意大利和新的中国。我们需要在重新建立建筑环境的同时确保我们可以养活自己，喝干净的水，呼吸安全的空气。我们还需要找到其他方法来处理废弃物而不污染我们赖以生存的环境。这将挑战我们的决心并开发我们所有天赋。

未来掌握在我们的手中。

景观设计与建筑设计、社区与区域规划、室内设计、历史遗迹保护等学科在创建这样美好未来的道路中成为不可或缺的因素。奥斯汀市为我们提供了一个理想的理论孵化器，作为回报，我们将努力改善城市的环境质量。

通过奥斯汀"能源绿色建筑"和"想象得克萨斯州中心"等项目，"伯德·约翰逊夫人野花中心"等机构，以及"查尔斯·W·摩尔区域研究中心"（1993年，建筑师过世后，创建于他的家里与工作室里），以及我们学校的可持续发展中心，奥斯汀走在了可持续设计与规划的前沿。当代民间建筑、城市体育变得越来越重要，如奥斯汀的LEED黄金市政厅，圣爱德华大学校园中的委托人大厅（Trustee Hall）和奥斯汀伯格斯特龙国际机场；

令人印象深刻的历史建筑州议会大厦与得克萨斯大学校园的主要建筑，以及重要的绿色开放空间，如济尔克公园（Zilker Park），留存的巴尔科内斯峡谷（Balcones Canyonlands Preserve），巴尔科内斯国家野生动物保护区（Balcones National Wildlife Refuge）（图20.12和20.13）。同时，奥斯汀提供了越来越多迷人的城市景观，比如布兰顿艺术博物馆（Blanton Museum of Art. Austin）新广场。奥斯汀为动植物的生活也提供了适宜的场所。例如，国家野生动物联盟（National Wildlife Federation certified City Hall）在2008年认证并授权市政厅将奥斯汀作为野生动物栖息地。对于建筑及设计的创造力来说，奥斯汀是一个鲜活而富有生机的实验室，建筑和规划的参与者可以与公民平等对话，我们也同样为实验室贡献了一分力量。

让我感到后悔的是，相比童年时代我更少画画了。我周围的一切依旧至关重要，包括城市道路，以及像自家后院这样的私人空间。一棵茂盛的巨大的橡树棚荫覆盖了我的别墅、前院和后院。小鸟、浣熊、松鼠和负鼠同我一样非常享受这个空间。当我坐在这棵茂盛的橡树下时，看着小松鼠在栅栏间穿梭，我意识到建筑环境的质量也影响着其他物种的生存，我们需要在生命中构筑美好的事物。

同时我也深切地感受到我们所见到的第一缕光，所探索的第一个房间，所偶遇的第一片树叶和昆虫对我们产生的深刻影响。在我早年的记忆里，我和我的父母、祖父母一起到森林里采蘑菇，母亲教我如何去区分有毒和无毒的蘑菇，我父母和祖父母在小河边采的豆瓣菜和蒲公英遍布在草坪上。

我的祖父母在俄亥俄州离印第安纳边境不远处有一个临近老国道的小农场。在那儿，一个印第安人教了我猎取兔子和野鸡。我和我的两个哥哥常常一起钓鱼，有时是在构成农场南产线的小溪里，有时也会在一个被生态环境保护者保护的一个小池塘里。由此也就引发了那些生态环境保护者和钓鱼爱好者之间的争端。作为一个孩子，我当时并没有注意到这些事。

我的祖母教我认了很多种本土植物，尤其是教会我分辨不同的树根和浆果。祖母泡的檫木茶和她做的黑浆果馅饼的味道我仿佛依然尝得到。作为一名童子军，我学到了更多关于植物的知识，我在小山丘和美国俄亥俄州南部以及印第安纳蜿蜒起伏的山谷里徒步旅行，划独木舟。在那里，威斯康星冰川冒着蒸汽，遍地有着鼓丘和冰碛。

这一切促使我去和伊恩·麦克哈格一同学习研究如何将设计结合自然。在滨州的景观和城市规划项目中麦克哈格主要有两个方向：其一是更专注于以场地为指导的设计，另一个是更注重以地域为基础的规划。这两个方向都是以社会生态学为基础的。我更倾向于追求第二个方向。

当我搬到美国西部，墨西哥的北部以及中国工作时，这个方向一直对我都有着很大的帮助。无论是在何处，深入了解当地的社会风情总能够让我们获得地域符号产生的真谛。在这段时间里，我有幸参与了菲尼克斯的沙漠植物园和位于奥斯汀的约翰逊夫人野花中心两个特殊机构的设计项目。这两个项目让我更加深刻地认识到对乡土树种的认识和研究的重要性，也更让我意识到了濒危物种的危险现状，除此以外，这两个项目也给了我更多重要的机会来大量运用乡土树种去修复被破坏的地球环境。技术，尤其是连接技术，正在转变着人类社会。全新的网络和信息系统将会改变景观、人群、知识、时间、社会关系和教育。连接技术——从汽车到互联网——已经让人类产生分歧，由此可见将来景观和社会也将会产生更多的裂痕，我们正不断地努力，希望可以通过信息和交通技术来将它们连接起来。

世界变得越来越小。当我在2007年5月

回到中国时我感觉自己已经不再像一个观光者，那里发生了巨大的转变。我最喜欢的那个位于清华大院街对面的湖南餐厅消失了，取而代之的是更多的现代化的设施。那年夏末，我回到了位于老荷兰瓦赫宁恩（Wageningen）的家，那儿的大学一改原来的旧貌，被打散后又重新和城市结合，成为一个混杂着各式建筑的美国郊区式大学。后来，在参加贝拉吉奥会议之前我去了米兰，当我回到一个我曾去过的地方时，我亲眼目睹了技术学院逐渐扩大成为莱斯大学。

2008年5月，我再次回到北京，这一次是和我的大学同学维尔弗里德·王（Wilfried Wang）、张明（Ming Zhang）以及15名得克萨斯州的学生，我们一起体验了新的诺尔曼·福斯特设计的北京航站楼。我现在已经完全可以充当一名导游了。我们在奥运会举办前去了奥林匹克森林公园，一同坐了夜班火车去了苏州，然后坐大巴去了杭州。离开中国后，我先在谷歌地球和网络上查了资料，然后去了撒丁岛（Sardinia），其后又去了美国马其顿（Macedonia）的国务院。

电脑的信息储存和联系功能更好地展现了人们相互之间以及和世界的交流状况。结合实时卫星图像和互联网的地理信息系统，被地理信息系统之父杰克·丹吉尔·蒙德（Jack Danger Mond）称为"地球中枢神经系统"。人类渴望能够将大脑的功能赋予这种系统，运用大脑使用这些技术和信息来改变我们未来生活、居所的模式。除了大脑以外，我们还可以将自己的心和道德观念赋予到这个中枢系统中，将它变成一个对公众透明的、公平的系统。

我们可以通过先进的景观信息技术更好地了解我们与自然的联系。例如，卫星可以为我们提供欲知区域的日常气候信息，这些信息可以被记录在地理信息系统中。地理信息系统同样也可以在土地利用和土地覆盖的地图上覆盖气候数据，这一过程可以让我们知道我们将土地作为何用、在上面种了什么植物，最终又对城市气候产生了什么影响。地理信息系统和遥感技术可以将事物之间的联系形象化、具体化。在生态技术上的进步让我们看到了以前所看不到的事物之间的联系，这种联系在我们亲临现场时变得更为真实，我们将从电脑地图或者照片中所获得的虚拟信息转变为每天可以看见的、听到的和嗅到的真实事物。

特别是城市化和人口增长问题，它们威胁着城市的面貌。所有问题产生的恶果包围着我们，尤其是对像我们这样受过生态学教育的人。如同奥尔多·利奥波德（Aldo Leopold）所发现的，我们生活在一个遍体鳞伤的世界中，我们必须识别出这个自我感觉良好而又习惯了自欺欺人的社会中那些危险的死亡信号。

幸运的是，我们不再居住在利奥波德所在的时代，但是我们如何去治愈地球？

美国城市郊区无节制蔓延扩张的主导模式所带来的一个后果就是，郊区的蔓延是分散的，依靠汽车的发展模式使得沿着公路的城市和农村的城镇中心变得更加紧凑。这种发展模式相较传统的建设模式将会消耗更多土地、水资源和能源。这种蔓延方式分裂了空间，并且让它们在外在形态上越来越相似。它影响了我们的场所感，同样也影响到了像牛蛙和红狐一样的本土栖息地的动物。

美国的城市仍然在不断扩张，这也导致美国人越来越胖。2002年疾病控制和预防中心（COC）报告显示60%的美国人超重，并且至少有18%的人属于肥胖。这一现象得到了大家的重视，2004年的时候中心更新了统计数据，新的数据显示现在2/3的美国成年人体重超重，并且这些人中有一半属于肥胖症。这些数据仍然在上升，并且日渐加入了很多未成年人。在2009年的数据里显示，32%的美国儿童体重超重，人们认为导致儿童体重超重人数增长的原因是这些儿童鲜少参与运动并将这一现象与社区规划设计相联系，其中一部分儿童缺乏运动的原因是因为邻里居住安全问题使得他们无法步行去学校、公园和其他娱乐场所，或是靠走路来锻炼。在这些超重的儿童中，非洲裔美国人和拉丁美洲人口中体重超重儿童和成年人的比率格外令人担忧。

步行机会的缺失以及人们可以随时可接触到垃圾食品是产生这一现象的两大主要原因。因此，对周边环境的设计和规划对公共健康问题起着很重要的作用。虽然事物无法完全的像人们所设想的那样实现，但是如果我们不去规划设计一个美好的未来，如果我们不去做一些积极的改变，这些结果只会变得更加严重。

例如，很多的美国城市都缺少健康便捷的人行道、人行横道和自行车道。出行交通的选择非常单一，少有人们选择公共交通系统。公园和娱乐场所不安全、不美观并且不可达。购物场所和服务场所不通过汽车就无法到达。除去肥胖问题以外，其他公众健康问题也和城镇的无节制蔓延扩张以及城市设计相关。

肥胖问题、我们的健康和我们周边建筑环境的关系是显而易见的。原来的疾病控制和预防中心和现在加州大学洛杉矶分校的环境卫生科学的理查德·约瑟夫·杰克逊（Richard Joseph Jackson）教授，他曾说：

药物将无法解决21世纪的健康挑战问题，就连基因工程技术和机器人控制的手术也无法完全办到。尽管美国将1/7的资金用于医务护理，我们也无法显著地改善我们的健康和生活质量，除非我们将更多的注意力放在如何设计我们所生活的环境上。健康的生活环境不仅仅包括一个干净的厨房、盥洗间或者卧室，同时也包括包围着我们的景观。为了我们的健康，特别是为了青少年、老年人、穷人和残疾人的健康，我们需要设计出于健康有益的周围环境。

比起过去十年，每年我们在汽车上投入的时间多了近1周，对于汽车和客车交通的依赖直接加重了呼吸问题。动物和植物也被空气质量的改变所影响。因为交通问题，世界上很多城市都正在经历着臭氧威胁。拥堵的交通不仅延长了人们在路上的时间，同时也将增加我们的紧张和焦虑感。

生态学可以让我们明白城市设计和我们的健康之间的密切关系。相比那些被快速道路景观主导的地区，拥有绿色廊道的步道和自行车道能够让我们更好地改善当地居民的身体健康。

在治愈地球的过程中我们还可以拯救人类，这个过程可以被分为4步：

第一步，我们应该先承认已经被疾病控制和防御中心、罗伯特·伍德·约翰逊（Robert Wood Johnson）基金、时代周刊和其他机构证实过的健康与周围建筑环境的密切关系。我们塑造自己的城市的同时，还必须关注它们是如何反作用于我们的，如何影响我们幸福的。例如，健康质量和生产力的损失与室内空气质量有关，据不完全统计每年我们将在这方面花费近百亿美元。我们需要致力于创造健康的建筑、室内环境、景观和城市。

第二步，我们需要创造绿色空间。这是抛给建筑设计师和建造者的一个非常重要的问题，全世界的建筑和构筑物建造每年消耗30亿吨原材料，折算下来近全世界材料使用的40%。建筑用了近一半的能量，2/3的电能，并且消耗了1/4的木材。对于我们过去建造的建筑来说地球就是原料和水资源的源头，现在我们在慢慢地消耗掉这些资源。我们需要想的是：我们所用的材料源自何处？不仅仅是用来建造建筑的，还有用来吃的，穿的，还有看的。如果我们继续像这样使用，这些资源何时会被消耗殆尽？

第三步，我们必须要阻止城市向外无序扩张，并且找寻一个合适的方法来恢复和保护我们现有的建筑环境。我们现在所拥有的建筑量在当代文化遗产中占有重要的地位。

我们需要去保护和恢复我们现有的资源，我们可以去保护野生动物的栖息地、美丽的海岸线、并修复被摧毁的基础农田。

第四步，我们需要考虑地域特性，行政区规划模型介绍的前言里提到过这个理论。这个模型以流程为基础并且需要对自然现象有一定认识。从奥斯汀到北京的过程中，我已经提出了一些新地方主义的例子。

在21世纪余下的日子里我们将多出与美国一样的人口，所以我们必须将现有设施重建。有相当量的建筑环境正在被淘汰，为了能够容纳将近4亿市民，我们必须加倍努力增强房屋、公园、交通系统、学校、下水道和水利设施和商业的功能。我们同样需要那些能够用和平途径获得的清洁和高效的能源。我们不能够继续像以前那样运作，第一个都市世纪需要新的跨学科的方法来设想我们的未来，这需要多个领域的革新，包括新闻界、法律、教育、创业、性别研究、政治和科学。我们同样需要新的艺术、音乐和写作的表达形式。这一切都在暗示重新探索人类生态学的紧急性。

我认为运用我们现在的城市设计和规划的方法来修复地球被伤害的部分是非常乐观的。生态学是一门关于联系和关系的科学，对生态学的认识可以提供解决未来冲击的方法，并且生态学的基础设计和规划可以提供补救城镇蔓延的问题。

美国先验主义者大卫·亨利·梭罗（Henry David Thoreau）曾写道："这个地球是最好的乐器，而我，则是她的听众。"

让我们静下心来去欣赏这美好的乐器，来享受这个韵律，并且从中学习，直到有一天我们可以用它奏出美妙、细致的音乐。在这个过程里，我们能够治愈地球的创伤，并为后人创造更健康、更安全、更有创造力的世界。

参考文献

A Balanced Vision Plan for the Trinity River Corridor (Dallas, Texas, December 2003).

Almy, Dean, ed. On Landscape Urbanism, Center 14 (Austin: Center for American Architecture and Design, The University of Texas at Austin, 2007).

American Institute of Architects, Dallas. Advisory Panel Summary Report (Dallas, Texas, September 2001).

American Institute of Architects, Dallas. Trinity River Policy (Dallas, Texas, November 2001).

American Society of Landscape Architects; Lady Bird Johnson Wildflower Center, The University of Texas at Austin; and United States Botanic Garden. Guidelines and Performance Benchmarks, Draft 2008 (Austin: Sustainable Sites Initiative, 2008).

American Society of Landscape Architects; Lady Bird Johnson Wildflower Center, The University of Texas at Austin; and United States Botanic Garden. Guidelines and Performance Benchmarks 2009 (Austin: Sustainable Sites Initiative, 2009).

American Society of Landscape Architects; Lady Bird Johnson Wildflower Center, The University of Texas at Austin; and United States Botanic Garden. Preliminary Report of the Practice Guidelines and Metrics. The Sustainable Sites Initiative (Austin: The University of Texas at Austin, 2007).

Associated Press. "China Downplays Olympic Environmental Issues" (August 24, 2007).

Austin-San Antonio Corridor Policy Research Project. The Emerging Economic Base and Local Developmental Policy Issues in the Austin–San Antonio Corridor (Austin: Policy Research Project Report No. 71, Lyndon B. Johnson School of Public Affairs, The University of Texas at Austin, 1985).

Babbitt, Bruce. Cities in the Wilderness (Washington, D.C.: Island Press, 2005).

Bailey, Robert. Ecoregions: The Ecosystem Geography of the Oceans and the Continents (New York: Springer-Verlag, 1998).

Baker, Max B. "Key GOP Lawmaker Impressed by Project," Fort Worth Star-Telegram (August 9, 2007).

Barles, S. "Urban Metabolism and River Systems: An Historical Perspective—Paris and the Seine, 1790–1970," Hydrology and Earth System Sciences (Volume 11, 2007): 1757–1769.

Barrett, Gary W., and Eugene P. Odum. "The Twenty-First Century: The World at Carrying Capacity," BioScience (Volume 50, Number 4, 2000): 363–368.

Batty, Michael. Cities and Complexity (Cambridge, Mass.: MIT Press, 2005).

Batty, Michael, and Paul Longley. Fractal Cities (London: Academic Press, 1994).

Beatley, Timothy. Habitat Conservation Planning (Austin: University of Texas Press, 1994).

———. Native to Nowhere (Washington, D.C.: Island Press, 2004).

———. Planning for Coastal Resilience: Best Practices for Calamitous Times (Washington, D.C.: Island Press, 2009).

Berke, Philip R. "The Evolution of Green Community Planning, Scholarship, and Practice," Journal of the American Planning Association (Volume 74, Number 4, 2008): 393–407.

Berube, Alan. MetroNation: How U.S. Metropolitan Areas Fuel American Prosperity (Washington, D.C.: The Brookings Institution, 2007).

Birch, Eugenie L., and Susan M. Wachter, eds. Growing Greener Cities: Urban Sustainability in the Twenty-First Century (Philadelphia: University of Pennsylvania Press, 2008).

———, eds. Rebuilding Urban Places after Disaster: Lessons from Hurricane Katrina (Philadelphia: University of Pennsylvania Press, 2006).

Black, Sinclair, Frederick Steiner, Marisa Ballas, and Jeff Gipson, eds. Emergent Urbanism (Austin: School of Architecture, The University of Texas at Austin, 2008).

Bohl, Charles, with Elizabeth Plater-Zyberk. "Building Community Across the Rural to Urban Transect," *Places* (Volume 18, Number 1, Spring 2006): 4–17.

Botkin, Daniel B. *Discordant Harmonies: A New Ecology for the Twenty-First Century* (New York: Oxford University Press, 1990).

Boyer, Ernest L., and Lee D. Mitgang. *Building Community: A New Future for Architectural Education and Practice* (Princeton, N.J.: The Carnegie Foundation for the Advancement of Teaching, 1996).

Brand, Stewart. *The Clock of the Long Now: Time and Responsibility* (London: Weidenfeld & Nicolson, 1999).

Bright, Elise. "Viewpoint: Megas? Maybe Not," *Planning* (Volume 73, Number 4, 2007): 46.

Burchett, C. R., P. L. Rettman, and C. W. Boning. *The Edwards Aquifer, Extremely Productive, But . . .* (San Antonio: Edwards Underground Water District, 1986).

Burdett, Ricky, and Deyan Sudjic, eds. *The Endless City* (London: Phaidon Press, 2007).

Burke, James, and Joseph Ewan. *Sonoran Preserve Master Plan* (Phoenix, Ariz.: Department of Parks, Recreation, and Library, 1998).

Busquets, Joan, and Felipe Correa. *Cities X Lines* (Cambridge, Mass.: Nicolodi Editore, Graduate School of Design, Harvard University, 2007).

Butler, Kent, and Dowell Myers. "Boomtown in Austin, Texas: Negotiated Growth Management," *Journal of the American Planning Association* (Volume 50, Number 4, 1984): 447–458.

Butler, Kent, Sara Hammerschmidt, Frederick Steiner, and Ming Zhang. *Reinventing the Texas Triangle: Solutions for Growing Challenges* (Austin: Center for Sustainable Development, The University of Texas at Austin, 2009).

Callenbach, Ernest. *Ecotopia* (Berkeley, Calif.: Banyan Tree, 1975).

Calthorpe Associates. "Proposed Urban Design Guidelines, East Austin Rail Corridor, Featherlite, Austin, Texas" (Austin: Envision Central Texas, 2003).

Calthorpe, Peter. *The Next American Metropolis: Ecology, Community, and the American Dream* (New York: Princeton Architectural Press, 1993).

Calthorpe, Peter, and William Fulton. *The Regional City: Planning for the End of Sprawl* (Washington, D.C.: Island Press, 2001).

Campanella, Richard. *Delta Urbanism: New Orleans* (Chicago: American Planning Association Planners Press, 2010).

Campanella, Thomas J. *The Concrete Dragon, China's Urban Revolution and What it Means for the World* (New York: Princeton Architectural Press, 2008).

Carbonell, Armando, and Robert D. Yaro. "American Spatial Development and the New Megalopolis," *Land Lines* (Volume 17, Number 2, 2005): 1–4.

Casson, Lionel. *Everyday Life in Ancient Rome* (Baltimore: Johns Hopkins University Press, 1998).

Centers for Disease Control and Prevention. "Prevalence of Overweight and Obesity among Adults, United States, 1999–2002."

Chan Krieger & Associates; TDA, Incorporated; Hargreaves Associates; and Carter & Burgess. *A Balanced Vision Plan for the Trinity River* (Dallas: City of Dallas, December 2003).

City of Austin. *Facts and Information on the Northern Edwards Aquifer. Regional Conference on the Edwards Aquifer, North of the Colorado River* (Austin: City of Austin Office of Environmental Resource Management, 1986).

City of San Antonio and Edwards Underground Water District. *San Antonio Regional Water Resource Study: Summary* (San Antonio: Department of Planning, City of San Antonio, 1986).

Claus, Russell Clive. "The Woodlands, Texas: A Retrospective Critique of the Principles and Implementation of an Ecologically Planned Development" (Cambridge, Mass.: Department of Urban Studies and Planning, Massachusetts Institute of Technology, Master of City Planning thesis, 1994).

Cody, Jeffrey W. *Building in China: Henry K. Murphy's "Adaptive Architecture," 1914–1935* (Hong Kong: The Chinese University Press and Seattle: University of Washington Press, 2001).

Committee on Environmental Health. "The Built Environment: Designing Communities to Promote Physical Activity in Children," *Pediatrics* (Volume 123, Number 6, June 2009): 1591–1598.

Costanza, Robert. "Ecosystems Services: Multiple Classification Systems Are Needed," *Biological Conservation* (Volume 141, 2008): 350–352.

Cret, Paul P. "Report Accompanying the General Plan of Development" (Austin: The University of Texas, January 1933).

Dagger, Richard. "Stopping Sprawl for the Good of All: The Case for Civic Environmentalism," *Journal of Social Philosophy* (Volume 34, Number 1, 2003): 28–43.

DeLillo, Don. *Underworld* (New York: Scribner, 1997).

Dewar, Margaret, and David Epstein. "Planning for 'Megaregions' in the United States," *Journal of Planning Literature* (Volume 22, Number 2, 2007): 108–124.

Dillon, David. "AIA Has a Flood of Protests," *Dallas Morning News* (January 20, 2002).

———. "Artistic Differences," *Dallas Morning News* (March 27, 2005).

———. "The Meyerson Turns 15," *Dallas Morning News* (September 15, 2004).

———. "Room to Grow," *Dallas Morning News* (September 14, 2006).

Duany, Andres. "Restoring the Real New Orleans," *Metropolis* (February 2007): 58, 60.

Duany, Andres, Elizabeth Plater-Zyberk, and Jeff Speck. *Suburban Nation: The Rise of Sprawl and the Decline of the American Dream* (New York: North Point Press, 2001).

Envision Central Texas. *A Vision for Central Texas* (Austin, Texas, 2004).

Farber, Stephen C., Robert Costanza, and Michael A. Wilson. "Economic and Ecological Concepts for Valuing Ecosystem Services," *Ecological Economics* (Volume 14, 2002): 375–392.

Field Operations, Diller Scofidio + Renfro, Friends of the High Line, City of New York. *Designing the High Line, Gansevoort Street to 30th Street* (New York: Friends of the High Line, 2008).

Fishman, Robert. "1808–1908–2008: National Planning for America," Innovations for an Urban World, A Global Urban Summit, The Rockefeller Foundation, Bellagio Study and Conference Center, Bellagio, Italy, July 2007.

Flam, Jack, ed. *Robert Smithson: The Collected Writings* (Berkeley: University of California Press, 1996).

Florida, Richard. *The Rise of the Creative Class: And How It's Transforming Work, Leisure, Community And Everyday Life* (New York: Basic Books, 2002).

Forbes. "Best Places for Businesses and Careers" (May 9, 2003).

Forman, Richard T. T. *Urban Regions: Ecology and Planning Beyond the City* (Cambridge: Cambridge University Press, 2008).

Forsyth, Ann. "Evolution of an Ecoburb," *Landscape Architecture* (Volume 95, Number 7, July 2005): 60, 62, 64, 65, 66–67.

———. "Ian McHarg's Woodlands: A Second Look," *Planning* (August, 2003): 10–13.

———. "Planning Lessons from Three U.S. New Towns of the 1960s and 1970s: Irvine, Columbia, and The Woodlands," *Journal of the American Planning Association* (Volume 68, Number 4, 2002): 387–417.

———. *Reforming Suburbia: The Planned Communities of Irvine, Columbia, and The Woodlands* (Berkeley: University of California Press, 2005).

Frampton, Kenneth. "Towards a Critical Regionalism: Six Points for an Architecture of Resistance," in Hal Foster, ed., *The Anti-Aesthetic: Essays on Postmodern Culture* (Port Townsend, Wash.: Bay Press, 1983).

Fulton, Duncan T. "Dallas Arts District," in Sinclair Black, Frederick Steiner, Marisa Ballas, and Jeff Gipson, eds., *Emergent Urbanism* (Austin: School of Architecture, The University of Texas at Austin, 2008), pp. 98–100.

Galatas, Roger, and Jim Barlow. *The Woodlands: The Inside Story of Creating a Better Hometown* (Washington, D.C.: The Urban Land Institute, 2004).

Gammage Jr., Grady, John Stuart Hall, Robert E. Lang, Rob Melnick, and Nancy Welch. *Megopolitan: Arizona's Sun Corridor* (Tempe: Morrison Institute, Arizona State University, May 2008).

Garreau, Joel. *The Nine Nations of North America* (Boston: Houghton Mifflin, 1981).

Garrison, M., R. Krepart, S. Randall, and A. Novoselac. "The BLOOMhouse: Zero Net Energy Housing," a paper presented at the Texas Society of Architects Annual Conference, October 24, 2008.

Girling, Cynthia L., and Kenneth I. Helphand. *Yard-Street-Park* (New York: John Wiley & Sons, 1994).

Glasoe, Stuart, Frederick Steiner, William Budd, and Gerald Young. "Assimilative Capacity and Water Resource Management: Four Examples from the United States," *Landscape and Urban Planning* (Volume 19, Number 1, 1990): 17–46.

Goodwin, Jan. *Price of Honor*, rev. ed. (New York: Penguin, 2003).

Gottmann, Jean. *Megalopolis: The Urbanized Seaboard of the United States* (New York: Twentieth-Century Fund, 1961).

Gould, Lewis L. *Lady Bird Johnson: Our Environmental First Lady* (Lawrence: University of Kansas Press, 1999).

Griffith, G. E., S. A. Bryce, J. M. Omernik, J. A. Comstock, A. C. Rogers, B. Harrison, S. L. Hatch, and D. Bezanson. *Ecoregions of Texas* (Reston, Va.: U.S. Geological Survey, 2004).

Grossman, Elizabeth Greenwell. *The Civic Architecture of Paul Cret* (New York: Cambridge University Press, 1996).

Gunderson, Lance, C. S. Holling, L. Pritchard, and G. D. Peterson. "Resilience," in Ted Munn, ed.-in-chief., *Encyclopedia of Global Environmental Change* (Hoboken, N.J.: John Wiley & Sons, 2002): pp. 530–531.

Hammond, W. W. "Regional Hydrogeology of the Edwards Aquifer, South Central Texas," in E. T. Smerdon and W. R. Jordan, eds., *Issues in Groundwater Management* (Austin: Water Resources Symposium No. 12, Center for Research in Water Resources, The University of Texas at Austin, 1986), pp. 53–68.

Hegemann, Werner, and Elbert Peets. *The American Vitruvius: An Architect's Handbook of Civic Art* (New York: Architectural Book Publishing Co., 1922).

Hersey, George. *The Monumental Impulse: Architecture's Biological Roots* (Cambridge, Mass.: MIT Press, 1999).

Hildebrand, Grant. *Origins of Architectural Pleasure* (Berkeley: University of California Press, 1999).

Hirsch, Dennis D. "Ecosystem Services and the Green City," in Birch and Wachter, eds., *Growing Greener Cities*, pp. 281–293.

HNTB. *City of Dallas Trinity River Comprehensive Land Use Plan* (Final Report) (Dallas: Trinity River Corridor Project, adopted March 9, 2005).

Ingersoll, Richard. "Utopia Limited: Houston's Ring Around the Beltway," *Cite* (Volume 31, Winter-Spring, 1994): 10–16.

Jackson, Richard J. "The Impact of the Built Environment on Health: An Emerging Field," *American Journal of Public Health* (Volume 93, Number 9, September 2003): 1382–1384.

———. "What Olmsted Knew," *Western City* (March 2001): 12–15.

Johnson, Elmer W. *Chicago Metropolis 2020* (Chicago: University of Chicago Press, 2000).

Karvonen, Andrew. *Botanizing the Asphalt: Politics of Urban Drainage* (Austin: The University of Texas at Austin, Ph.D. dissertation, 2008).

Kellert, Stephen R., Judith H. Heerwagen, and Martin L. Mador, eds. *Biophilic Design* (Hoboken, N.J.: John Wiley & Sons, 2008).

Lady Bird Johnson Wildflower Center, American Society of Landscape Architects, and U.S. Botanic Garden. *Preliminary Report of the Practice Guidelines and Metrics, The Sustainable Sites Initiative* (Austin: The University of Texas at Austin, 2007).

Lang, Robert. "Katrina's Impact on New Orleans and the Gulf Coast Megapolitan Area," in Birch and Wachter, eds., *Rebuilding Urban Places after Disaster*, pp. 89–102.

Lang, Robert E., and Dawn Dhavale. *Beyond Megalopolis: Exploring America's New "Megapolitan" Geography* (Alexandria: Metropolitan Institute, Virginia Tech, July 2005).

Lang, Robert E., and Arthur C. Nelson. *America 2040: The Rise of the Megapolitans* (Alexandria: Metropolitan Institute, Virginia Tech, 2006).

Lang, Robert E., Andrea Sarzynski, and Mark Muro. *Mountain Megas: America's Newest Metropolitan Places and a Federal Partnership to Help Them Prosper* (Washington, D.C.: Metropolitan Policy Program, The Brookings Institution, 2008).

Lemonick, Michael D. "How We Grew So Big," *Time* (June 7, 2004).

Leopold, Aldo. *Round River: From the Journals of Aldo Leopold*, Luna B. Leopold, ed. (Minocqua, Wis.: North Word Press, 1991).

Levinthal, Dave. "Leppert Vows to Deliver on Trinity River Toll Road, Park," *Dallas Morning News* (November 7, 2007).

Lincoln Institute of Land Policy, Regional Plan Association, University of Pennsylvania School of Design. *Toward an American Spatial Development Perspective* (Philadelphia: Department of City and Regional Planning, University of Pennsylvania, 2004).

Loftis, Randy Lee. "Trinity River Ecology Courses Through Politics of Toll Road Debate," *Dallas Morning News* (October 28, 2007).

Lyle, John Tillman. *Regenerative Design for Sustainable Development* (New York: John Wiley & Sons, 1994).

Lynch, Kevin. "Environmental Adaptability," *Journal of the American Institute of Planners* (Volume 24, Number 1, 1958): 16–24. Reprinted in Tridib Banerjee and Michael Southworth, eds., *City Sense and City Design: Writings and Projects of Kevin Lynch* (Cambridge, Mass.: MIT Press, 1990).

Maciocco, Giovanni. *Fundamental Trends in City Development* (Berlin: Springer, 2008).

Maclay, R. W., and T. A. Small. "Hydrostratigraphic Subdivisions and Fault Barriers of the Edwards Aquifer, South Central Texas, U.S.A.," *Journal of Hydrology* (Volume 61, 1983): 127–146.

Maguire, David, Michael Batty, and Michael Goodchild, eds., *GIS, Spatial Analysis, and Modeling* (Redlands, Calif.: ESRI Press, 2005).

Marsilio Editori. *Cities, Architecture and Society* (10th International Architecture Exhibition, Venice, Italy: Fondazione La Biennale, 2006).

Mathur, Anuradha, and Dilip da Cunha. "Negotiating a Fluid Terrain," in Birch and Wachter, eds., *Rebuilding Urban Places after Disaster*, pp. 34–46.

McHarg, Ian L. *Design with Nature* (Garden City, N.Y.: Natural History Press/Doubleday, 1969).

———. *A Quest for Life: An Autobiography* (New York: John Wiley & Sons, 1996).

McHarg, Ian L., and Frederick R. Steiner, eds. *To Heal the Earth* (Washington, D.C.: Island Press, 1998).

McMichael, Carol. *Paul Cret at Texas: Architectural Drawing and the Image of the University in the 1930s* (Austin: Archer M. Huntington Art Gallery, College of Fine Arts, The University of Texas at Austin, 1983).

Meinig, Donald. *Imperial Texas: An Interpretative Essay in Cultural Geography* (Austin: University of Texas Press, 1969).

Meyer, Han, Inge Bobbink, and Steffen Nijhuis, eds. *Delta Urbanism: The Netherlands* (Chicago: American Planning Association Planners Press, 2010).

Moore, Steven. "Architecture, Esthetics, and the Public Health," in Sandra Iliescu, ed., *The Hand and the Soul: Aesthetics and Ethics in Architecture and Art* (Charlottesville: University of Virginia Press, 2008).

———, ed. *Pragmatic Sustainability: Theoretical and Practical Tools* (London: Routledge, 2010).

———. "Reproducing the Local," *Platform* (Spring, 1999): 2–3, 8–9.

———. "Technology, Place, and the Nonmodern Thesis," *Journal of Architectural Education* (Volume 54, Number 3, February, 2001): 130–139.

Morgan Jr., George T., and John O. King. *The Woodlands: New Community Development, 1964–1983* (College Station: Texas A&M Press, 1987).

Mulvihill, Peter R. "Expanding the Scoping Community," *Environmental Impact Assessment Review* (Volume 23, 2003): 39–49.

Mumford, Lewis. *The Culture of Cities* (London: Secker and Warburg, 1938).

Muro, Mark, Bruce Katz, Sarah Rahman, and David Warren. *MetroPolicy: Shaping a New Federal Partnership for a Metropolitan Nation* (Washington, D.C.: The Brookings Institution, 2008).

Nelson, Arthur C. "Leadership in a New Era," *Journal of the American Planning Association* (Volume 72, Number 4, 2006): 393–407.

Nelson, Marla, Renia Ehrenfeucht, and Shirley Laska. "Planning, Plans, and People: Professional Expertise, Local Knowledge, and Governmental Action in Post-Hurricane Katrina New Orleans," *Cityscape* (Volume 9, Number 3, 2007): 23–52.

Ockman, Joan. "Star Cities," *Architect* (March, 2008): 60–67.

Olin, Laurie. "Memory Not Nostalgia," in W. Gary Smith, ed., *Memory, Expression, Representation* (Austin: School of Architecture, The University of Texas at Austin, 2002).

Olmsted, Frederick Law. *Journey Through Texas: or, a Saddle-Trip on the Southwestern Frontier; with a Statistical Appendix* (New York: Dix, Edwards & Co., 1857).

Ouroussoff, Nicolai. "Inside the Urban Crunch, and Its Global Implications," *New York Times* (September 14, 2006).

———. "Nice Tower! Who's Your Architect?" *New York Times* (March 23, 2008).

———. "Putting Whole Teeming Cities on the Drawing Board," *New York Times* (September 10, 2006).

Peirce, Neal R., and Curtis W. Johnson (with Farley M. Peters). *Century of the City: No Time to Lose* (New York: The Rockefeller Foundation, 2008).

Peirce, Paul. "Author Persists in Somerset Memorial Claims," *Pittsburgh Tribune-Review* (July 27, 2007).

Peterson, Garry D., Graeme S. Cumming, and Stephen R. Carpenter. "Scenario Planning: A Tool for Conservation in an Uncertain World," *Conservation Biology* (Volume 17, Number 3, 2003): 358–366.

Peterson, Garry D., T. Douglas Beard Jr., Beatrix E. Beisner, Elena M. Bennett, Stephen R. Carpenter, Graeme S. Cumming, C. Lisa Dent, and Tanya D. Havlicek. "Assessing Future Ecosystem Services: A Case Study of the Northern Highlands Lake District, Wisconsin," *Conservation Ecology* (Volume 7, Number 3, 2003): 1–19.

Pickett, Steward T. A., and Mary L. Cadenasso. "Integrating the Ecological, Socioeconomic, and Planning Realms: Insights from the Baltimore Ecosystem Study," in Laura Musacchio, Jianguo Wu, and Thara Johnson, eds., *Pattern, Process, Scale, and Hierarchy: Advancing Interdisciplinary Collaboration for Creating Sustainable Urban Landscapes and Communities* (Tempe: Arizona State University, 2003), p. 34.

Puentes, Robert. *A Bridge to Somewhere: Rethinking American Transportation for the 21st Century* (Washington, D.C.: The Brookings Institution, 2008).

Putnam, Robert D. *Bowling Alone: The Collapse and Revival of American Community* (New York: Simon & Schuster, 2000).

Quale, John D. *Trojan Goat: A Self-Sufficient House* (Charlottesville: University of Virginia School of Architectural, 2005).

Quantrill, Malcolm. *Plain Modern: The Architecture of Brian MacKay-Lyons* (New York: Princeton Architectural Press, 2005).

Rainey, Reuben. "Hallowed Grounds and Rituals of Remembrance: Union Regimental Monuments at Gettysburg," in Paul Groth and Todd W. Bressi, eds., *Understanding Ordinary Landscapes* (New Haven: Yale University Press, 1997).

Reed, Chris. *StossLU* (Seoul, Korea: C3 Publishing, 2007).

Regional Plan Association. *America 2050: A Prospectus* (New York: Regional Plan Association, 2006).

Ross, Catherine L., ed. *Megaregions: Planning for Global Competitiveness* (Washington, D.C.: Island Press, 2009).

Rybczynski, Witold. *The Perfect House* (New York: Scribners, 2002).

Senger, Rainer K., and Charles W. Kreitler. *Hydrogeology of the Edwards Aquifer, Austin Area, Central Texas* (Austin: Report of Investigations, No. 141, Bureau of Economic Geology, The University of Texas, 1984).

Simmonds, Roger, and Gary Hack, eds. *Global City Regions: Their Emerging Forms* (London: Spon Press, 2000).

Slade Jr., R. M., M. E. Dorsey, and S. L. Stewart. *Hydrology and Water Quality of the Edwards Aquifer Associated with Barton Springs in the Austin Area, Texas* (Austin: Water Resource Investigation Report 86–4036, U.S. Geological Survey, 1986).

Smith, Brian A., and Brian B. Hunt. *Evaluation of Sustainable Yield of the Barton Springs Segment of the Edwards Aquifer, Hays and Travis County, Central Texas* (Austin: Barton Springs/Edwards Aquifer Conservation District, 2004).

Smithson, Robert. "Frederick Law Olmsted and the Dialectical Landscape," in Jack Flam, ed., *Robert Smithson: The Collected Writings* (Berkeley: University of California Press, 1996), pp. 157–171.

———. "A Sedimentation of the Mind: Earth Projects," in Flam, ed. *Robert Smithson*, pp. 100–113.

Solomon, Daniel. *Global City Blues* (Washington, D.C.: Island Press, 2003).

Speck, Lawrence W. *Technology and Cultural Identity* (New York: Edizioni, 2006).

Spirn, Anne Whiston. *The Language of Landscape* (New Haven: Yale University Press, 1998).

Steelman, Aaron. "Why Cities Grow: Economist Richard Florida Argues that Cities Must Attract Young, Talented Workers—What He Dubs the 'Creative Class'—If They Want to Prosper. Is He Right? And Is there Anything New about this Theory?" *Region Focus* (Fall 2004): 13–16.

Steenbergen, Clemens, and Wouter Reh. *Architecture and Landscape: The Design Experimentation of the Great European Gardens and Landscapes* (Bussum, The Netherlands: Thoth, 1996).

Steiner, Frederick, ed. *The Essential Ian McHarg* (Washington, D.C.: Island Press, 2007).

———. *The Living Landscape* (New York: McGraw-Hill, 2000; paperback edition, Island Press, 2008).

———. "Metropolitan Resilience: The Role of Universities in Facilitating a Sustainable Metropolitan Future," in Arthur C. Nelson, Barbara L. Allen, and David L. Trauger, eds. *Toward a Resilient Metropolis: The Role of State and Land Grant Universities in the 21st Century* (Alexandria: MI Press, Virginia Tech, 2006), pp. 1–15.

———. "Olympic Green," *Landscape Architecture* (Volume 98, Number 3, March 2008): 90, 92–97.

Steiner, Frederick, and Bob Yaro. "A Land and Resources Conservation Agenda for the United States," Innovations for an Urban World, A Global Urban Summit, The Rockefeller Foundation, Bellagio Study and Conference Center, Bellagio, Italy, July 2007.

Steiner, Frederick R., and Robert D. Yaro. "A New National Agenda," *Landscape Architecture* (Volume 99, Number 6, June): 70–77.

Steiner, Frederick, Barbara Faga, James Sipes, and Robert Yaro. "Taking a Longer View: Mapping for Sustainable Resilience," in Birch and Wachter, eds., *Rebuilding Urban Places After Disasters*, pp. 67–77.

Steiner, Fritz, and Talia McCray. "We Knew All Along," *Planning* (Volume 75, Number 7, July 2009): 48.

Strong, Ann L., and George F. Thomas, eds. *The Book of the School: 100 Years* (Philadelphia: Graduate School of Fine Arts, University of Pennsylvania, 1990).

Swearingen Jr., William Scott. *Environmental City: People, Place, Politics, and the Meaning of Modern Austin* (Austin: University of Texas Press, 2010).

Texas State Data Center. *Texas Population Projections Program* (Texas State Data Center and Office of the State Demographer, May 10, 2006).

Texas Transportation Institute. *Urban Mobility Study* (College Station, 2005).

Till, Jeremy. *Architecture Depends* (Cambridge, Mass.: MIT Press, 2009).

TIP Strategies, Inc. *Organizational Recommendations Prepared for The Envision Central Texas Board of Directors* (Austin, July 2008).

———. *Vision Progress Assessment Prepared for Envision Central Texas* (Austin, July 2008).

Tomaso, Bruce. "Dallas Vote Exposes Mistrust of Dallas City Hall," *Dallas Morning News* (November 10, 2007).

Tomaso, Bruce, Dave Levinthal, and Rudolph Bush. "Dallas Voters Endorse Trinity Toll Road," *Dallas Morning News* (November 7, 2007).

Trust for Public Land. *The Travis County Greenprint for Growth* (Austin: Trust for Public Land, 2006).

United Nations Commission on Environment and Development. *Our Common Future* (Oxford, U.K.: Oxford University Press, 1987).

United Nations Development Programme, United Nations Environment Programme, World Bank, and World Resources Institute. *World Resources 2000–2001, People and Ecosystems, The Fraying Web of Life* (Amsterdam: Elsevier, 2000).

United Nations Framework Convention on Climate Change. Fact Sheet: The Need for Adaptation (New York, 2007).

———. Fact Sheet: The Need for Mitigation (New York, 2007).

United States Department of Agriculture Natural Resources Conservation Service. *National Resources Inventory, 1982–1992* (Washington, D.C., 1995).

U.S. National Park Service. *Flight 93 National Memorial, Final General Management Plan/Environmental Impact Statement* (Somerset, Pa.: Flight 93 National Memorial, 2007).

Vale, Lawrence J., and Thomas J. Campanella. "The City Shall Rise Again: Urban Resilience in the Wake of Disaster," *Chronicle of Higher Education* (January 14, 2005): B6–B9

———, eds. *The Resilient City: How Modern Cities Recover from Disaster* (New York: Oxford University Press, 2005).

Verderber, Stephen. *Delirious New Orleans: Manifesto for an Extraordinary American City* (Austin: University of Texas Press, 2009).

Vitruvius. *On Architecture*, Frank Granger, trans. (Cambridge, Mass.: Harvard University Press, 1931).

Vogt, Günter. *Miniature and Panorama, Vogt Landscape Architecture Projects 2000–2006* (Baden: Lars Müller Publishers, 2006).

Vogt Landschaftsarchitekten. *Lupe und Fernglas, Miniatur und Panorama (Magnifying Glass and Binoculars, Miniature and Panorama)* (Berlin: AedesLand, 2007).

Waldheim, Charles, ed. *The Landscape Urbanism Reader* (New York: Princeton Architecture Press, 2006).

Wallace, McHarg, Roberts and Todd. *Amelia Island, Florida, A Report on the Master Planning Process for a Recreational New Community* (Hilton Head Island, S.C.: The Sea Pines Company, 1971).

———. *Lake Austin Growth Management Plan* (Austin: City of Austin, July 1976).

Waltner-Toews, David, James J. Kay, and Nina-Marie E. Lister, eds. *The Ecosystem Approach: Complexity, Uncertainty, and Managing for Sustainability* (New York, Columbia University Press, 2008).

Watterson, Wayt T., and Roberta S. Watterson. *The Politics of New Communities: A Case Study of San Antonio Ranch* (New York: Praeger, 1975).

Wescoat Jr., James L., and Douglas M. Johnston, eds. *Political Economies of Landscape Change: Places of Integrative Power* (Dordrecht, The Netherlands: Springer, 2008).

Wheeler, Stephen M. "The New Regionalism: Key Characteristics of an Emerging Movement," *Journal of the American Planning Association* (Volume 68, Number 3, Summer 2002): 267–278.

———. *Planning for Sustainability* (London: Routledge, 2004).

Wilberding, Seth. "On the Mall, Few Functional Landscapes," *Landscape Architecture* (Volume 98, Number 2, February 2008): 40–49.

Wood, Peter. "37,000 Woodlanders Can't Be Wrong," *Cite* (Volume 31, Winter-Spring, 1994): 17.

Wright, Thomas. "Land Development and Growth Management in the United States: Considerations at the Megaregional Scale," Innovations for an Urban World, A Global Urban Summit, The Rockefeller Foundation, Bellagio Study and Conference Center, Bellagio, Italy, July 2007.

Yu, Kong-Jian, Hai-Long Li, Di-Hua Li, Qing Qiao, and Xue-Song Xi. "National Scale Ecological Security Patterns," *Acta Ecologica Sinica* (Volume 29, Number 10, October): 5163–5175.

Zelinsky, Wilbur. "North America's Vernacular Regions," *Annals of the Association of American Geographers* (Volume 70, 1980): 1–16.